Praxisnahe Anlagenbuchhaltung mit DATEV Kanzlei-Rechnungswesen

Verlag:
BILDNER Verlag GmbH
Bahnhofstraße 8
94032 Passau

http://www.bildner-verlag.de
info@bildner-verlag.de

Tel.: +49 851-6700
Fax: +49 851-6624

ISBN: 978-3-8328-0097-0

Covergestaltung: Christian Dadlhuber

Autor: Günter Lenz, Betriebswirt und Fachbereichsleiter kaufmännische Qualifizierung
Kölner Wirtschaftsfachschule - Wifa-Gruppe - GmbH
Drachenfelsstraße 4 - 7, 53604 Bad Honnef - Rhöndorf
www.wifa.de

Lektorat: Inge Baumeister
Herausgeber: Christian Bildner

Bildnachweis: Cover vorne: © Kurhan - Fotolia.com
Hintergrund: © Eisenhans - Fotolia.com
Kapitelbild: © Vladimir Kramin - Fotolia.com; © stockpics - Fotolia.com

Unsere Bücher werden auf FSC®-zertifiziertem Papier gedruckt. Das FSC®-Label auf einem Holz- oder Papierprodukt ist ein eindeutiger Indikator dafür, dass das Produkt aus verantwortungsvoller Waldwirtschaft stammt. Und auf seinem Weg zum Konsumenten über die gesamte Verarbeitungs- und Handelskette nicht mit nicht-zertifiziertem, also nicht kontrolliertem, Holz oder Papier vermischt wurde. Produkte mit FSC®-Label sichern die Nutzung der Wälder gemäß den sozialen, ökonomischen und ökologischen Bedürfnissen heutiger und zukünftiger Generationen.

Vorabinformationen

Inhalte

Dieses Lernbuch führt Sie als Anwender in die praxisorientierte Anlagenbuchhaltung mit dem Programm DATEV Kanzlei-Rechnungswesen pro ein. Anhand einer Übungsfirma werden das Programm und seine Bedienung praxisnah und anschaulich erklärt.

Dabei werden Situationen aus dem Tagesgeschäft einer Anlagenbuchhaltung mit DATEV Kanzlei-Rechnungswesen pro umgesetzt und ausführlich dargestellt. Die Arbeitsabläufe in der Anlagenbuchhaltung werden systematisch und Schritt für Schritt durchgeführt, anhand verschiedener Beispiele ausführlich erläutert und mit zahlreichen Übungen ergänzt. Das Buch beinhaltet unter anderem folgende Themenschwerpunkte:

- Firmenneuanlage
- Firmenstammdaten für die Anlagenbuchhaltung festlegen
- Inventare erfassen, ändern und löschen
- Anlagenspiegelwerte
- Auswertungen von vorgetragenen Anlagegütern
- Abschreibungsbewegungen einsehen
- Leistungsabschreibungen erfassen
- GWG und GWG Sammelposten buchen
- GWG-Zugänge in der Anlagenbuchhaltung kontrollieren
- Soforterfassung Anlagenbuchhaltung aktivieren
- Anlagegüter im laufenden Geschäftsjahr erfassen
- Anschaffungsnebenkosten erfassen
- Anschaffungspreisminderungen zu einem Anlagengut buchen
- Auswertungen zu neu erfassten Wirtschaftsgütern drucken
- Verkauf von Anlagegütern
- Abgangsliste ausdrucken
- Buchungsübergabe an DATEV Kanzlei-Rechnungswesen pro
- Anlagenbuchhaltung abstimmen

Für die Übungsteile haben wir uns für die Firma „Fielbauer und Partner GmbH" entschieden. Die Firma stellt Dachpfannen her und bietet diese Baumärkten und Dachdeckergroßhändlern an. Das Lernbuch beginnt mit der Inventarisierung des Anlagevermögens zum Jahresende des Vorjahres und der Umsetzung in DATEV Kanzlei-Rechnungswesen pro und endet mit der Übergabe der Abschreibungsbuchungssätze aus der Anlagenbuchhaltung für den Jahresabschluss in DATEV Kanzlei-Rechnungswesen pro. Auswertungen, Listen, Abschlüsse und Meldungen werden ebenfalls ausführlich behandelt.

Hinweise zum Umgang mit dem Buch

- Das aktuelle Wirtschaftsjahr für diesen Übungsfall ist das Jahr 2015.
- Im Buch wird die Anlagenbuchhaltung vorrangig am DATEV Einzelplatzrechner, ohne Anbindung an das DATEV-Rechenzentrum durchgeführt.
- Wichtig: Die Arbeitsabläufe werden Schritt für Schritt dargestellt, dabei sind die Schrittfolgen unbedingt zu beachten!

Voraussetzungen

Es werden kaufmännische und buchhalterische Kenntnisse vorausgesetzt, Vorkenntnisse zu den Programmen DATEV Arbeitsplatz pro und DATEV Kanzlei-Rechnungswesen pro sind für dieses Lernbuch ebenfalls zwingend erforderlich.

Schreibweise

Alle Programmbeschriftungen, wie z. B. Befehle, Schaltflächen und die Bezeichnung von Dialogfenstern, sind zur besseren Unterscheidung farbig und kursiv gesetzt. Beispiel: *Datei → Beenden*. Von Ihnen einzugebende Angaben sind andersfarbig und in abweichender Schrift hervorgehoben. Beispiel: Geben Sie das Datum 02.01.2015 ein.

Verwendete Symbole

 Wichtige Sachverhalte, die Sie unbedingt beachten sollten, sind mit diesem Symbol gekennzeichnet.

 Wichtige Hinweise und Tipps erkennen Sie an diesem Symbol.

 Fragen zu einem Thema und praktische Übungsteile sind mit diesem Symbol gekennzeichnet.

Musterlösungen

Soweit Übungsaufgaben bzw. deren Lösungen auch ausgedruckte Listen und Auswertungen umfassen, können Sie die Musterlösungen im PDF-Dateiformat kostenlos herunterladen unter **www.bildner-verlag.de/00118**. Um den Download auszuführen, registrieren Sie sich bitte, ebenfalls kostenlos, auf unserer Homepage.

Lösungsbuch

Die Lösungen zu den Übungsaufgaben sind im PDF-Dateiformat verfügbar und können ebenfalls unter **www.bildner-verlag.de/00118** kostenlos heruntergeladen werden.

Inhalt

Inhalt

1 Die Übungsfirma Fielbauer und Partner GmbH

In diesem Kapitel erfahren Sie, wie Sie ...

- die Übungsfirma Fielbauer und Partner als Mandanten anlegen,
- Stammdaten für das Rechnungswesen erfassen,
- wichtige Mandantenstammdaten zur Anlagenbuchhaltung festlegen,
- AfA-Tabelle und standardmäßige Abschreibungsmethode wählen.

1.1   Unternehmensdaten Fielbauer und Partner GmbH

Ausgangssituation

Die Buchhaltung für unseren Übungsfall wurde bisher von der mitwirkenden Steuerberaterin Frau Bettina Trichter, Bad Honnef durchgeführt.

Ab dem Jahr 2015 soll die Finanzbuchhaltung und die Anlagenbuchhaltung erstmals durch eine eigene Buchhaltungsabteilung in der Firma Fielbauer und Partner GmbH umgesetzt werden.

Laut Frau Trichter werden folgende Stammdaten für den Mandanten benötigt:

Zentrale Mandantendaten

Mandat	
Zentrale Mandantennummer	600
Mandantentyp	Unternehmen/Vereinigung
Mandant seit	01.12.2005
Anrede	Firma
Unternehmensname	Fielbauer und Partner GmbH
Unternehmensform	GmbH

Leistung	Buchführung
Geschäftsjahr	2015
Beraternummer	129805
Mandantennummer	600

Weitere Angaben	gültig ab: 01.12.2005
Adressdaten	Waldrand 36, 53604 Bad Honnef

Weitere Angaben	gültig ab: 01.12.2005
Kommunikation	Tel.: +49 2224 895020 E-Mail: Buchhaltung@fielbauer.de Internet: www.fielbauer.de Fax: +49 2224 895090
Bankdaten	St Spk Bad Honnef BLZ: 38051290, Kto-Nr.: 900100 BIC: WELADED1HON IBAN: DE95 3805 1290 0000 9001 00
Finanzamt	5220 Siegburg Steuernummer: 220/5178/0176
Unternehmensdaten	Unternehmensgegenstand: Herstellung und Vertrieb von Dachpfannen Wirtschaftsjahr: 01.01. – 31.12. Ort des Firmensitzes: Bad Honnef
Klassifizierung der Wirtschafts- zweige nach WZ 2008	23.32.0 Herstellung von Ziegeln und sonstiger Baukera- mik
Umsatzsteuer-ID	DE 123202979
Bundesland	Nordrhein-Westfalen
Registergerichts-informationen	Handelsregister, HRB 8520, Siegburg, 01.12.2005

1.2   Übungsmandanten anlegen

Zunächst muss der Übungsmandant Fielbauer und Partner GmbH angelegt werden. Um den Mandanten für die Durchführung der Anlagenbuchhaltung vorzubereiten, sind außerdem eine Vielzahl von Mandantendaten zu erfassen.

Zentrale Mandantendaten

Zum Anlegen der Firma gehen Sie wie folgt vor:

1   Starten Sie das Programm DATEV Arbeitsplatz pro und klicken Sie in der Übersicht doppelt auf den Eintrag *Mandantenübersicht*.

2   Das Arbeitsblatt *Mandantenübersicht* wird geöffnet. Klicken Sie auf das Symbol *Mandant anlegen* (Bild 1.1).

Bild 1.1 Man-
dantenübersicht -
Neuer Mandant

Übersicht

Mandantenüber-
sicht

Mandant anlegen

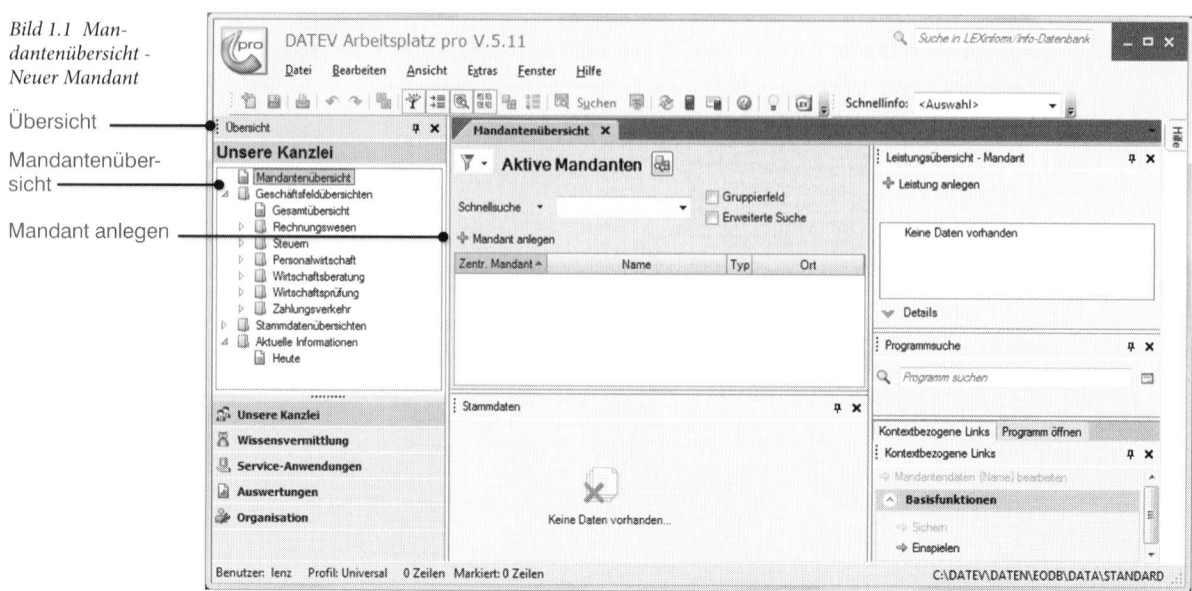

3 Es öffnet sich das Programmfenster *Neuen Mandanten anlegen - Stammdaten -*
Mandant mit dem Arbeitsblatt *Mandat* (Bild 1.2).

Bild 1.2 Neu-
en Mandanten
anlegen

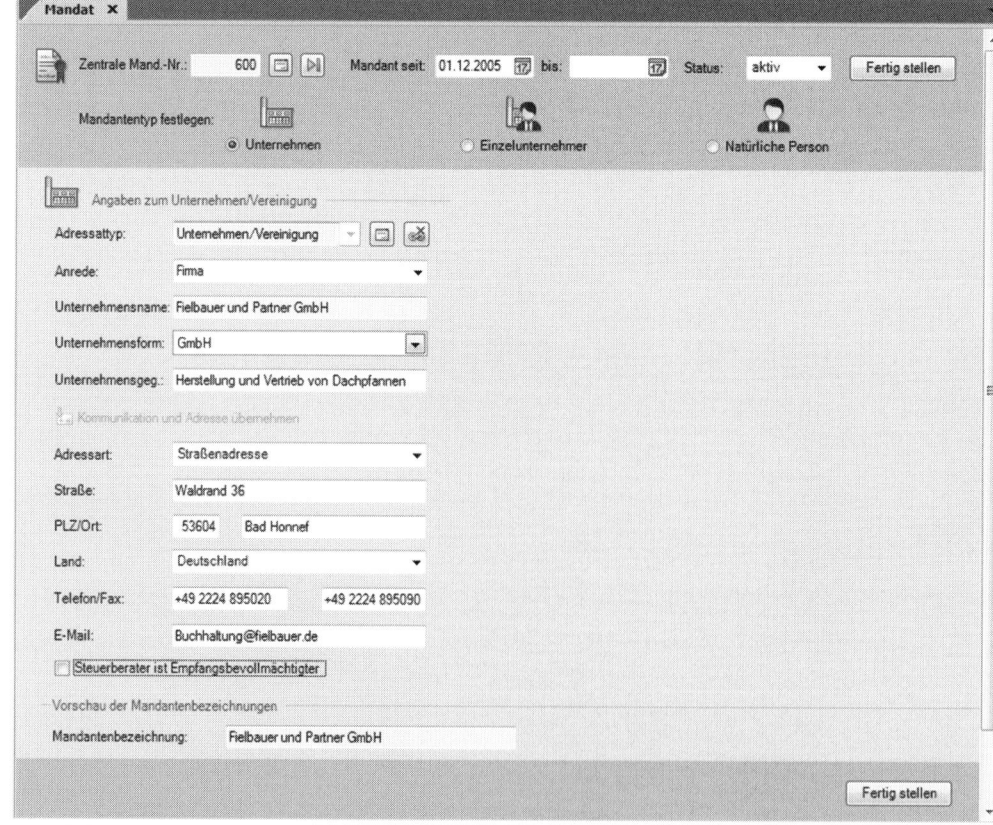

4 Geben Sie die Mandatdaten für unsere Übungsfirma Fielbauer und Partner GmbH wie in Bild 1.2 ein und klicken Sie anschließend auf die Schaltfläche *Fertigstellen*.

Leistung anlegen

5 Im nächsten Schritt legen Sie die Leistung Buchführung für die Firma Fielbauer und Partner fest. Aktivieren Sie dazu das Kontrollkästchen *Buchführung* und geben Sie im Feld *Beraternummer* die Nummer 129805 ein (Bild 1.3).

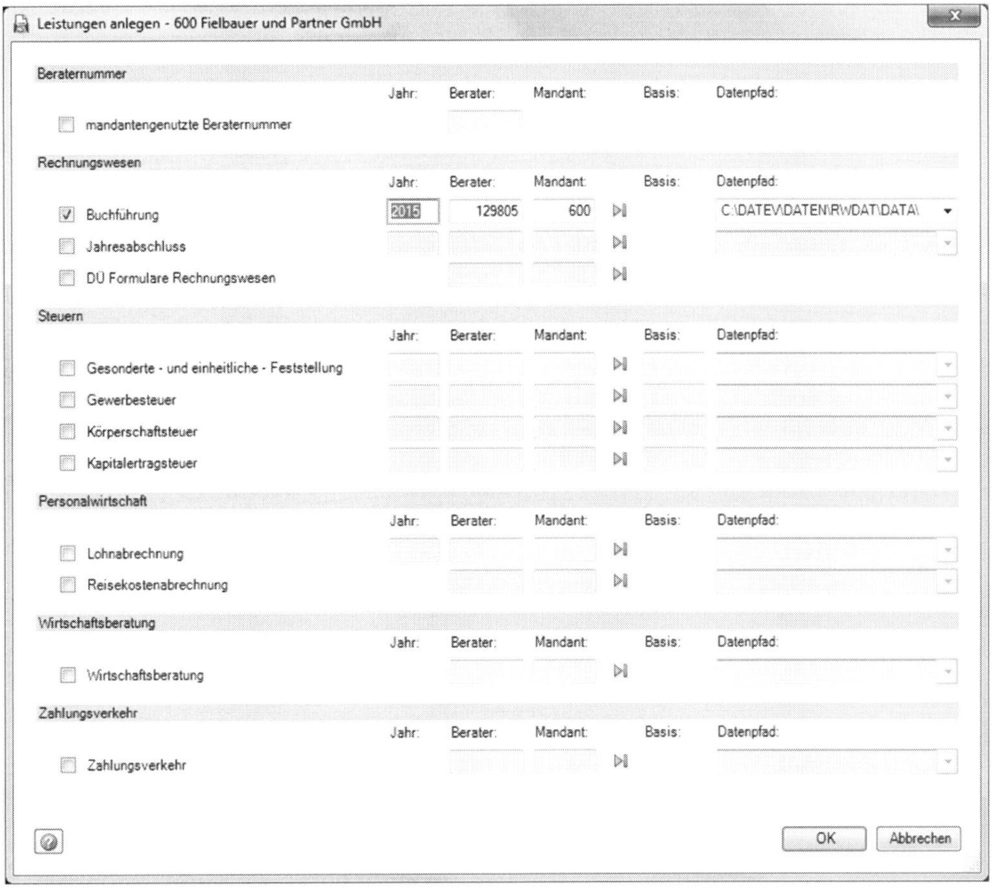

Bild 1.3 Leistungen anlegen

Leistungen anlegen - 600 Fielbauer und Partner GmbH					
Beraternummer	Jahr:	Berater:	Mandant:	Basis:	Datenpfad:
☐ mandantengenutzte Beraternummer					
Rechnungswesen	Jahr:	Berater:	Mandant:	Basis:	Datenpfad:
☑ Buchführung	2015	129805	600	▷	C:\DATEV\DATEN\RWDAT\DATA\
☐ Jahresabschluss				▷	
☐ DÜ Formulare Rechnungswesen				▷	
Steuern	Jahr:	Berater:	Mandant:	Basis:	Datenpfad:
☐ Gesonderte - und einheitliche - Feststellung				▷	
☐ Gewerbesteuer				▷	
☐ Körperschaftsteuer				▷	
☐ Kapitalertragsteuer				▷	
Personalwirtschaft	Jahr:	Berater:	Mandant:	Basis:	Datenpfad:
☐ Lohnabrechnung				▷	
☐ Reisekostenabrechnung				▷	
Wirtschaftsberatung	Jahr:	Berater:	Mandant:	Basis:	Datenpfad:
☐ Wirtschaftsberatung				▷	
Zahlungsverkehr	Jahr:	Berater:	Mandant:	Basis:	Datenpfad:
☐ Zahlungsverkehr				▷	

OK   Abbrechen

Wichtiger Hinweis: Je nachdem, in welchem Geschäftsjahr Sie sich befinden, können Sie im Feld *Jahr* das jeweilige Geschäftsjahr eingeben. Standardmäßig wird immer das aktuelle Jahr vorgeschlagen. Da wir für unseren Übungsmandanten mit dem Geschäftsjahr 2015 arbeiten, achten Sie bitte darauf, dass im Feld *Jahr* das Jahr *2015* eingestellt ist. Das Jahr lässt sich im Nachhinein nicht mehr ändern und der Mandant müsste nochmals neu angelegt werden.

6 Klicken Sie anschließend auf die Schaltfläche *OK*. Die Leistung ist damit festgelegt. Anschließend sind noch weitere Angaben erforderlich, siehe Bild 1.4.

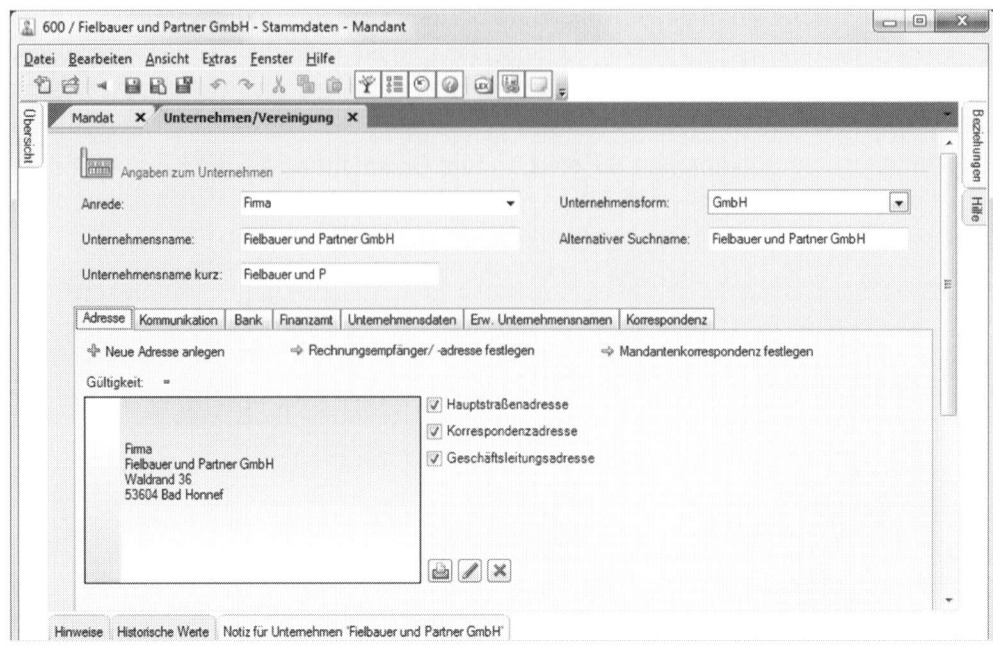

Bild 1.4 Arbeitsblatt Unternehmen/Vereinigung

Weitere Stammdaten

7   Geben Sie anschließend - wie in den nachfolgenden Abbildungen dargestellt - über die diversen Register die weiteren Stammdaten zur Übungsfirma ein.

Kommunikation

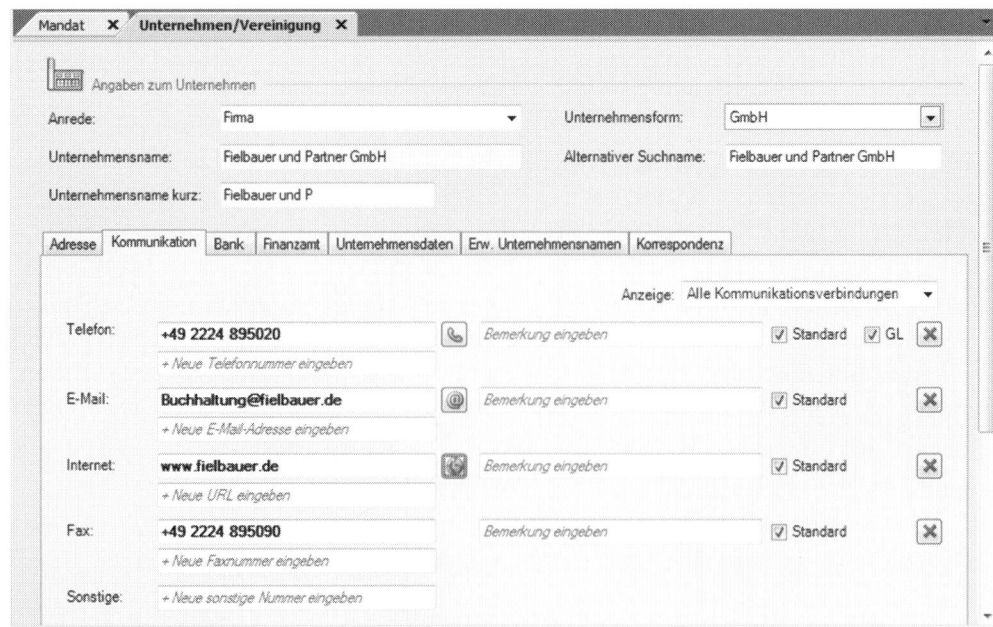

Bild 1.5 Register Kommunikation

Bank

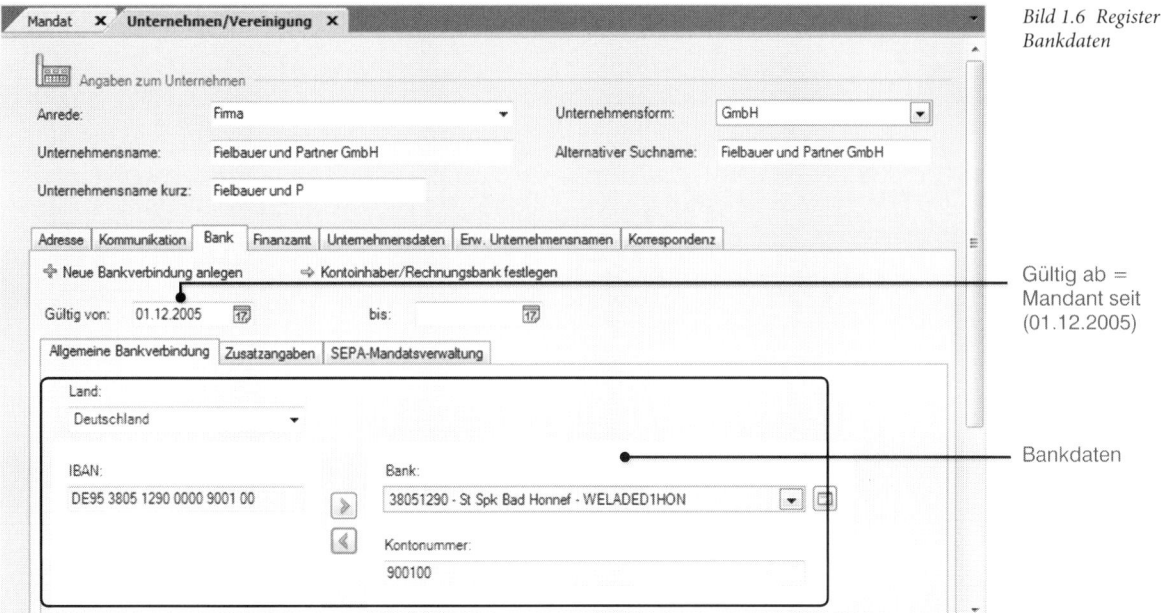

*Bild 1.6 Register
Bankdaten*

Gültig ab =
Mandant seit
(01.12.2005)

Bankdaten

Finanzamt

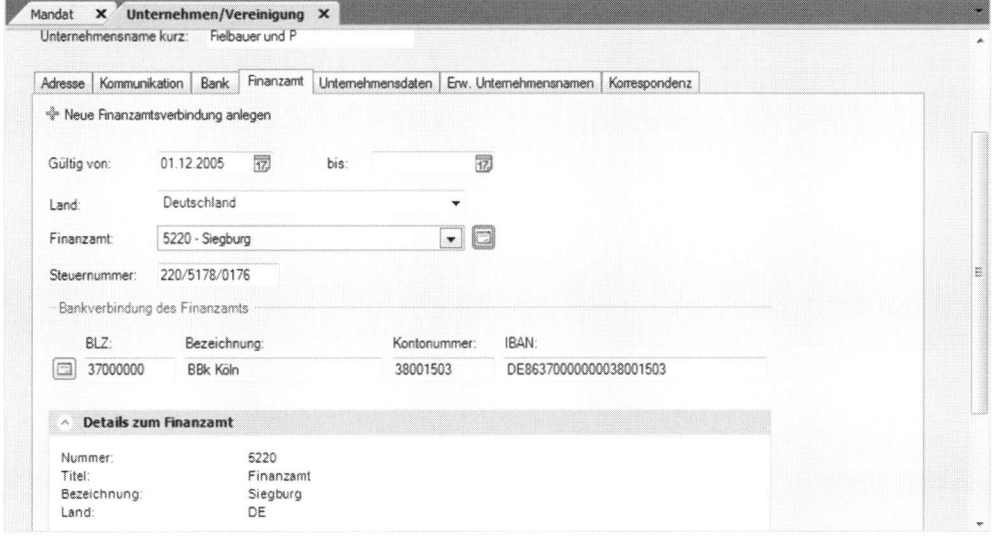

*Bild 1.7 Register
Finanzamt*

Unternehmensdaten

Bild 1.8 Register Unternehmens- daten

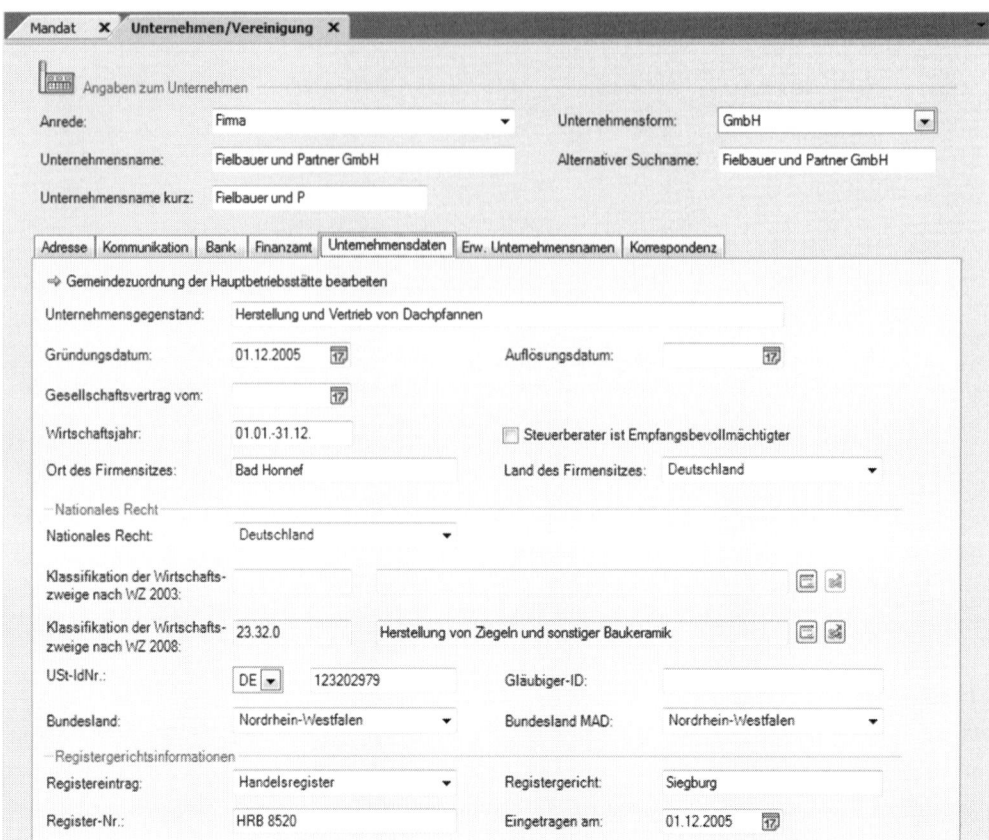

8 Klicken Sie anschließend in der Symbolleiste auf das Symbol *Speichern* 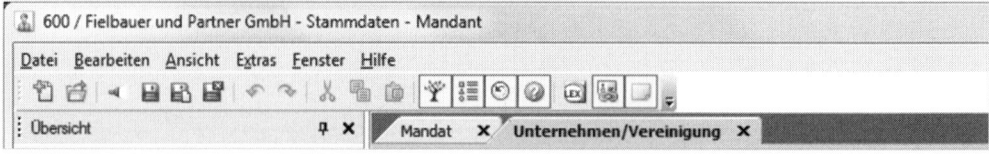.

Bild 1.9 Eingaben speichern

Mit Ausnahme der Register *erw. Unternehmensnamen* und *Korrespondenz* sind nun alle zentralen Stammdaten zur Übungsfirma Fielbauer und Partner GmbH angelegt.

Tipp: Über den Eintrag *Änderungshistorie* in der Übersicht (Bild 1.10) können alle hinterlegten zentralen Mandantenstammdaten per Klick mit der rechten Maustaste und dem Befehl *Liste drucken* ausgedruckt werden.

Um Details zu den Eingaben einzusehen, können diese mit Klick auf die Pfeilsymbole ▷ auf- und wieder zugeklappt werden.

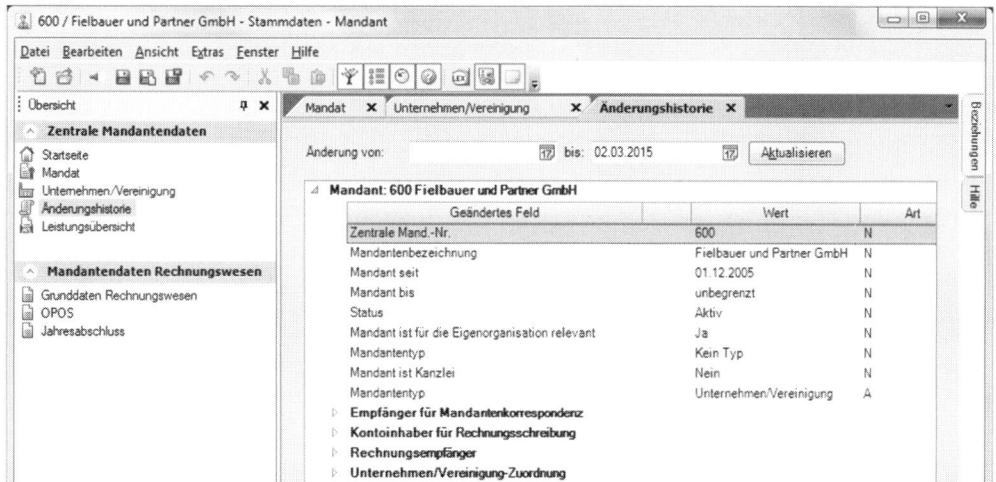

Bild 1.10 Änderungshistorie

9   Klicken Sie abschließend in der Übersicht doppelt auf den Eintrag *Startseite*. Sie erhalten hier eine Übersicht der erfassten zentralen Mandantendaten zur Übungsfirma Fielbauer und Partner GmbH (Bild 1.11).

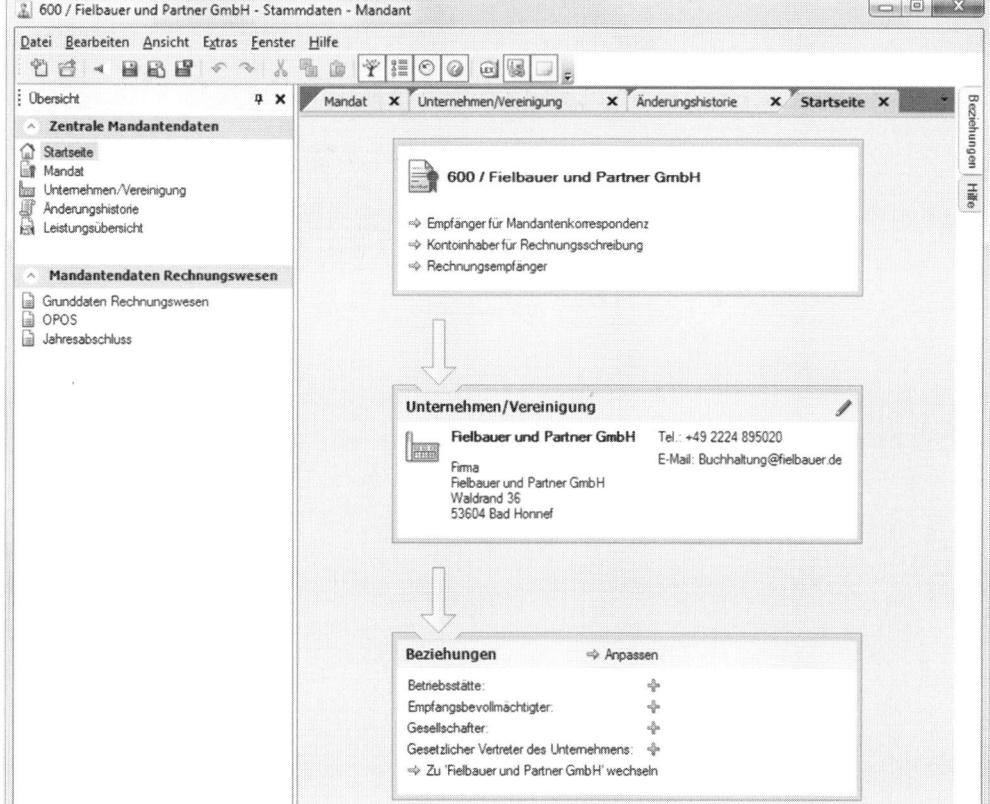

Bild 1.11 Startseite

10 Schließen Sie zuletzt das Fenster *Stammdaten Mandant*, indem Sie in der Symbolleiste auf das Symbol *Speichern und Schließen* 🖫 klicken.

11 Die nachfolgende Hinweismeldung bestätigen Sie mit Klick auf die Schaltfläche *Nein*.

Der Mandant Fielbauer und Partner GmbH wird nun im DATEV Arbeitsplatz pro in der Mandantenübersicht als neuer Mandant Nr. 600 aufgeführt (Bild 1.12).

Bild 1.12 Der angelegte Mandant

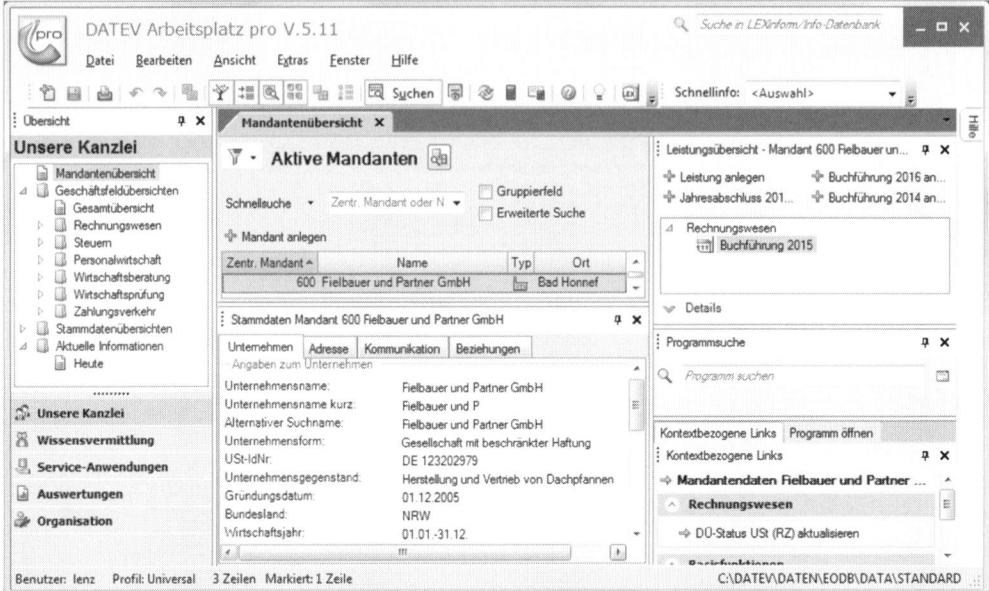

Stammdaten Rechnungswesen

Ausgangssituation

Um die Buchhaltung für den Mandanten durchführen zu können, müssen natürlich neben den zentralen Mandantendaten auch Stammdaten für das Rechnungswesen erfasst werden.

Frau Trichter - die mitwirkende Steuerberaterin - legt Ihnen zusätzlich die Mandantendaten für das Rechnungswesen und die Eröffnungsbilanz zum 02.01.2015 vor.

Folgende Stammdaten für das Programm DATEV Kanzlei-Rechnungswesen pro werden benötigt:

Grunddaten Rechnungswesen

Geschäftsjahr	01.01.2015 - 31.12.2015
Kontenrahmen	SKR03
Besteuerungsart	Soll-Versteuerung
Voranmeldungszeitraum	Monatlich
Zeitraum für zusammenfassende Meldung	Quartalsweise
DATEV Rechenzentrum	Ohne Anbindung DATEV RZ

Offene-Posten-Buchführung

Offene Posten Buchführung	Nutzen
Kontengruppen	Alle

Jahresabschluss

Zuordnungstabelle	Kapitalgesellschaft, HGB erweitert
Bearbeitungsform	Integrierter Bestand

Die Eröffnungsbilanz für das Jahr 2015 liegt mit folgenden vorzutragenden Eröffnungsbilanzwerten vor:

Bild 1.13 Die Eröffnungsbilanz

Aktiva	Konto	Eröffnungsbilanz Fielbauer und Partner GmbH		Konto	Passiva
EDV-Software **	0027	8.651,00 €	gezeichnetes Kapital	0800	1.044.203,00 €
Bauten **	0080	665.550,00 €	Darlehen	0550	360.888,00 €
Maschinen **	0210	114.422,00 €			
PKW **	0320	31.819,00 €			
LKW **	0350	357.006,00 €			
Ladeneinrichtung **	0430	2.521,00 €			
GWG Sammelpool **	0485	2.800,00 €			
sonst. BGA **	0490	15.422,00 €			
RHB-Stoffe	3970	5.000,00 €			
unfertige Erzeugnisse	7050	15.000,00 €			
fertige Erzeugnisse	7110	35.000,00 €			
Kasse	1000	15.900,00 €			
Bank	1200	136.000,00 €			
		1.405.091,00 €			1.405.091,00 €

02.01.2015

gez. Unterschrift der Gesellschafter

** Anlagegüter der Firma Fielbauer und Partner

Zum Anlegen der Stammdaten für das Rechnungswesen gehen Sie wie folgt vor:

1 Klicken Sie im Programm DATEV Arbeitsplatz pro in der Mandantenübersicht doppelt auf den Übungsmandanten 600, Fielbauer und Partner GmbH.

Bild 1.14 Arbeitsplatz pro - Mandantenübersicht

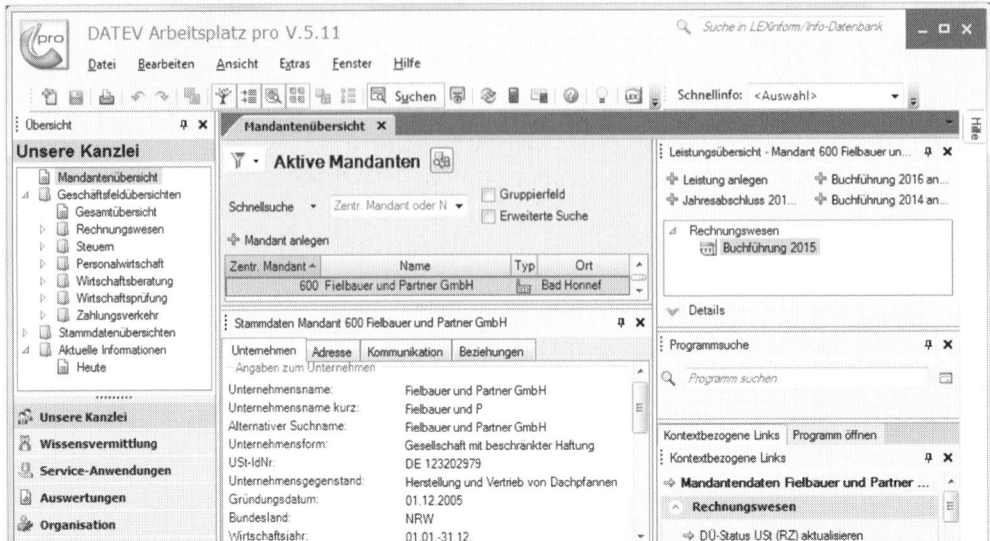

2 Das Fenster *Stammdaten - Mandant* mit den bisher erfassten zentralen Stammdaten des Mandanten wird wieder angezeigt (Bild 1.15). Um die Grunddaten für das Rechnungswesen zum Mandanten Fielbauer und Partner GmbH zu erfassen, klicken Sie in der Übersicht auf *Grunddaten Rechnungswesen*.

Bild 1.15 Stammdaten Mandant - Startseite

Grunddaten Rechnungswesen

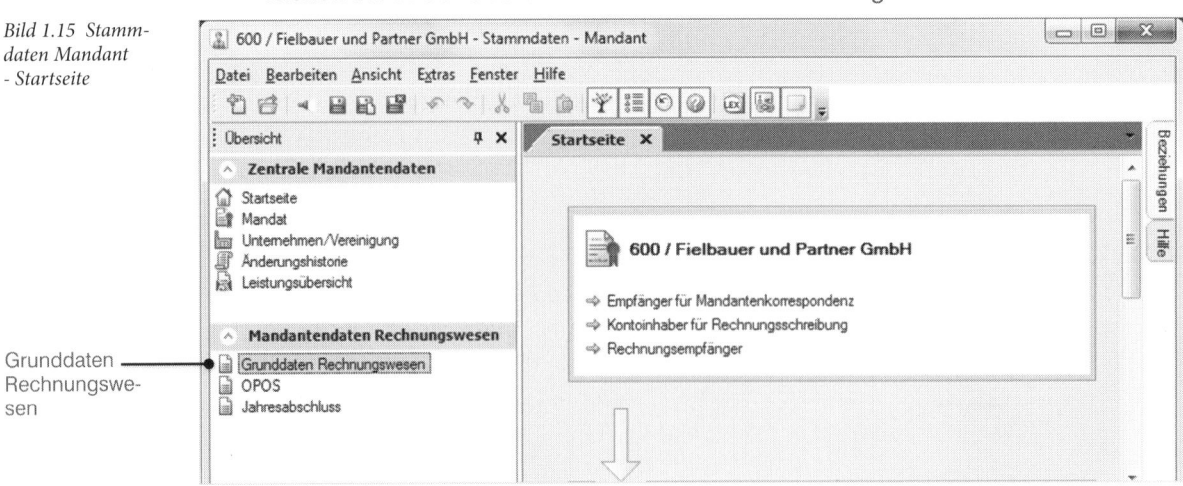

3 Erfassen Sie im Arbeitsblatt die Einstellungen zu den Grunddaten zum Rechnungswesen wie in Bild 1.16.

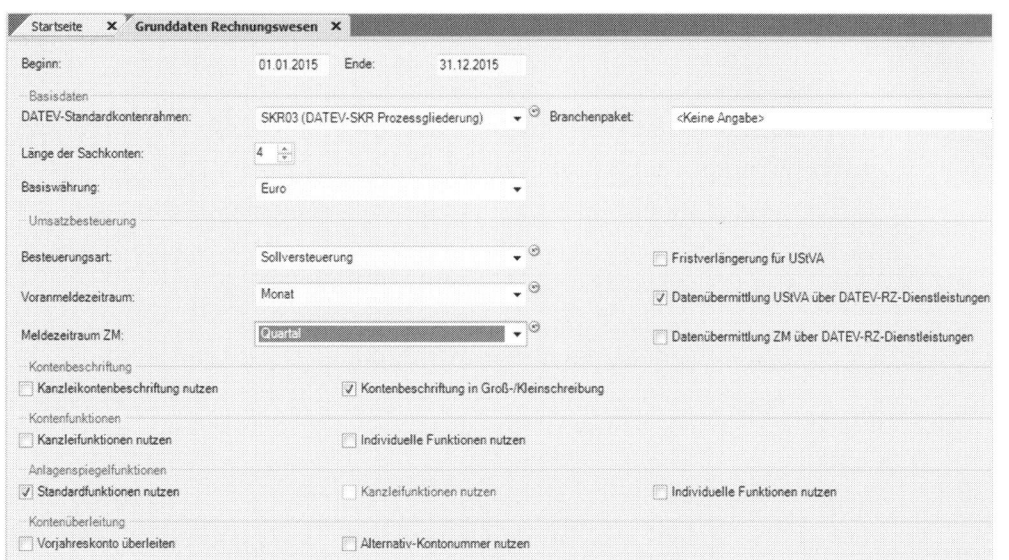

*Bild 1.16 Grund-
daten Rechnungs-
wesen erfassen*

4 Klicken Sie anschließend in der Übersicht doppelt auf den Eintrag *OPOS* und aktivieren Sie im Arbeitsblatt *OPOS* die Option *Offene-Posten-Buchführung nutzen*.

5 Um zu kontrollieren, ob alle Kontengruppen automatisch hinterlegt sind, klicken
Sie auf den Eintrag *Kontengruppen auswählen*. Schließen Sie dann das Fenster
Kontengruppen auswählen wieder mit Klick auf die Schaltfläche *OK*.

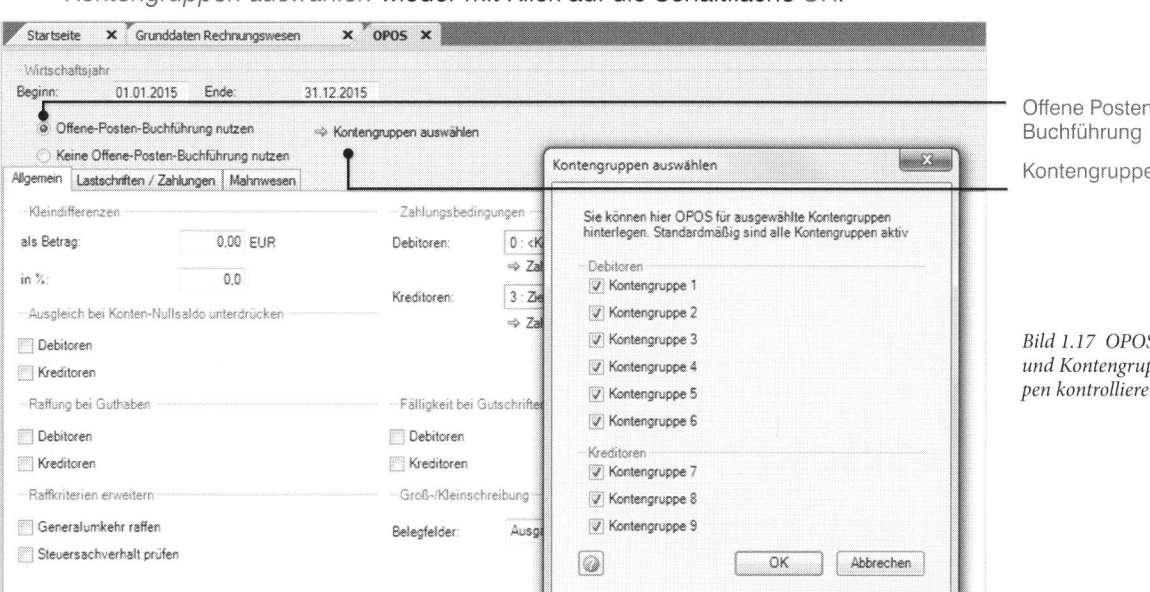

Offene Posten
Buchführung

Kontengruppen

*Bild 1.17 OPOS
und Kontengrup-
pen kontrollieren*

6 Klicken Sie zuletzt doppelt auf den Eintrag *Jahresabschluss*, um die Einstellungen für den Jahresabschluss festzulegen. Geben Sie die Einstellungen wie in Bild 1.18 an.

Bild 1.18 Jahresabschluss

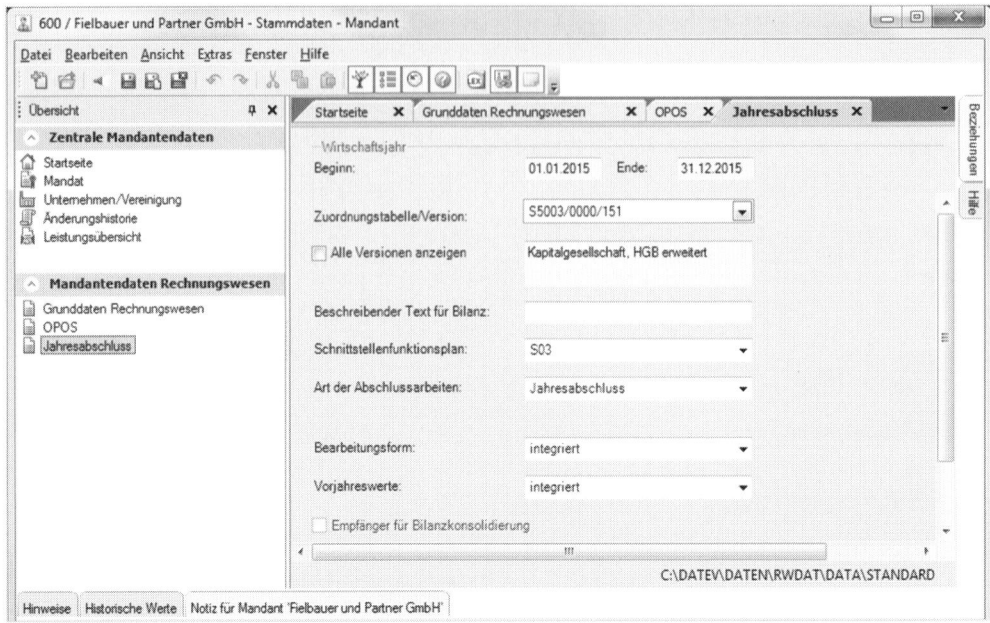

7 Klicken Sie abschließend auf das Symbol *Speichern und schließen* 🖫.

Alle erforderlichen Stammdaten für den Übungsmandanten Fielbauer und Partner GmbH sind damit hinterlegt (Bild 1.19).

Bild 1.19 Der angelegte Mandant

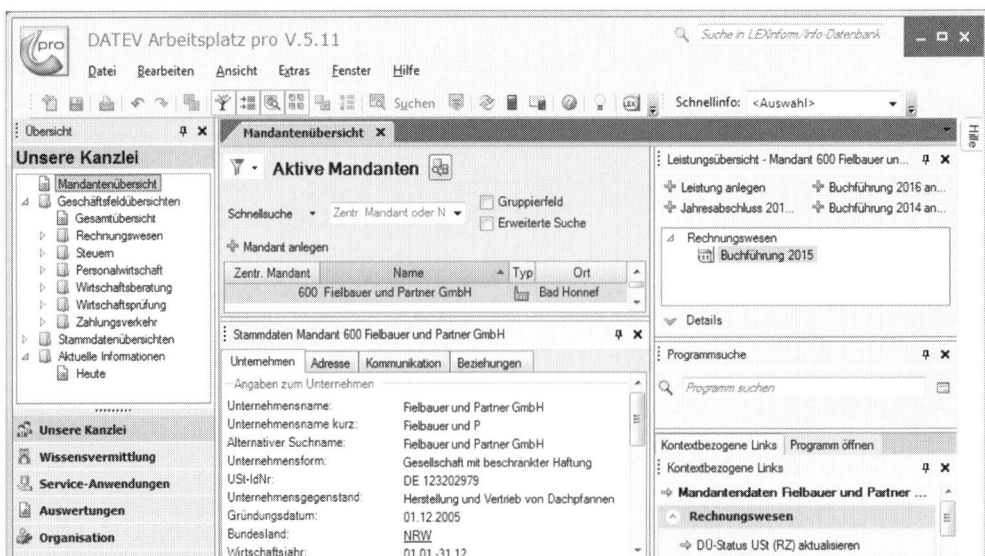

DATEV Kanzlei-Rechnungswesen starten

Da die Anlagenbuchhaltung im Programm DATEV Kanzlei-Rechnungswesen pro integriert ist, müssen hier auch spezielle Einstellungen vorgenommen werden. Dazu starten Sie zunächst das Programm Kanzlei-Rechnungswesen:

1   Klicken Sie in der Navigationsübersicht im geöffneten Ordner *Rechnungswesen* doppelt auf den Eintrag *Buchführung* (Bild 1.20 ❶).

2   Markieren Sie anschließend mit einem Klick den Mandanten 600 ❷ und klicken Sie danach im Bereich *Kontextbezogene Links* auf *Buchführung 2015 starten* ❸.

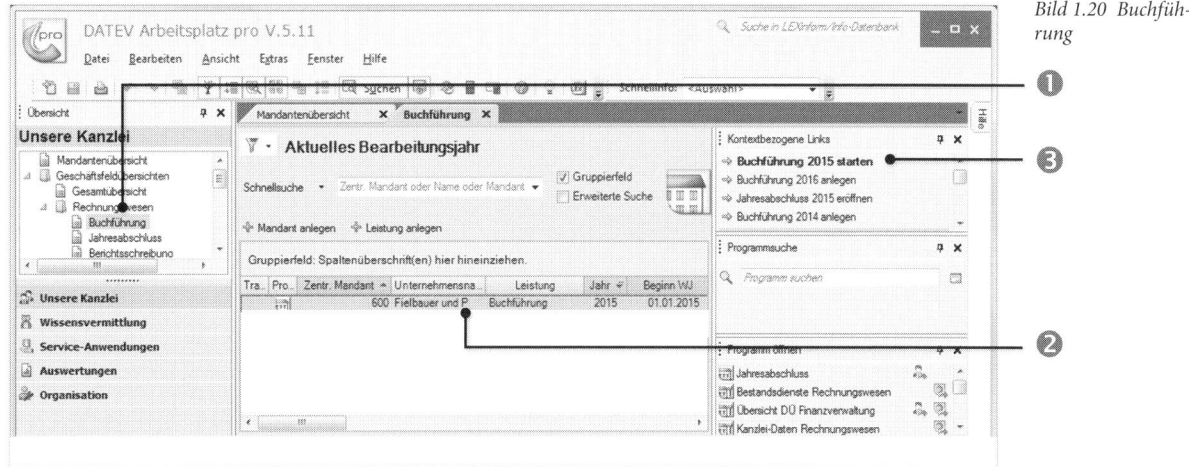

Bild 1.20 Buchführung

Das Programm DATEV Kanzlei-Rechnungswesen pro mit dem Übungsmandanten Fielbauer und Partner GmbH wird gestartet (Bild 1.21).

Bild 1.21 Das Programm DATEV Kanzlei-Rechnungswesen pro

Übung: Saldenvorträge buchen

Bevor Einstellungen zur Anlagenbuchhaltung im Programm DATEV Kanzlei-Rechnungswesen pro vorgenommen werden, sollen zunächst in einer kleinen Buchungsübung die Salden der Eröffnungsbilanz vorgetragen werden.

Die Eröffnungsbilanz zur Übungsfirma Fielbauer und Partner GmbH liegt Ihnen wie folgt vor:

Aktiva	Konto	Eröffnungsbilanz Fielbauer und Partner GmbH	Konto	Passiva
EDV-Software **	0027	8.651,00 €	gezeichnetes Kapital	0800	1.044.203,00 €
Bauten **	0080	665.550,00 €	Darlehen	0550	360.888,00 €
Maschinen **	0210	114.422,00 €			
PKW **	0320	31.819,00 €			
LKW **	0350	357.006,00 €			
Ladeneinrichtung **	0430	2.521,00 €			
GWG Sammelpool **	0485	2.800,00 €			
sonst. BGA **	0490	15.422,00 €			
RHB-Stoffe	3970	5.000,00 €			
unfertige Erzeugnisse	7050	15.000,00 €			
fertige Erzeugnisse	7110	35.000,00 €			
Kasse	1000	15.900,00 €			
Bank	1200	136.000,00 €			
		1.405.091,00 €		1.405.091,00 €

02.01.2015

gez. Unterschrift der Gesellschafter

** Anlagegüter der Firma Fielbauer und Partner

Aufgabe 1

✎ Legen Sie einen neuen Buchungsstapel mit dem Buchungsdatum 02.01.2015, der Bezeichnung Saldenvorträge Sachkonten und Ihrem Namenskürzel an.

Aufgabe 2

✎ Buchen Sie die Saldenvorträge mit Belegnummer EB2015 über das Konto *9000 Saldenvorträge Sachkonten*.

Aufgabe 3

✎ Wechseln Sie in die Ansicht FIBU-Konto und kontrollieren Sie Ihre Vortragsbuchungen anhand der nachfolgenden Salden.

Konto	Fibu-Konto	Saldo	Soll / Haben
EDV-Software	0027	8.651,00	Soll
Bauten	0080	665.550,00	Soll
Maschinen	0210	114.422,00	Soll

Konto	Fibu-Konto	Saldo	Soll / Haben
PKW	0320	31.819,00	Soll
LKW	0350	357.006,00	Soll
Ladeneinrichtung	0430	2.521,00	Soll
Wirtschaftsgüter Sammelposten	0485	2.800,00	Soll
Sonstige Betriebs- und Ge-schäftsausstattung	0490	15.422,00	Soll
RHB-Stoffe	3970	5.000,00	Soll
Unfertige Erzeugnisse	7050	15.000,00	Soll
Fertige Erzeugnisse	7110	35.000,00	Soll
Kasse	1000	15.900,00	Soll
Bank	1200	136.000,00	Soll
Gezeichnetes Kapital	0800	1.044.203,00	Haben
Darlehen	0550	360.888,00	Haben

■ Das Konto *9000 Saldenvorträge* muss nach den Vortragsbuchungen den Saldo 0 ausweisen.

✎ Schließen Sie den Buchungsstapel. Den Buchungsstapel bitte noch nicht festschreiben.

Die vorbereitenden Arbeiten für das Anlegen des Mandanten und die Buchungen der Saldenvorträge für das Geschäftsjahr 2015 sind damit durchgeführt.

Im nächsten Schritt sind spezielle Stammdaten über das Programm DATEV Kanzlei-Rechnungswesen pro zur Anlagenbuchhaltung im Mandanten Fielbauer und Partner GmbH zu hinterlegen.

1.3 Mandantenstammdaten zur Anlagenbuchhaltung

Ausgangssituation

Anruf Frau Trichter: Sie möchte, dass in den Stammdaten die AfA-Tabelle „Allgemein verwendbare Anlagegüter (die nach dem 31.12.2000 angeschafft wurden)" und die Abschreibungsmethode PRT (pro rata temporis = anteilmäßige Abschreibung) standardmäßig aktiviert werden.

Um die Mandantenstammdaten zur Anlagenbuchhaltung zu hinterlegen, gehen Sie - wie nachfolgend dargestellt - vor:

1 Wählen Sie den Menüpunkt *Stammdaten → Anlagenbuchführung → Steuerungsdaten* oder klicken Sie in der Navigationsübersicht auf die Rubrik *Stammdaten*, öffnen dann den Ordner *Anlagenbuchführung* und klicken hier doppelt auf den Eintrag *Steuerungsdaten* (Bild 1.22).

Bild 1.22 Stammdaten - Anlagenbuchführung

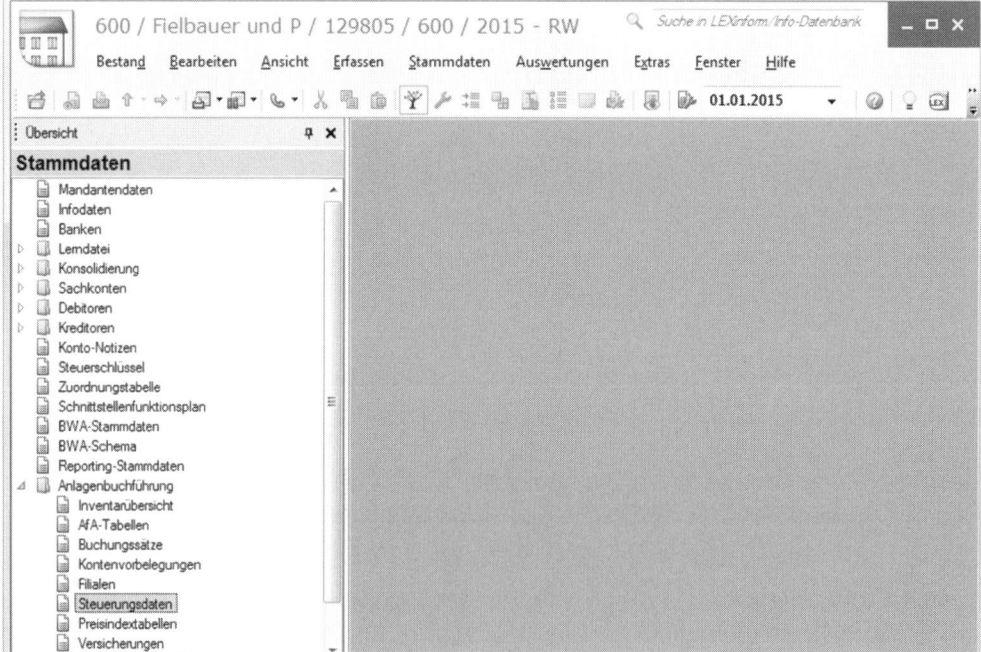

2 Das Dialogfenster *Steuerungsdaten* zur Anlagenbuchhaltung wird geöffnet (Bild 1.23). Über die Übersichtsspalte links können allgemeine Einstellungen, Vorbelegungen, Steuerungsdaten, Einstellungen für die Buchungssatz-Steuerung und Einstellungen für die Buchungssatzauswahl vorgenommen werden. Die Einstellungen der Steuerungsdaten können auch zu einem späteren Zeitpunkt nochmals geändert werden.

AfA-Tabelle wählen

1   Klicken Sie links auf den Eintrag *Allgemeine Daten*. In diesem Bereich können Sie allgemeine Einstellungen für die Anlagenbuchhaltung festlegen.

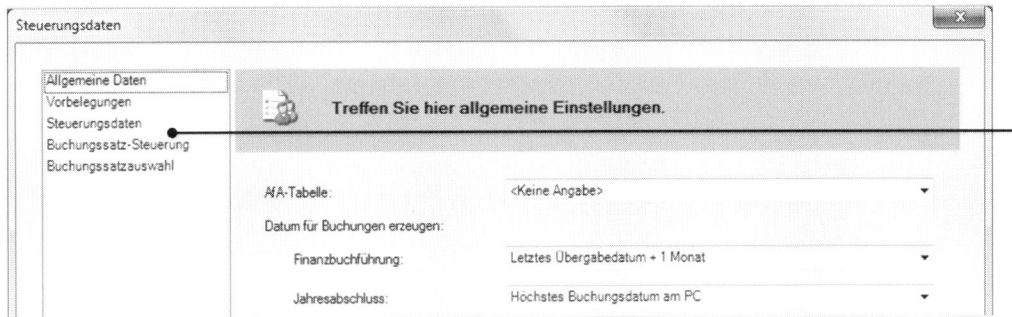

Bild 1.23 Das Dialogfenster Steuerungsdaten: Allgemeine Daten

Übersicht

Über das Auswahlfeld *AfA-Tabelle* können Sie angeben, welche AfA-Tabelle während der Inventarerfassung, der Inventarbearbeitung und der Kontenvorbelegung im Fenster *Nutzungsdauer* standardmäßig dargestellt werden soll. In dieser hinterlegten AfA-Tabelle können Sie später bei der Inventarerfassung nach der Nutzungsdauer suchen und diese ins Inventar übernehmen.

Laut Frau Trichter soll die AfA-Tabelle „Allgemein verwendbare Anlagegüter (die nach dem 31.12.2000 angeschafft wurden)" verwendet werden.

2   Klicken Sie auf den Dropdown-Pfeil des Feldes *AfA-Tabelle* und wählen Sie den Eintrag *Allgemein verwendbare Anlagegüter (die nach dem 31.12.2000 angeschafft wurden)* aus, siehe Bild 1.24.

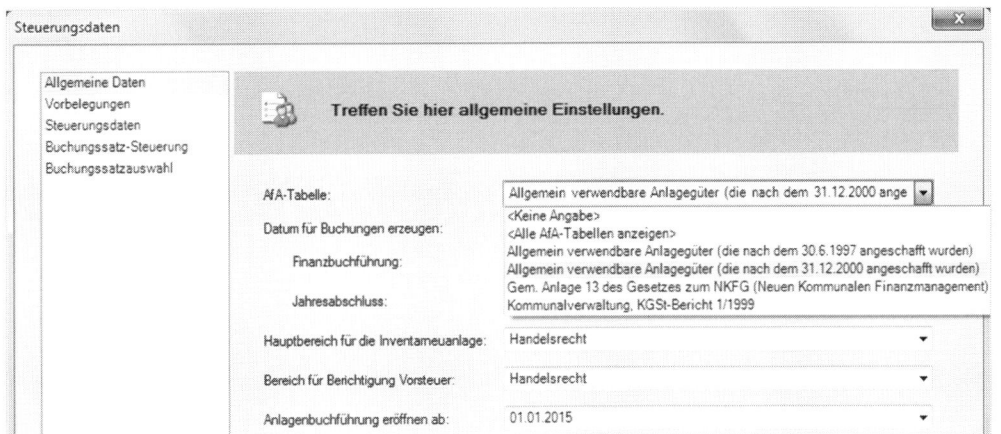

Bild 1.24 AfA-Tabelle auswählen

Die weiteren Einstellungen (Bild 1.25)

- Im Bereich *Datum für Buchungen erzeugen* geben Sie für eine spätere Übergabe der Abschreibungsbuchungen die Vorbelegung des Feldes *Buchungsdatum* im Fenster *Buchungen erzeugen* an. Hierbei legen Sie das Buchungsdatum getrennt für die Bereiche *Finanzbuchführung* und *Jahresabschluss* fest, siehe Bild 1.25. Sie können zwischen den Optionen *Letztes Übergabedatum + einen Monat* und *Höchstes Buchungsdatum am PC* auswählen.

▪ Über das Auswahlfeld *Hauptbereich für die Inventarneuanlage* kann der Hauptbereich festgelegt werden, von dem die Daten bei der Inventarneuanlage in den anderen Bereich übernommen werden sollen.

Bild 1.25 Allgemeine Daten - Alle Einstellungen

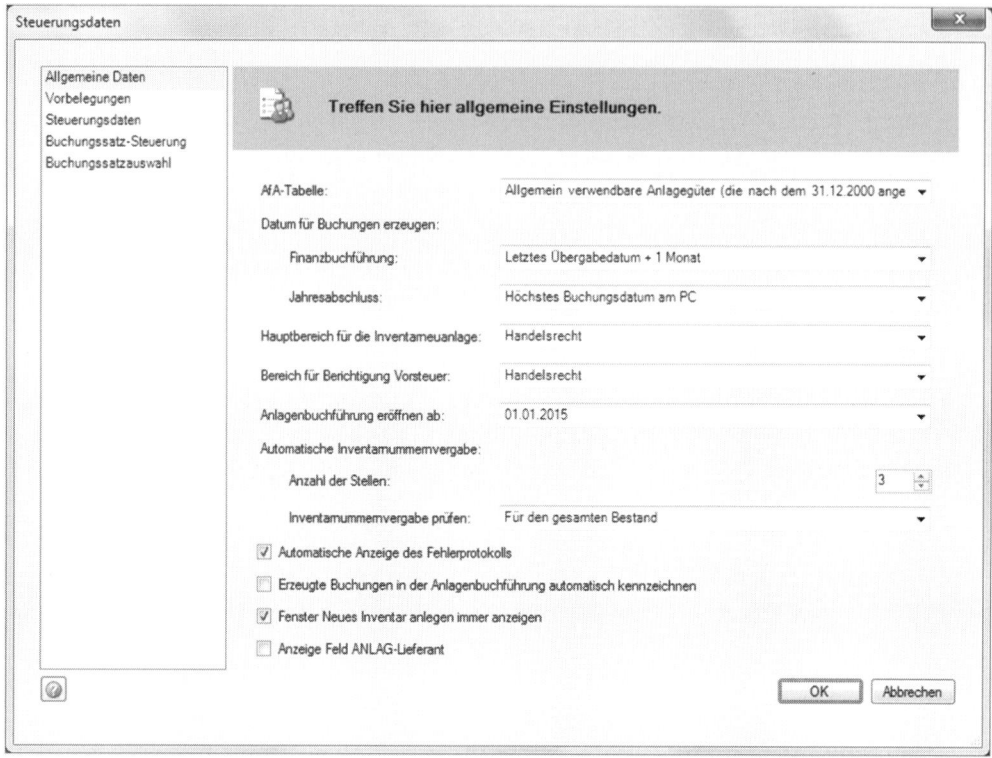

▪ Über das Feld *Bereich für Berichtigung Vorsteuer* können Sie den Bereich wählen, der für die umsatzsteuerlichen Eingaben relevant sein soll. Standardmäßig ist hier die Einstellung nach *Handelsrecht* vorbelegt.

▪ Über das Auswahlfeld *Anlagenbuchführung eröffnen ab* kann angegeben werden, von welchem Jahr an die Anlagenbuchführung eröffnet wird. Da wir die Daten vom Steuerberater zum 01.01.2015 übernehmen, ist das Datum bereits automatisch voreingestellt.

▪ Wird ein neues Anlagegut inventarisiert, kann über die *Automatische Inventurnummernvergabe* der Nummernkreis für die Inventarnummer an dieser Stelle vorgenommen werden. Die Anzahl der Stellen für die automatische Inventarnummernvergabe ist standardmäßig mit 3 Stellen vorgegeben und kann natürlich geändert werden. Für den Übungsfall Fielbauer und Partner GmbH sind 3 Stellen ausreichend.

Als Beispiel die Inventarisierung einer Fertigungsmaschine, FIBU-Konto-Nr. 0210: Programmseitig wird über das FIBU Konto 0210 eine automatische Inventarnummer mit zusätzlichen 3 Stellen vorgeschlagen. Ist die Fertigungsmaschine das erste Anlagegut Maschinen, so ist dies die Inventarnummer 210001.

- Das Kontrollkästchen *Automatische Anzeige des Fehlerprotokolls* ist standardmäßig aktiviert. Falls im Bereich der Anlagenbuchführung Fehler bei der Inventarberechnung oder sonstige Hinweise vorliegen, werden Sie automatisch auf den Fehler oder den Hinweis hingewiesen.

- Über das Kontrollkästchen *Erzeugte Buchungen in der Anlagenbuchführung automatisch kennzeichnen* können Sie bestimmen, ob erzeugte Buchungen für die Finanzbuchhaltung automatisch als gebucht gekennzeichnet werden sollen.

- Das Kontrollkästchen *Fenster Neues Inventar anlegen immer anzeigen* ist standardmäßig aktiviert. Es bedeutet, dass bei der Neunanlage eines Anlagegutes automatisch das Fernster *Inventar anlegen* angezeigt wird.

- Über Kontrollkästchen *Anzeige Feld ANLAG-Lieferant* können Sie festlegen, ob Sie die Anzeige der ursprünglichen Lieferantennummer aus dem DATEV Vorgängerprogramm ANLAG in einem weiteren Feld in der Registerkarte *Stamm* der Inventarkarte wünschen.

Die geforderte AfA-Tabelle ist jetzt standardmäßig hinterlegt. Sie wird ab sofort für das Erfassen von Anlagegütern oder beim Buchen von Anlagegütern in der Finanzbuchhaltung zur Verfügung gestellt.

Standardmäßige Abschreibungsmethode wählen

1   Im nächsten Schritt soll die standardmäßige Abschreibungsmethode pro rata temporis (anteilmäßige Abschreibung) eingestellt werden. Um die Einstellungen der Abschreibungsmethode zu kontrollieren, klicken Sie in der Übersicht auf den Eintrag *Vorbelegungen*. Hier legen Sie die handelsrechtlichen Abschreibungen fest (Bild 1.26).

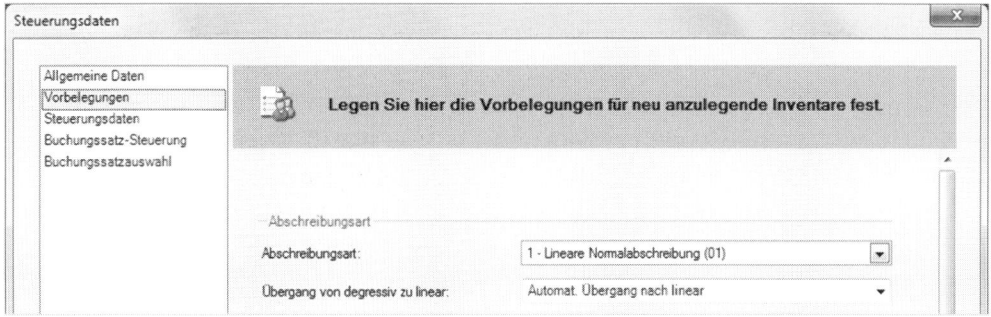

Bild 1.26 Vorbelegungen

Abschreibungsbeginn (Bild 1.27)

Bei Neuzugängen ist der Abschreibungsbeginn auf *PRT (anteilmäßige Abschreibung)* ❶ eingestellt. Bei einer Nachaktivierung ist jedoch die Einstellung *VE (Vereinfachungsregel)* ❷ vorbelegt. Bis zum Jahr 2003 durften Anlagegüter nach der Vereinfachungsregel abgeschrieben werden. Anschaffung im ersten Halbjahr (Abschreibungsbetrag für das gesamte Wirtschaftsjahr), Anschaffung im zweiten Halbjahr (Hälfte des Abschreibungsbetrags für das Wirtschaftsjahr).

Bild 1.27 Abschreibungsbeginn

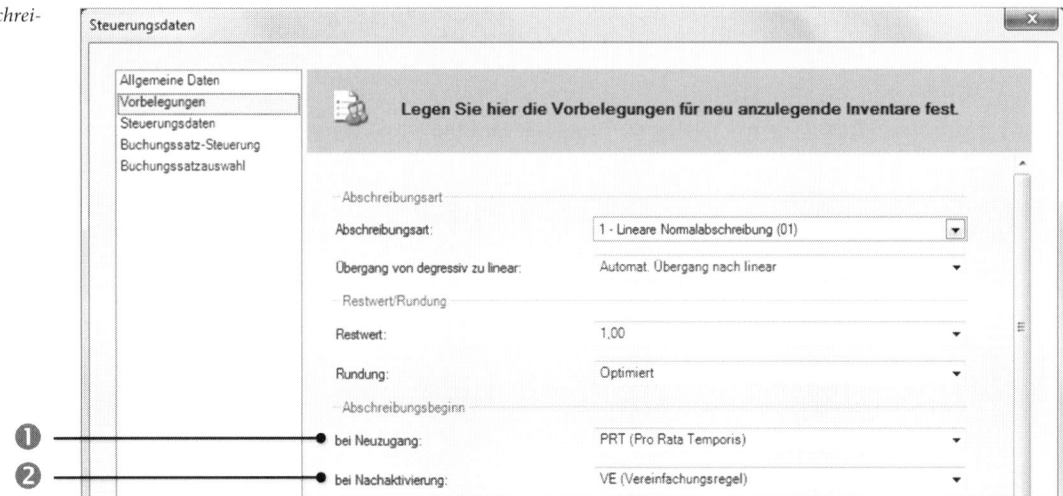

2 Für unseren Übungsfall Fielbauer und Partner GmbH ist die Vereinfachungsregel nicht mehr anwendbar, da die Firma am 01.12.2005 gegründet wurde. Wählen Sie daher beim Feld *bei Nachaktivierung* den Eintrag *PRT (pro rata temporis)* aus (Bild 1.28).

Bild 1.28 Abschreibungsbeginn auswählen

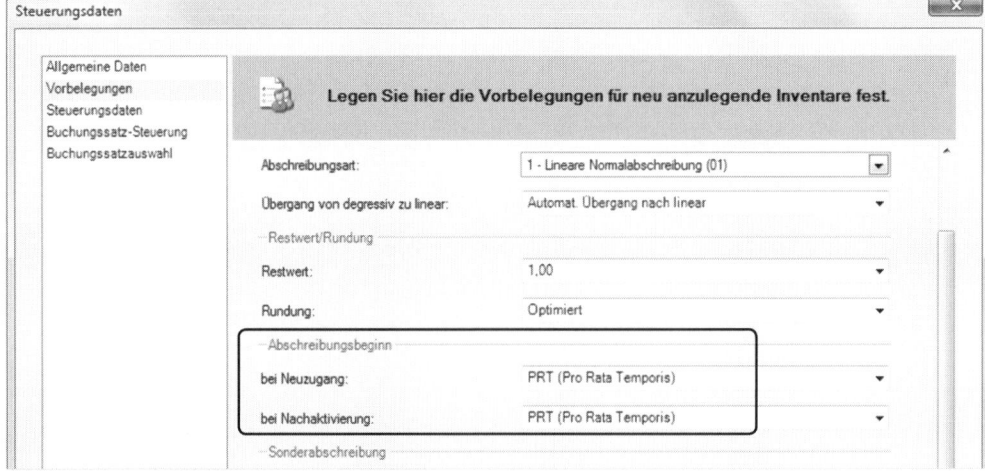

Die weiteren Einstellungen

- Im Bereich *Abschreibungsart* bestimmen Sie die vorzubelegende Abschreibungsart. Außerdem legen Sie an dieser Stelle fest, ob ein automatischer Wechsel von der degressiven zur linearen AfA-Art erfolgen soll, sobald der Prozentsatz der linearen Abschreibung den der degressiven überschreitet.

- Unter *Restwert/Rundung* können der Restwert nach Ablauf der Abschreibungsphase und die Rundung zur Abschreibungsermittlung bestimmt werden. Standardmäßig: 1 EUR und optimiertes Runden.

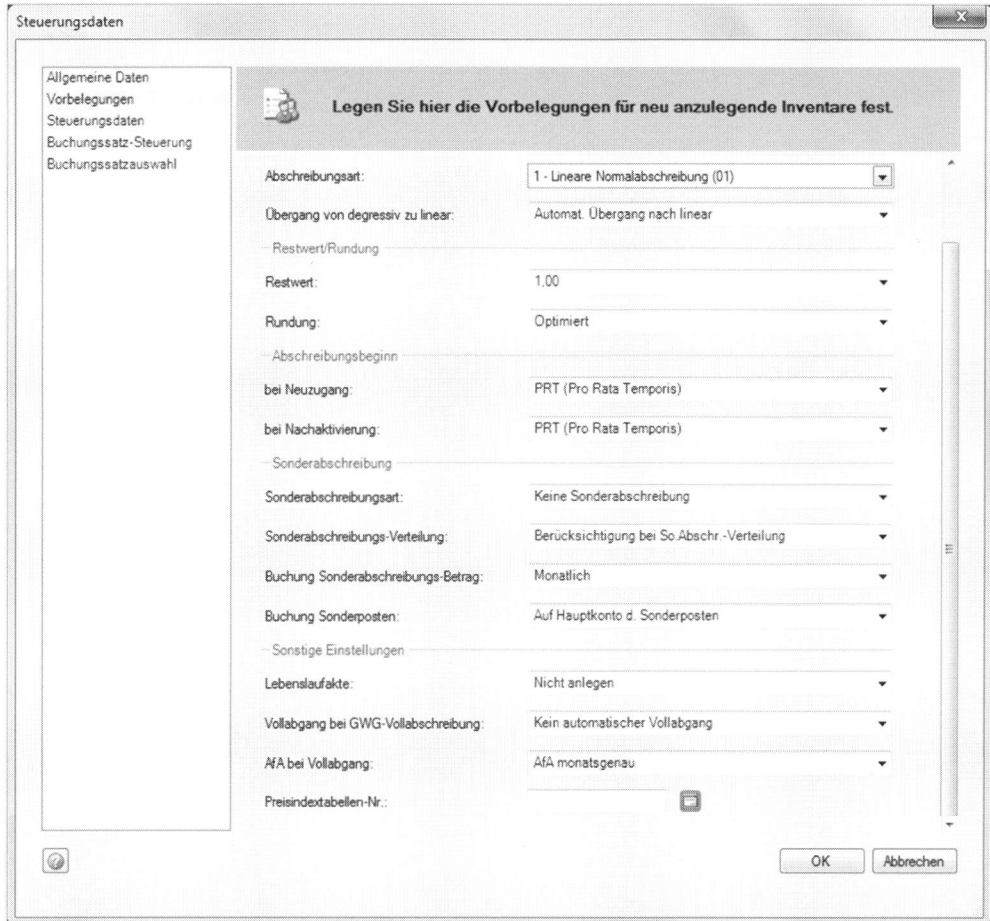

Bild 1.29 Vorbelegungen - weitere Einstellungen

- Über die Rubrik *Sonderabschreibung* können spezielle Einstellungen für Sonderabschreibungen hinterlegt werden. Es kann bestimmt werden, ob eine Sonderabschreibungsverteilung erfolgen soll, wie der Sonderabschreibungsbetrag gebucht wird und wie die Sonderposten-Buchungssätze zu bilden sind.

- Außerdem können zusätzliche sonstige Einstellungen, z. B. ob eine Lebenslaufakte für ein Anlagegut angelegt werden soll, und Einstellungen für den Vollabgang von Anlagegütern und GWG festgelegt werden (Bild 1.29).

- Zusätzliche Einstellungen für die Steuerungsdaten bei Auswertungen, Wertermittlungen etc. und für die Buchungssatzsteuerung können über die Einträge *individuell* vorgenommen werden.

Laut Rücksprache mit der Steuerberaterin Frau Trichter sind im Bereich der Sonderabschreibungen und sonstigen Einstellungen keine zusätzlichen Einstellungen vorzunehmen.

3 Übernehmen Sie anschließend die Einstellungen, indem Sie auf die Schaltfläche *OK* klicken.

Damit sind alle Stammdaten zur Anlagenbuchhaltung für den Übungsmandanten Fielbauer und Partner GmbH und Einstellungen hinterlegt.

Notizen

2 Aufnahme bereits bestehender Anlagegüter

In diesem Kapitel erfahren Sie, wie ...

- Sie bereits bestehende Anlagegüter erfassen,

- Sie die Inventarkarte kontrollieren,

- Sie Inventare löschen,

- Inventarübersichten ausgedruckt werden können,

- Sie Mandanten mit der integrierten Anlagenbuchführung sichern und wieder einspielen können.

2.1 Grundlagen

Das Programm DATEV Kanzlei-Rechnungswesen pro unterstützt Sie bei der wert- und mengenmäßigen Erfassung der Positionen des Anlagevermögens. Dabei ermittelt es die Abschreibungen nach den gesetzlich zulässigen Abschreibungsmethoden. Darüber hinaus können für den Anlagenvermögenbestand vielfältige Auswertungen durchgeführt werden.

Im einzeln bietet Ihnen das Programm in Bezug auf die Anlagenbuchhaltung folgende Möglichkeiten:

- Neuanlage von Inventaren in Tabellenform, gewährleistet eine komfortable und übersichtliche Inventarerfassung.

- Alle steuerlichen Abschreibungsmethoden, inklusive Sonderabschreibungen und erhöhte Absetzungen.

- Zugriff auf Kontenbeschriftungen aus dem Bereich der Finanzbuchhaltung.

- Automatische Weitergabe der Anschaffungs- und Herstellungskosten, Abgangsbuchungen sowie der ermittelten Abschreibungen in die Finanzbuchhaltung.

- Die Soforterfassung Anlagenbuchführung ermöglicht Ihnen, aus anlagerelevanten Buchungssätzen zeitgleich mit der Erfassung in der Finanzbuchhaltung ein Inventar in der Anlagenbuchhaltung anzulegen.

- Verwaltung der Ansparabschreibungen nach § 7g Abs. 3 ff. EStG (bis 2007) und Verwaltung der Investitionsabzugsbeträge nach § 7g Abs. EStG (ab 2008).

- Import von Buchungssätzen aus der Finanzbuchhaltung in die Anlagenbuchhaltung und Zuordnung zu neuen oder bestehenden Inventaren.

- Durchführen der Jahresübernahme vor Ort und damit parallele Bearbeitung mehrerer Jahre am Computer.

- Anzeige des gesamten Anlagevermögens jederzeit während der Bearbeitung.

- Komfortable Aufbereitung der Auswertungen, z. B. Anlagenspiegel, Entwicklung des Anlagevermögens, Zugangs-, Umbuchungs- und Abgangsliste, Vermögensaufstellung, Anlagen- und Fördernachweise, Sonderabschreibungsliste und Druckausgabe vor Ort oder im Rechenzentrum.

- Ausgabe der Abgangsbuchungen (Buchgewinn/-verlust) in der Buchungsliste.

- Simulation des steuerlichen Abschreibungsverlaufs für mehrere Jahre im Voraus.

- Korrekturbuchungssätze für gelöschte Werte mit Weitergabe bei der nächsten Programmverbindung.

- Möglichkeit zur Darstellung der Lebenslaufakte für jedes einzelne Inventar.

- Berücksichtigung der gesetzlichen Anforderungen der Pflege-Buchführungsverordnung (Anlagennachweis, Fördernachweis, Sonderposten für Förderungen).

- Nutzung von kalkulatorischen Abschreibungen.

- Datenbestände im Rechenzentrum sichern und Auswertungen im Rechenzentrum drucken.

2.2 Begriffsdefinitionen zur Anlagenbuchhaltung

Bevor in unserem Übungsfall die ersten Anlagegüter vorgetragen werden, sollen zunächst wichtige Grundbegriffe rund um die Anlagenbuchhaltung erklärt werden.

AHK-Wert und AHK-Datum

Unter dem Begriff AHK-Wert versteht man die Anschaffungs- und Herstellungskosten eines Anlagegutes. Gemäß § 255 Absatz 1 HGB wird der AHK-Wert genauer spezifiziert. Alle Kosten, um ein Wirtschaftsgut in einen betriebsbereiten Zustand zu versetzen, nennt man Anschaffungs- und Herstellkosten (AHK). Darunter fallen auch die Kosten, die mit dem Wirtschaftsgut fest verbunden sind.

Beim Begriff AHK-Datum handelt es sich um das Anschaffungs- bzw. Herstelldatum des Anlagegutes. Dieses Datum ist für die Ermittlung der Abschreibungsbeträge wichtig, da die Beträge zeitgenau ermittelt werden müssen.

Aufzeichnungspflicht

Die Aufzeichnungspflicht ist in den Steuergesetzen geregelt. Nach § 22 UStG und den entsprechenden Vorschriften der UStDV ist die Firma verpflichtet, zur Feststellung der Umsatzsteuer und der Grundlagen ihrer Berechnung grundsätzliche Aufzeichnungen vorzunehmen.

Je nachdem um welches Anlagegut es sich handelt, z. B. bei geringwertigen Wirtschaftsgütern, kann eine Aufzeichnungspflicht bestehen, jedoch die Aktivierungspflicht entfallen.

Aktivierungspflicht

Die Pflicht zur Aktivierung kommt für die Bilanz zum Einsatz. Aktivierung bedeutet, dass gekaufte Anlagegüter auf der Aktivaseite der Bilanz aufgenommen werden. Diese Aktivierungspflicht bezieht sich nur auf das Anlagevermögen der Firma. Sie ist verpflichtet, Anlagegüter, nachdem sie erworben wurden, zu aktivieren.

Dies muss in einem besonderen, laufend geführten Verzeichnis vorgenommen werden. Hierfür steht Ihnen in DATEV das Programm DATEV Kanzlei-Rechnungswesen pro zur Verfügung.

Buchwert

Unter dem Begriff Buchwert versteht man den Wert, zu dem ein Anlagegut zu einem bestimmten Zeitpunkt in der Bilanz ausgewiesen wird.

Er ermittelt sich aus den Anschaffungs- bzw. Herstellkosten des Anlagegutes vermindert um deren Abschreibungen oder Sonderabschreibungen und erhöht um evtl. Zuschreibungen für das Anlagegut.

Buchgewinn /-verlust

Wenn ein Anlagegut aus dem Anlagevermögen verkauft wird und dieser höhere Erlöse als der in der Buchhaltung ausgewiesene Wert (Buchwert) erbringt, so spricht man von einem Buchgewinn.

Wenn ein Anlagegut aus dem Anlagevermögen verkauft wird und der Verkauf geringere Erlöse als den, in der Buchhaltung ausgewiesenen Wert (Buchwert), erbringt, so spricht man von einem Buchverlust.

2.3 Inventare erfassen

Ausgangssituation
Frau Trichter legt Ihnen eine Inventarübersicht mit den vorzutragenden Anlagegütern zum 31.12.2014 vor.

Das bereits bestehende Inventar mit den Anlagegütern der Firma Fielbauer und Partner GmbH muss jetzt in DATEV Kanzlei-Rechnungswesen pro vorgetragen werden.

Die Inventarübersicht Seite 1 führt folgende Anlagegüter auf:

Firma Fielbauer und Partner GmbH   Seite 1
Datum: 31.12.2014

Konto Inventar	Bezeichnung Inventar-bezeichnung	Abschreibungsart	Anschaffungs-datum
0027	EDV-Software		
27001	Bürosoftware	Immat. Wirtschaftsgut	02.01.2014
27002	SpezS 2013	Immat. Wirtschaftsgut	01.07.2013

Konto Inventar	Bezeichnung Inventar-bezeichnung	Abschreibungsart	Anschaffungs-datum
Nutzungsdauer	**Anschaffungspreis**	**Abschreibung in 2015**	**Buchwert: 01.01.2015**
3 Jahre	5.100,00 €	1.700,00 €	3.400,00 €
3 Jahre	10.500,00 €	3.500,00 €	5.251,00 €
		5.200,00 €	8.651,00 €

Konto Inventar	Bezeichnung Inventar-bezeichnung	Abschreibungsart	Anschaffungs-datum
0080	Gebäude		
80001	Geschäftsgebäude	Wirtsch.geb.(3% lin.)	02.01.2006
80002	Produktionshalle	Wirtsch.geb.(3% lin.)	01.10.2006
Nutzungsdauer	**Anschaffungspreis**	**Abschreibung in 2015**	**Buchwert: 01.01.2015**
33 J. 4 Mon.	520.000,00 €	15.600,00 €	379.600,00 €
34 J. 4 Mon.	380.000,00 €	11.400,00 €	285.950,00 €
		27.000,00 €	665.550,00 €

Konto Inventar	Bezeichnung Inventar-bezeichnung	Abschreibungsart	Anschaffungs-datum
0210	Maschinen		
210001	Druckkessel IFX 2007	geom. degressiv	01.10.2007
210002	Verpackungsmasch.MS5	lineare Abschreibung	02.11.2008
210003	Produktionsmasch.FS80	geom. degressiv	15.08.2010
Nutzungsdauer	**Anschaffungspreis**	**Abschreibung in 2015**	**Buchwert: 01.01.2015**
15 Jahre	160.000,00 €	6.375,00 €	31.877,00 €
13 Jahre	95.000,00 €	7.310,00 €	49.949,00 €
10 Jahre	115.000,00 €	8.149,00 €	32.596,00 €
		21.834,00 €	114.422,00 €

Konto Inventar	Bezeichnung Inventar-bezeichnung	Abschreibungsart	Anschaffungsda-tum
-	Fuhrpark gem. besonderem Verzeichnis	-	-
Nutzungsdauer	**Anschaffungspreis**	**Abschreibung in 2015**	**Buchwert: 01.01.2015**
-	-	-	-
		-	-

Konto Inventar	Bezeichnung Inventar-bezeichnung	Abschreibungsart	Anschaffungsda-tum
0430	Ladeneinrichtung		
430001	Showroom Einrichtung	geom. degressiv	01.10.2010
Nutzungsdauer	**Anschaffungspreis**	**Abschreibung in 2015**	**Buchwert: 01.01.2015**
10 Jahre	8.500,00 €	630,00 €	2.521,00 €
		630,00 €	2.521,00 €

Hinweis: Die Buchwerte zum 01.01.2015 decken sich mit den Vortragsbuchungen der Eröffnungsbilanz von Seite 19.

Vortrag Anlagegüter erfassen

Um die vorhandenen Anlagegüter vorzutragen, gehen Sie - wie nachfolgend dargestellt - vor:

1 Wählen Sie den Menüpunkt *Erfassen → Anlagenbuchführung → Inventare erfassen* oder klicken Sie über die Navigationsübersicht im geöffneten Ordner *Anlagenbuchführung* doppelt auf den Eintrag *Inventare erfassen*.

Bild 2.1 Übersicht:
Inventare erfassen

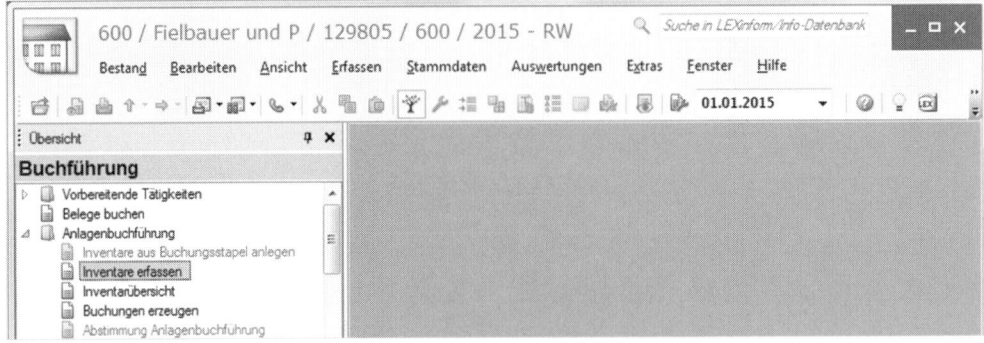

2 Das Dialogfenster *Neues Inventar erfassen* wird geöffnet (Bild 2.2).

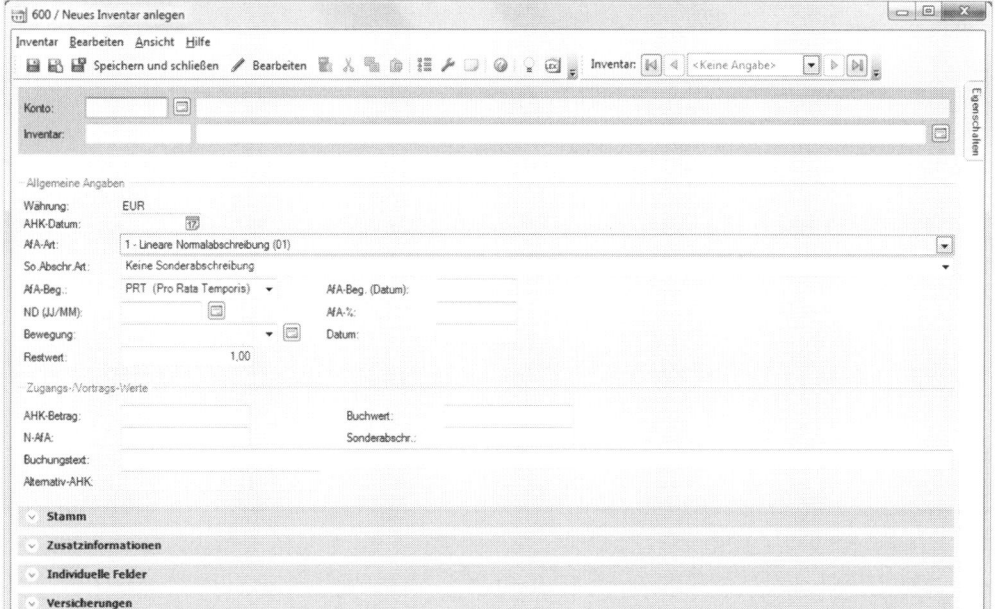

Bild 2.2 Neues Inventar erfassen

Zunächst soll die Bürosoftware, die am 02.01.2014 angeschafft wurde, vorgetragen werden.

Konto Inventar	Bezeichnung Inventar-bezeichnung	Abschreibungsart	Anschaffungs-datum
0027	EDV-Software		
27001	Bürosoftware	Immat. Wirtschaftsgut	02.01.2014
27002	SpezS 2013	Immat. Wirtschaftsgut	01.07.2013
Nutzungsdauer	**Anschaffungspreis**	**Abschreibung in 2015**	**Buchwert: 01.01.2015**
3 Jahre	5.100,00 €	1.700,00 €	3.400,00 €
3 Jahre	10.500,00 €	3.500,00 €	5.251,00 €
		5.200,00 €	8.651,00 €

3 Geben Sie im Feld *Konto* das FIBU-Konto *27* ein und drücken Sie anschließend die Tabulator-Taste (Bild 2.3).

Die Bezeichnung für Konto *27*, *EDV-Software*, wird vom Programm automatisch angezeigt. Zusätzlich legt das Programm im Feld *Inventar* automatisch eine Inventarnummer für die vorzutragende Bürosoftware an, siehe Bild 2.3.

Die Inventarnummer setzt sich aus der FIBU-Kontennummer (27) und einer dreistelligen fortlaufenden Nummer (001) zusammen. Sie kann natürlich individuell an die eigenen Bedürfnisse angepasst werden.

Hinweis: Über das Symbol *Konto auswählen* 🖼 kann ggfs. ein FIBU-Konto über den hinterlegten Kontenrahmen SKR03 herausgesucht werden.

4   Im Feld *Bezeichnung* geben Sie Bürosoftware ein (Bild 2.3).

Bild 2.3 FIBU Konto erfassen

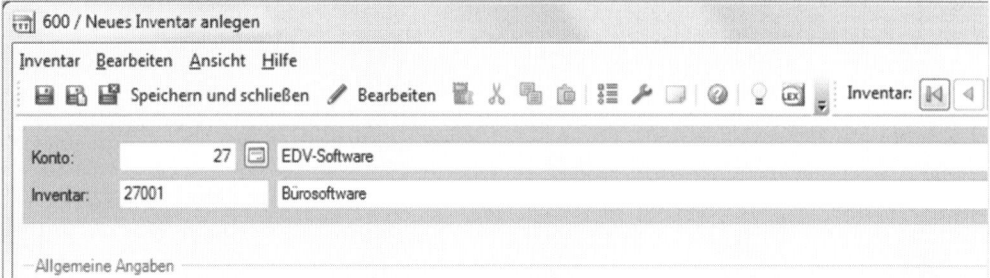

5   Hiermit sind im oberen Teil die Stammdaten für die Bürosoftware erfasst. Im nächsten Schritt muss das Anschaffungs- bzw. Herstelldatum angegeben werden. Geben Sie im Feld *AHK-Datum* das Anschaffungsdatum 02.01.2014 (Bild 2.4) ein.

Hinweise: Das Feld *AfA-Beginn* (siehe Bild 2.5) wird automatisch aus dem AHK-Datum gebildet. Die Abschreibung beginnt standardmäßig mit der gesetzlichen Regelung PRT Pro Rata Temporis (zeitanteilige monatliche Abschreibung).

Je nach Anschaffungsdatum z. B. vor 01.01.2004 kann auch die Vereinfachungsregel VE Anschaffung erstes oder zweites Halbjahr ausgewählt werden. In besonderen Fällen sogar individuell mit einem einzugebenden individuellen Beginndatum.

6   Im Feld *AfA-Art* (Bild 2.4) kann die Abschreibungsart über den Dropdown-Pfeil ausgewählt bzw. die AfA-Nr., z. B. 1 für Lineare Normalabschreibung oder 2 für geometrisch degressive Abschreibung usw., eingegeben werden.

Bei der Bürosoftware handelt es sich um ein immaterielles Wirtschaftsgut. Klicken Sie auf das Auswahlfeld und wählen die Abschreibungsart *Abschreibung bei immateriellen WG (82)* aus.

Achtung: Für immaterielle Wirtschaftsgüter (z. B. Urheberrechte, Patente, Lizenzen, Software, Geschäftswert) gibt es nur die lineare AfA. Der Abschreibungszeitraum ist unterschiedlich (z. B. Geschäftswert 15 Jahre; Software 3 Jahre). In DATEV kann diesen Wirtschaftsgütern die Abschreibungsart immaterielles Wirtschaftsgut zugewiesen werden.

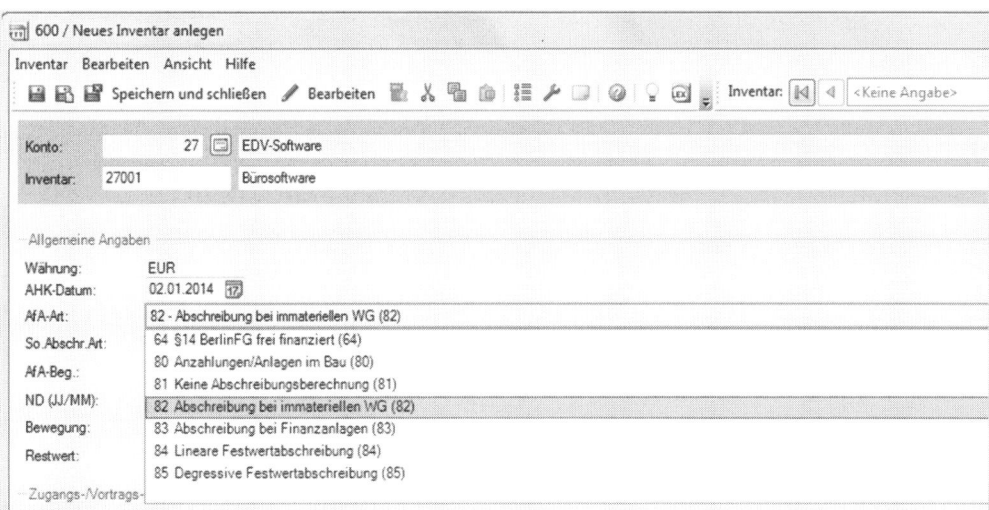

Bild 2.4 AfA-Art auswählen

Hinweis: Über das Feld *So.Abschr.-Art* kann ggfs. über das Pfeilsymbol eine gewünschte Sonderabschreibungsart ausgewählt werden. Standardmäßig ist das Feld mit dem Eintrag *keine Sonderabschreibung* belegt (Bild 2.5).

7 Geben Sie im Feld *ND (JJ/MM)* die Nutzungsdauer der Bürosoftware, 3 Jahre, 03/00 ein (Bild 2.5 ❷). Aus der Nutzungsdauer wird durch das Programm automatisch der lineare Abschreibungsprozentsatz von 33,33 % berechnet. In Bezug auf das AHK-Datum für die Bürosoftware sind damit die Abschreibungsart und die Abschreibungsdauer erfasst.

Eingaben im Feld *ND* (Nutzungsdauer) erfolgen in der Form JJ/MM, also z. B. 03 = 3 Jahre 00 = 0 Monate .

8 In einem weiteren Schritt müssen die Bewegung und im Feld *AHK-Betrag* die Anschaffungs- oder Herstellkosten des Anlagegutes erfasst werden, siehe Bild 2.5.

Das Feld *Bewegung* ❸ ist mit *Vortrag* - gleichbedeutend mit Saldovortrag - und das Feld *Datum* (Wirtschaftsjahrbeginn) mit dem *01.01.2015* durch das Programm automatisch vorbelegt. Die Bewegung bewirkt einen Saldovortrag zum Datum 01.01.2015.

Die Bürosoftware wurde am 02.01.2014 zu einem Nettokaufpreis (Anschaffungskosten) von 5.100,00 EUR erworben. Geben Sie im Feld *AHK-Betrag* die Anschaffungskosten von 5.100,00 EUR ein und drücken Sie anschließend die Tabulatortaste ❹ .

Achtung: Achten Sie darauf, dass Sie das Komma mit eingeben, da die letzten zwei Stellen automatisch als Cent-Beträge formatiert werden.

*Bild 2.5 Neues
Inventar - weitere
Eingaben*

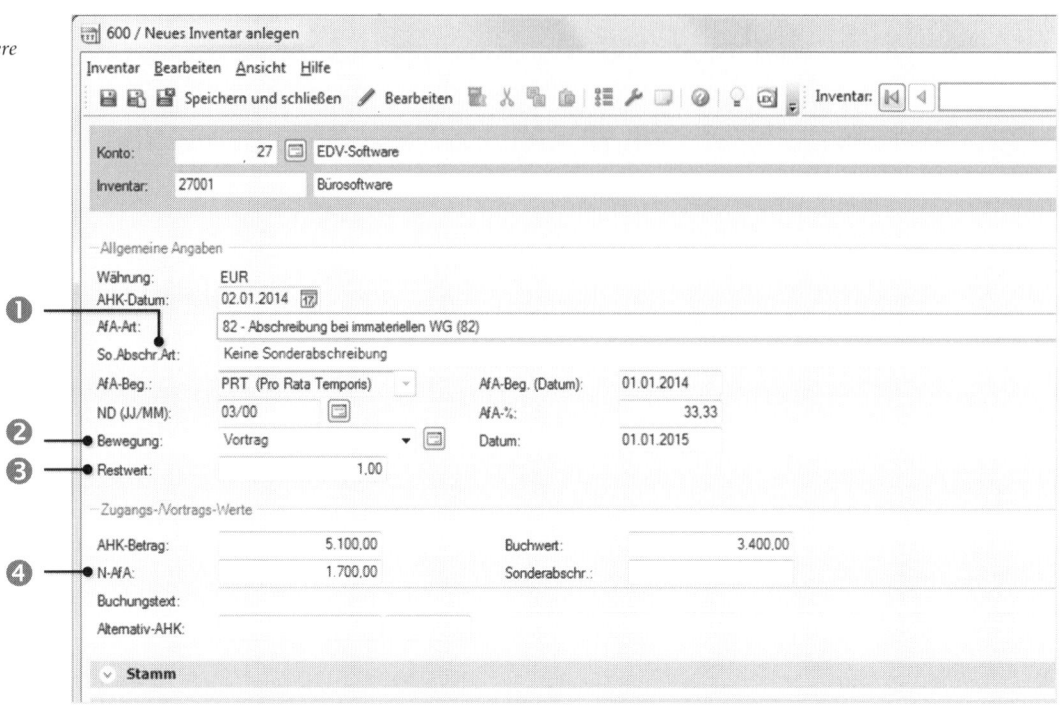

 Wichtiger Hinweis: Das Programm ermittelt automatisch aus dem eingegebenen AHK-Betrag den Buchwert zum 01.01.2015 von 3.400,00 EUR und die aufgelaufene (kumulierte Summe) Normal-AfA von 1.700,00 EUR bis zum Bilanzstichtag 01.01.2015.

Die Berechnung der Abschreibungswerte

- 1.Jahr 01.01.2014 Buchwert: 5.100,00 EUR Abschreibung 1. Jahr 1.700,00 EUR

- 2.Jahr 01.01.2015 Buchwert: 3.400,00 EUR Abschreibung 2. Jahr 1.700,00 EUR

- 3.Jahr 01.01.2016 Buchwert: 1.700,00 EUR Abschreibung 3. Jahr 1.699,00 EUR

- Erinnerungswert: 1,00 EUR

9   Alle notwendigen Eingaben für den Vortrag der Bürosoftware sind damit erfasst. Speichern Sie den Datensatz, indem Sie in der Standardsymbolleiste auf das Symbol *Speichern und Schließen* klicken.

Ergebnis: Der Vortrag der Bürosoftware mit der Abschreibungsmethode 82 - Abschreibung bei immateriellen Wirtschaftsgütern über den Zeitraum von 3 Jahren ist erfasst.

Vortragswerte kontrollieren

Die Vortragswerte und der Abschreibungsplan der Bürosoftware müssen natürlich sofort kontrolliert werden. Um die Vortragwerte über die Inventarübersicht zu kontrollieren, gehen Sie wie folgt vor:

1 Wählen Sie den Menüpunkt *Stammdaten* → *Anlagenbuchführung* → *Inventarübersicht* oder klicken Sie über die Navigationsübersicht im geöffneten Ordner *Anlagenbuchführung* doppelt auf den Eintrag *Inventarübersicht* (Bild 2.6).

Bild 2.6 Anlagenbuchführung - Inventarübersicht

Als Ergebnis wird das Arbeitsblatt *Inventarübersicht* mit der erfassten Bürosoftware angezeigt (Bild 2.8). Innerhalb der Inventarübersicht sehen Sie Informationen zur vorgetragenen Bürosoftware.

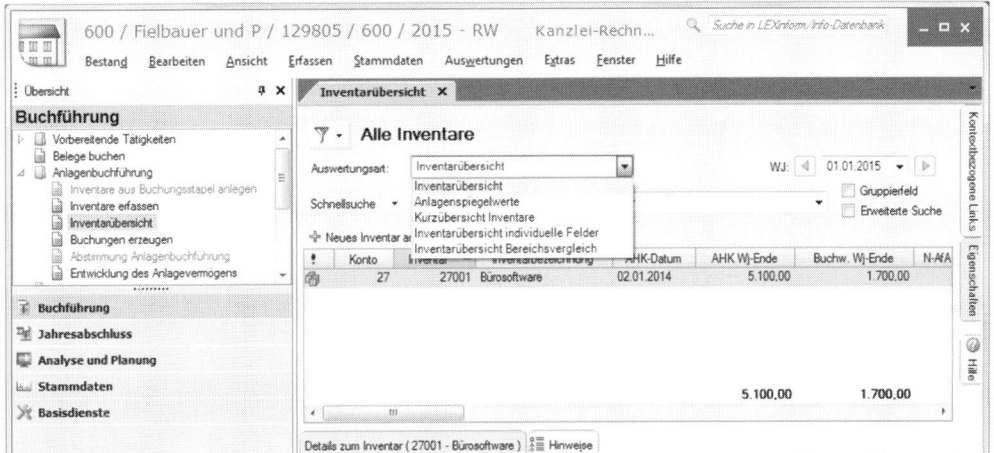

Bild 2.7 Arbeitsblatt Inventarübersicht

Tipp: Über das Auswahlfeld *Auswertungsart* stehen Ihnen verschiedene Übersichten zur Verfügung.

2 Durch Verschieben der horizontalen Bildlaufleiste (bzw. Klick auf den Pfeil nach rechts ▶) können Sie weitere Informationen zur vorgetragenen Bürosoftware einsehen.

Bild 2.8 Inventar-
übersicht

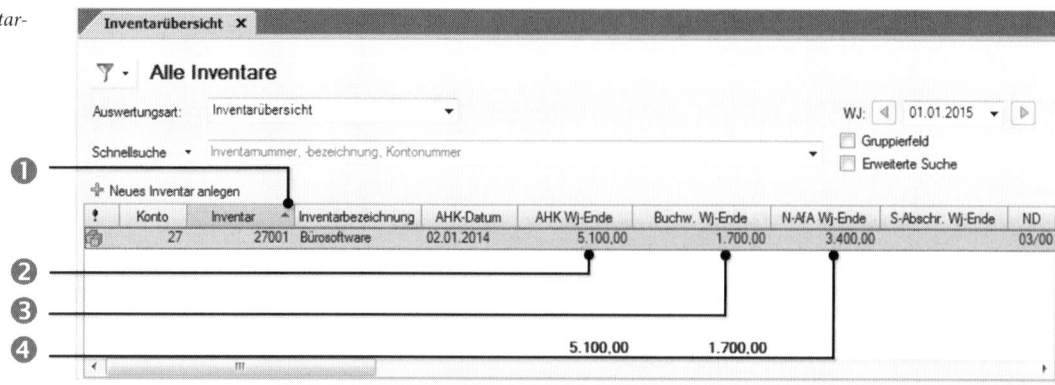

❶ FIBU-Konto, Inventarnummer und Inventarbezeichnung

❷ Anschaffungs- bzw. Herstellkosten

❸ Buchwert zum 31.12.2015

❹ Kumulierte Abschreibungswerte bis zum 31.12.2014

3 Verschieben Sie die horizontale Bildlaufleiste weiter, um *Nutzungsdauer*, *AfA-Art*, *AHK Wj-Beginn*, *Buchw. Wj-Beginn* und *N-AfA Wj-Beginn* anzeigen zu lassen.

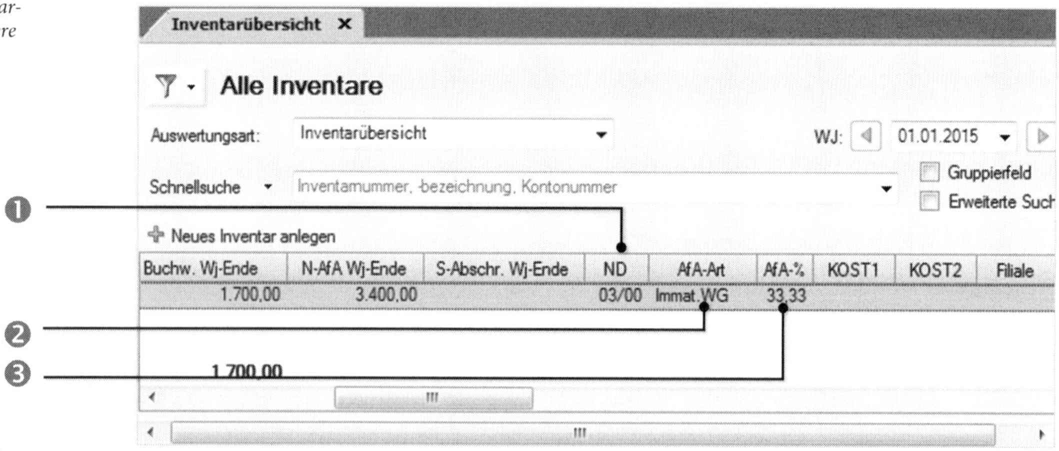

Bild 2.9 Inventar-
übersicht- weitere
Informationen

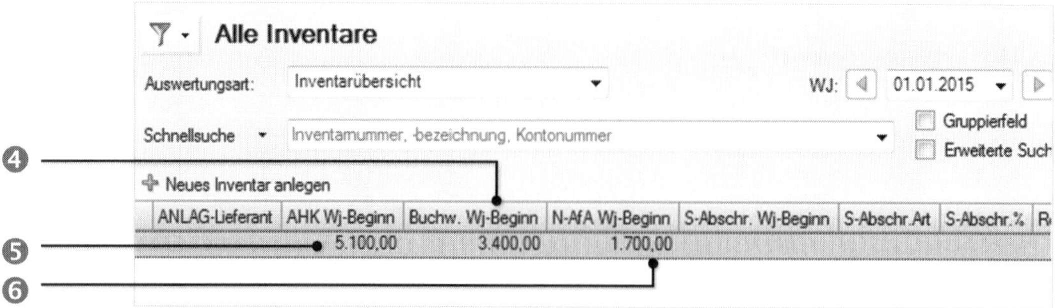

Bild 2.10 AHK
Wj-Beginn

① Nutzungsdauer: 3 Jahre

② AfA-Art: Immaterielles Wirtschaftsgut

③ AfA-Prozentsatz

④ Buchwert zum 01.01.2015

⑤ Anschaffungs- bzw. Herstellkosten

⑥ Kumulierte Abschreibungswerte bis zum 31.12.2015

2.4   Abschreibungsbewegungen einsehen

In der Inventarübersicht ist die Abschreibungsbewegung der Bürosoftware nicht ersichtlich. Sie kann jedoch sehr leicht eingesehen werden. Dazu gehen Sie - wie nachfolgend dargestellt - vor:

1   Klicken Sie in der Inventarübersicht im unteren Zusatzbereich auf das Register
Details zum Inventar (27001 - Bürosoftware), siehe Bild 2.11.

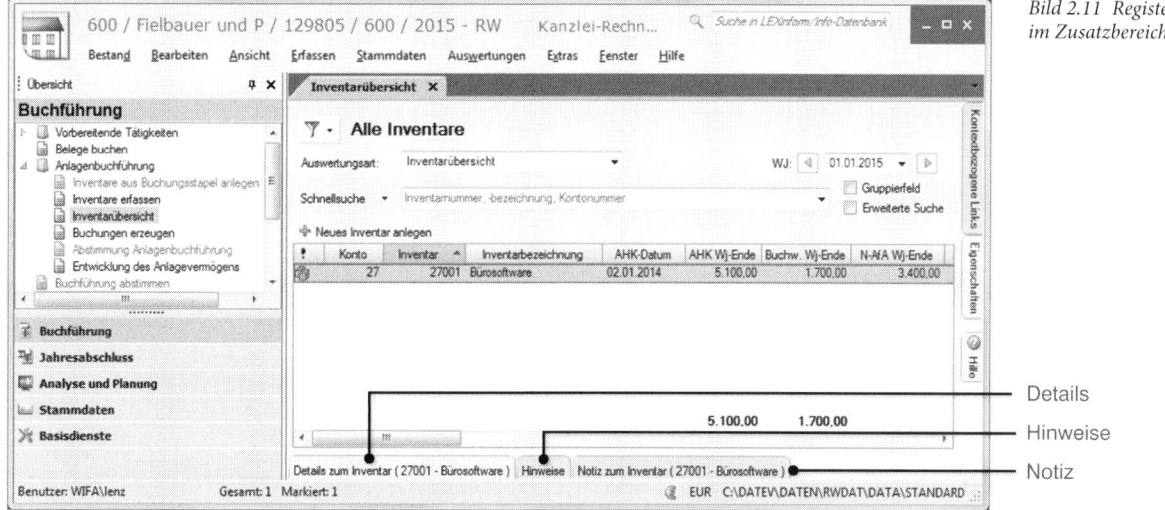

*Bild 2.11 Register
im Zusatzbereich*

2   Die Details werden am unteren Rand eingeblendet, klicken Sie auf das Register
Vortragswerte (Bild 2.12).

Der erfasste Vortragswert von 5.100,00 EUR zur Bürosoftware und die vom Programm automatisch errechneten Werte für den Buchwert zum 01.01.2015 von
3.400,00 EUR sowie die aufgelaufene (kumulierte Summe) Normal-AfA von
1.700,00 EUR bis zum Bilanzstichtag 01.01.2015 werden angezeigt (Bild 2.12).

Bild 2.12 Vortragswerte anzeigen

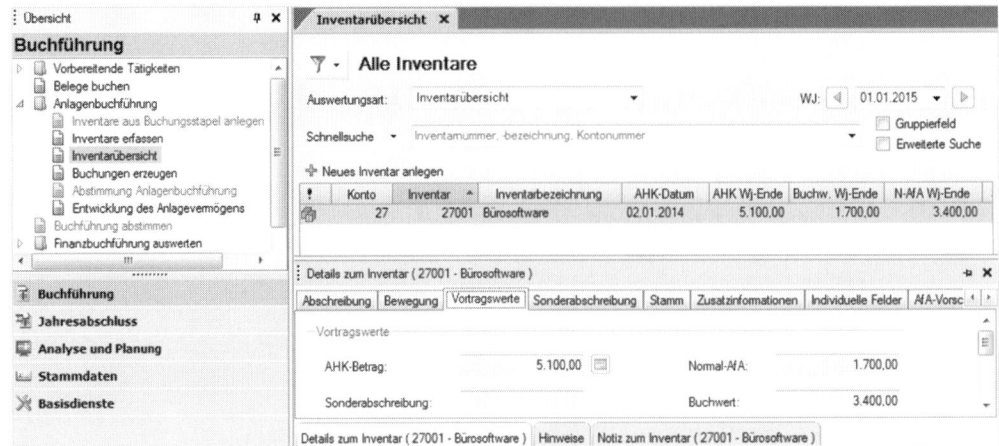

3   Klicken Sie anschließend auf das Register *Bewegung* (Bild 2.13).

Bild 2.13 Bewegung anzeigen

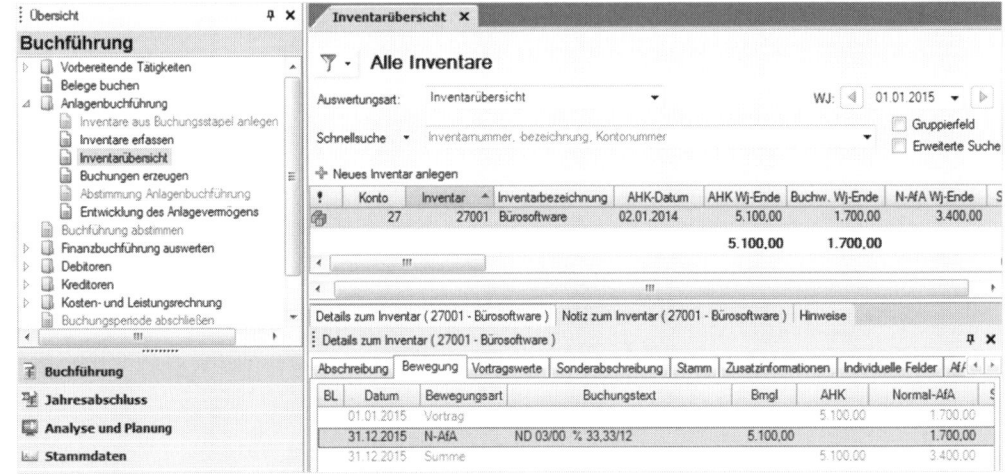

Tipp: Mit Klick auf das Register *Abschreibung* können AHK-Datum, Abschreibungsart und Nutzungsdauer eingesehen werden.

Bild 2.14 Register Abschreibung

Über die weiteren verfügbaren Register können natürlich darüber hinaus weitere Informationen zum vorgetragen Anlagengut eingesehen werden. Auch im unteren Zusatzbereich finden Sie noch weitere Register (siehe Bild 2.11). Mit Klick auf das Register *Notiz zum Inventar (270001 - Bürosoftware)* können Sie individuelle Anmerkungen zum Anlagegut eintragen. Das Register *Hinweise* zeigt ggfs. fehlerhafte oder fragliche Angaben an.

2.5 Neues Inventar über das Arbeitsblatt Inventarübersicht erfassen

Ausgangssituation

Als nächstes Anlagegut soll der Druckkessel IFX 2007 vorgetragen werden. Der Druckkessel wurde am 01.10.2007 zu einem Anschaffungswert von 160.000,00 EUR erworben. Die Nutzungsdauer beträgt 15 Jahre. Der Druckkessel wird geometrisch degressiv abgeschrieben. Degressiver Höchstsatz im Jahr 2007 20 %.

Inventar erfassen

1 Um den Druckkessel vorzutragen, klicken Sie im Arbeitsblatt *Inventarübersicht* auf den Link *Neues Inventar anlegen*.

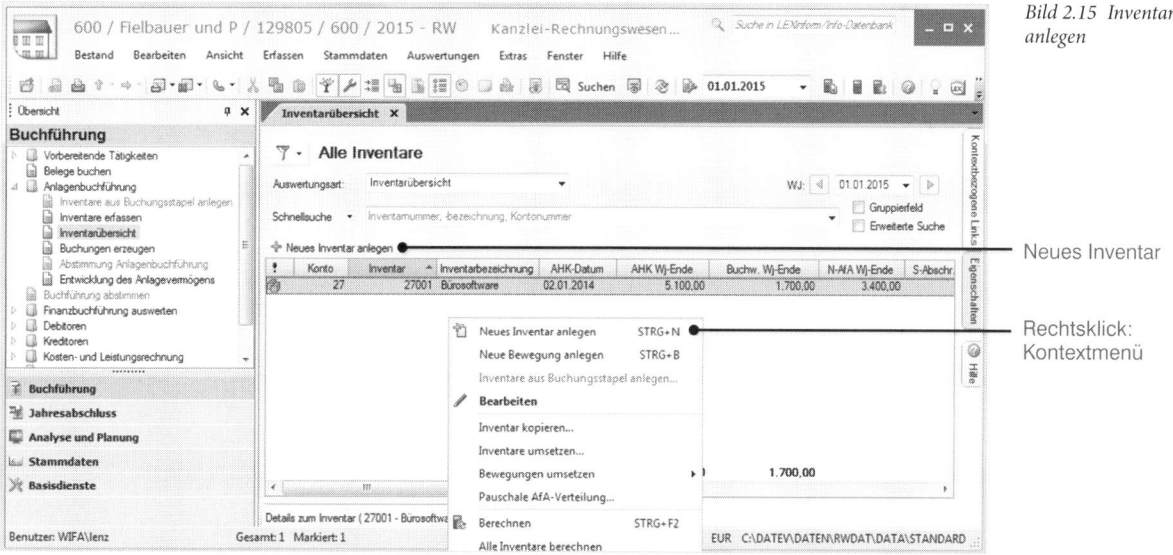

Bild 2.15 Inventar anlegen

Alternativ können Sie ein neues Inventar in der Inventarübersicht über einen Rechtsklick und den Befehl *Neues Inventar anlegen* erfassen (Bild 2.15) oder drücken Sie die Tastenkombination Strg+N.

2 Geben Sie die Stammdaten für den Druckkessel ein (Bild 2.16).

3   Im Feld *AHK-Datum* geben Sie das Datum 01.10.2007 ein und wählen danach im Feld *AfA-Art* die Abschreibungsart *2 Geom. degressive Abschreibung(02)* aus (Bild 2.16).

4   Klicken Sie beim Feld Nutzungsdauer *ND (JJ/MM)* auf das Symbol *Nutzungsdauer auswählen* (Bild 2.16).

Bild 2.16 Neues Inventar: AHK-Datum und Abschreibungsart

Stammdaten

Nutzungsdauer auswählen

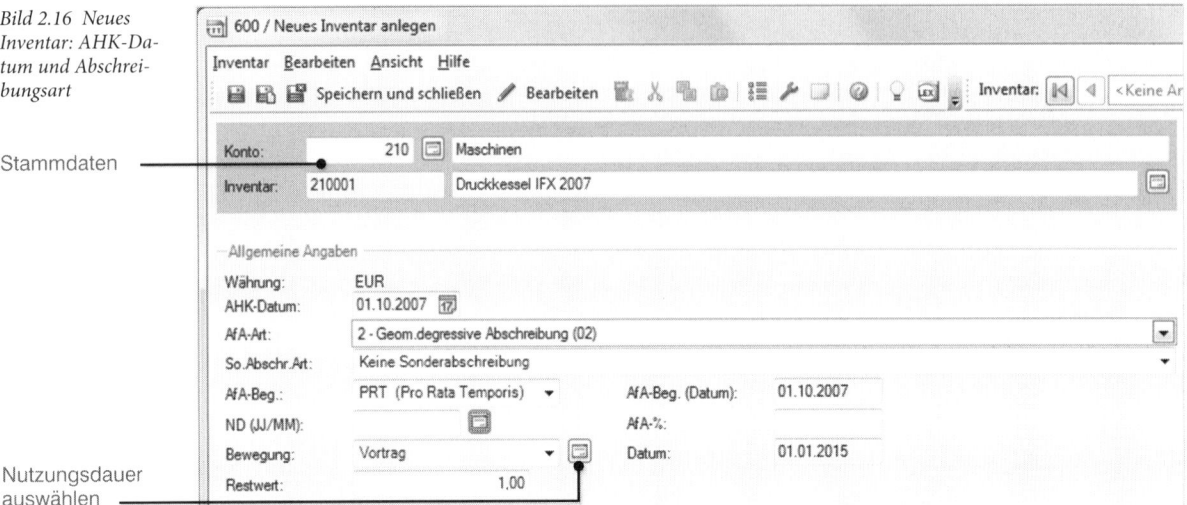

5   DATEV Anlagenbuchführung pro bietet standardmäßig eine Liste mit AfA-Tabellen für Anlagegüter an. Die jeweilige Nutzungsdauer eines Anlagegutes kann, sofern es in der Tabelle enthalten ist, über die Liste übernommen werden. Geben Sie im Feld *Schnellsuche* den Suchbegriff Druck ein (Bild 2.17).

Bild 2.17 Nutzungsdauer übernehmen

6 Der Druckkessel wird in der Liste der Anlagegüter aufgeführt. Die Nutzungsdauer beträgt 15 Jahre. Klicken Sie auf den Eintrag *Druckkessel* und übernehmen Sie die Nutzungsdauer mit Klick auf die Schaltfläche *OK*.

Hinweis: Ist das Anlagegut nicht in der Liste aufgeführt, muss über das Finanzamt die Nutzungsdauer des Anlagegutes erfragt werden.

7 Das Programm ermittelt aus der jeweiligen Nutzungsdauer den AfA-Prozentsatz. Da es sich beim Druckkessel um eine geometrisch degressive Abschreibung handelt, wird automatisch der zulässige Abschreibungshöchstsatz von 20% gebildet (Bild 2.18).

8 Geben Sie im Feld *AHK-Betrag* die Anschaffungskosten von 160.000,00 EUR ein und drücken Sie anschließend die Tabulatortaste. Das Programm ermittelt automatisch aus dem eingegebenen Betrag den vorzutragenden Buchwert (Saldovortrag) zum 01.01.2015 in Höhe von 31.877,00 EUR und die aufgelaufene (kumulierte Summe) Normal-AfA vom 01.10.2007 bis zum Bilanzstichtag 01.01.2015 von 128.123,00 EUR, siehe Bild 2.18.

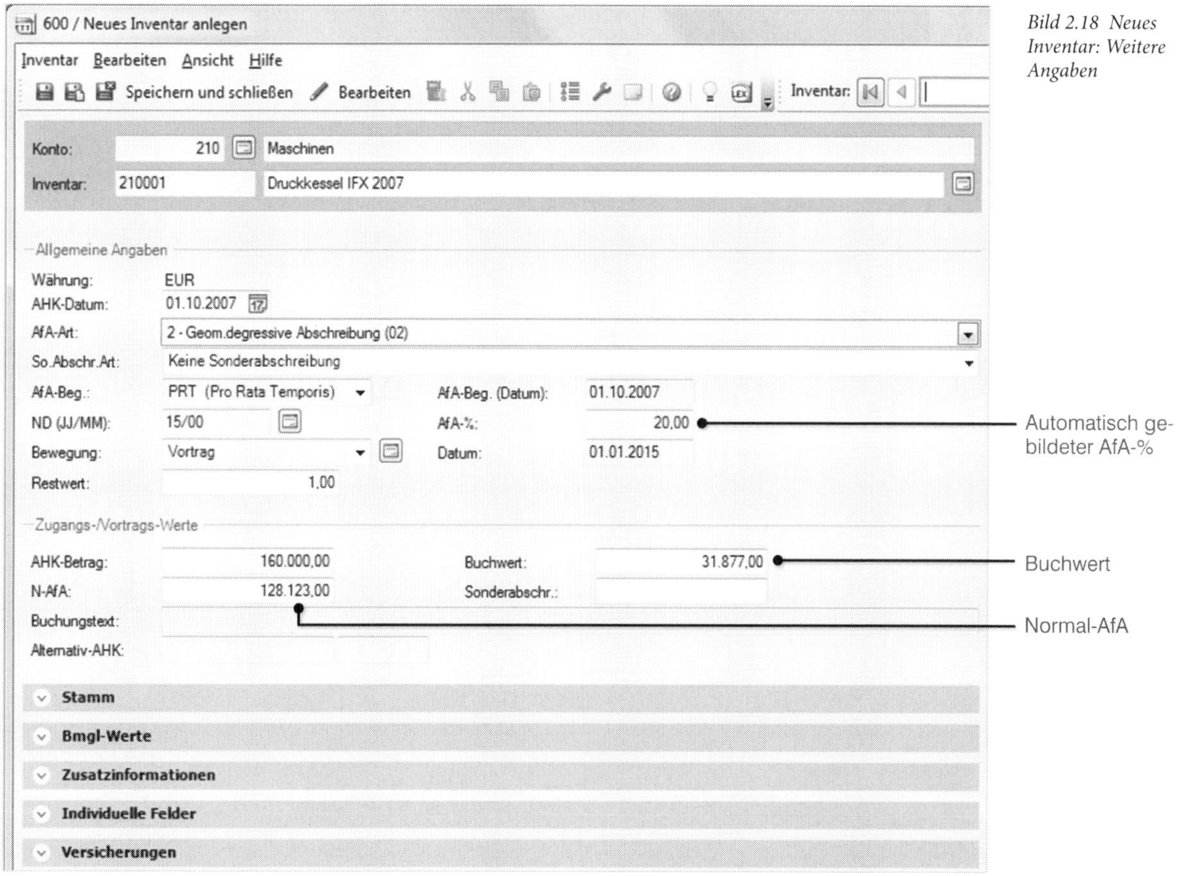

Bild 2.18 Neues Inventar: Weitere Angaben

Alle notwendigen Eingaben für den Vortrag des Druckkessels sind damit erfasst.

Der Abschreibungsverlauf des Druckkessels vom 01.10.2007 bis 31.12.2015 stellt sich manuell berechnet - wie nachfolgend abgebildet - dar:

Bild 2.19 Der Abschreibungsverlauf

	Beginn	01.10.2007	
	AHK-Wert	160.000,00 €	
	Nutzungsdauer	15 Jahre	
	AfA-Satz	20%	

	Abschreibung	Buchwert	Wirtschafts-jahresende
1. Jahr (2007)	8.000,00 €	152.000,00 €	31.12.2007
2. Jahr (2008)	30.400,00 €	121.600,00 €	31.12.2008
3. Jahr (2009)	24.320,00 €	97.280,00 €	31.12.2009
4. Jahr (2010)	19.456,00 €	77.824,00 €	31.12.2010
5. Jahr (2011)	15.565,00 €	62.259,00 €	31.12.2011
6. Jahr (2012)	12.452,00 €	49.807,00 €	31.12.2012
7. Jahr (2013)	9.961,00 €	39.846,00 €	31.12.2013
8. Jahr (2014)	7.969,00 €	31.877,00 €	31.12.2014
9. Jahr (2015)	6.375,00 €	25.502,00 €	31.12.2015

9 Speichern Sie abschließend den Datensatz, indem Sie auf das Symbol *Speichern und Schließen* 🖫 klicken.

Vortragswerte kontrollieren

Im Arbeitsblatt *Inventarübersicht* ist jetzt neben der bereits erfassten Bürosoftware auch der Vortrag des Druckkessels mit aufgelistet (Bild 2.20).

1 Verschieben Sie die horizontale Bildlaufleiste oder klicken Sie auf den Pfeil ▶, um weitere Informationen zum vorgetragenen Druckkessel IFX 2007 einzusehen (Bild 2.20 und Bild 2.21).

Bild 2.20 Inventarübersicht Neu

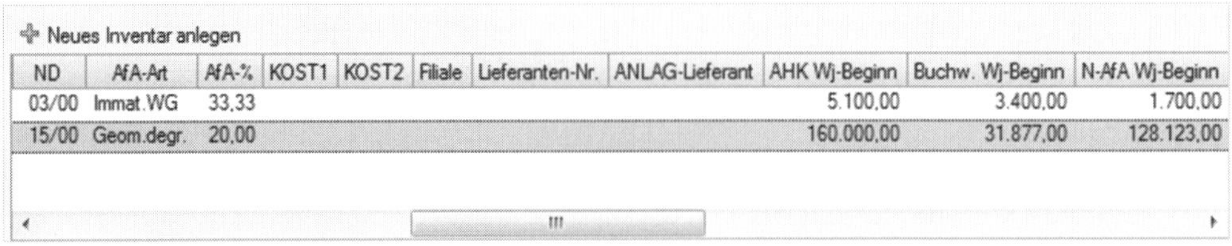

Bild 2.21 Weitere Informationen

2 Klicken Sie im unteren Zusatzbereich auf das Register *Details zum Inventar (2100001 – Druckkessel IFX 200)* und anschließend auf das Register *Bewegung* (Bild 2.22)

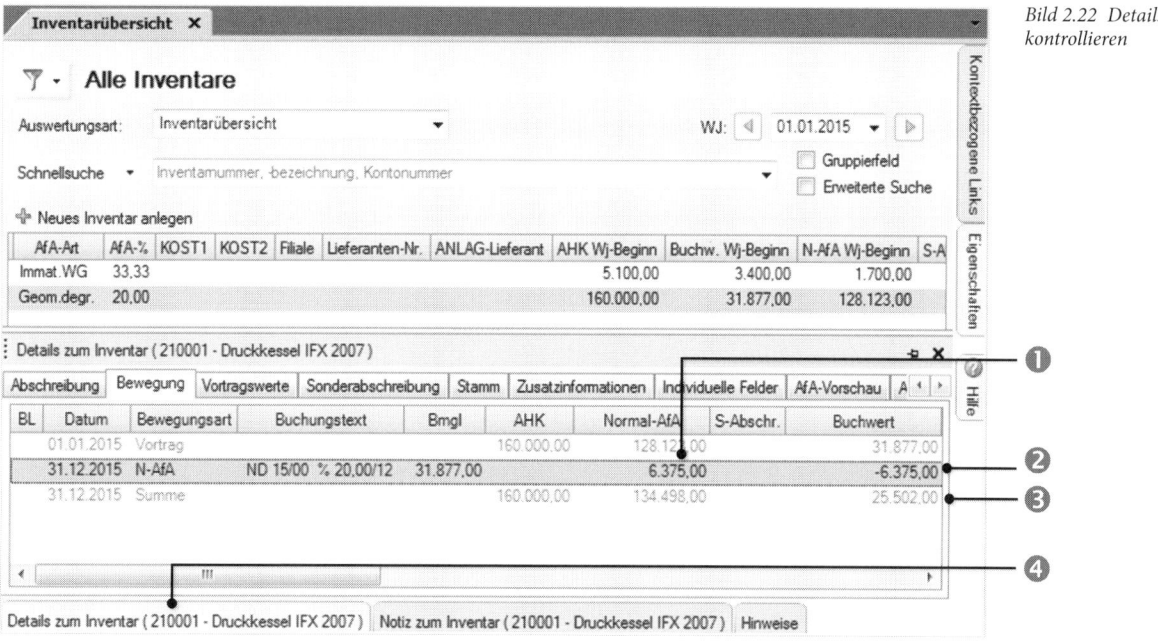

Bild 2.22 Details kontrollieren

① Abschreibungswert im Jahr 2015: 6.375,00 EUR

② Minderung Buchwert zum 31.12.2015: -6.375,00 EUR

③ Restbuchwert zum 31.12.2015: 25.502,00 EUR

④ Zusatzbereich: Register *Details zum Inventar*

Abschreibungsverlauf einsehen

Zusätzlich zur Abschreibungsbewegung kann auch der weitere Abschreibungsverlauf des Druckkessels IFX 2007 eingesehen werden. Dazu gehen Sie - wie nachfolgend dargestellt - vor:

1 Klicken Sie im Arbeitsblatt *Inventarübersicht* doppelt auf den Druckkessel IFX 2007.

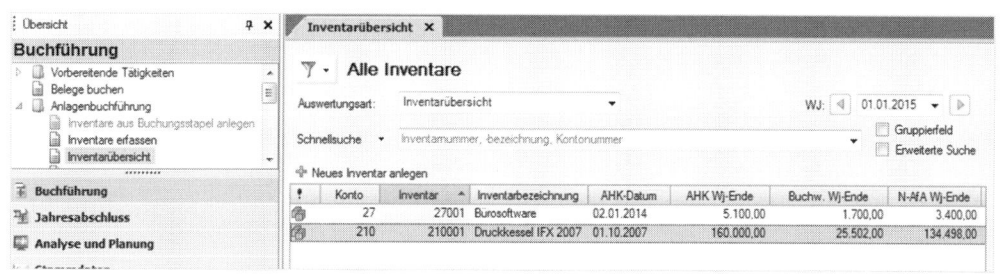

Bild 2.23 Doppelklick auf das Anlagegut

2 Das Anlagegut wird nun zur Bearbeitung angezeigt und kann ggfs. geändert werden. Klicken Sie auf das Register *AfA-Vorschau*.

Nun wird der gesamte weitere Abschreibungsverlauf des Anlagegutes angezeigt (Bild 2.24).

Bild 2.24 AfA-Vorschau

Register ——————

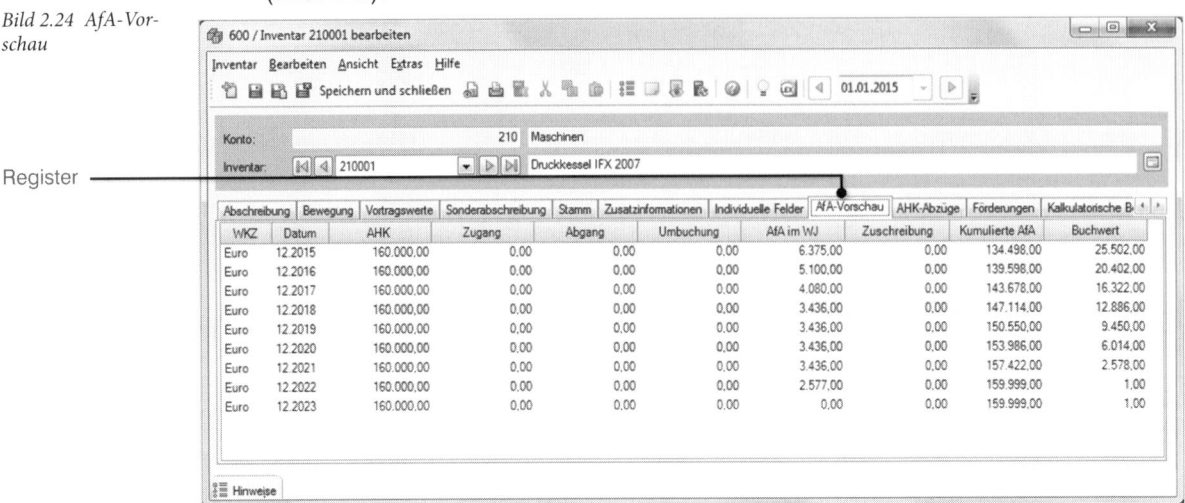

Da es sich bei der Abschreibungsart um eine geometrisch degressive Abschreibung handelt, wird der AfA-Wechsel automatisch berechnet. Ab dem Jahr 2018 ist der lineare Abschreibungswert höher als der degressive. Zu diesem Zeitpunkt wird bzw. kann der Wechsel auf die lineare Abschreibung üblicherweise stattfinden. Das Anlagegut wird letztendlich bis zum Erinnerungswert von 1,00 EUR abgeschrieben.

3 Schließen Sie anschließend das Fenster, indem Sie auf das Symbol *Schließen* klicken. Sie befinden sich nun wieder in der Inventarübersicht mit den vorgetragenen Anlagegütern, siehe Bild 2.23.

Wichtige Hinweise zur Abschreibungsart geometrisch degressiv
Steuerlich ist die Abschreibungsart für angeschaffte bzw. hergestellte Wirtschaftsgüter anwendbar, wenn diese vor dem 01.01.2008 und nach dem 31.12.2008 erworben wurden.

■ 01.01.2001 - 31.12.2005 höchstens 2-facher lin. AfA-% (jedoch max. 20%)

■ 01.01.2006 - 31.12.2007 höchstens 3-facher lin. AfA-% (jedoch max. 30%)

■ 01.01.2008 - 31.12.2008 degressive AfA aufgehoben

■ 01.01.2009 - 31.12.2010 höchstens 2,5facher lin. AfA-% (jedoch max. 25%)

■ Ab dem Jahr 01.01.2011 wurde die geometrisch degressive Abschreibungsart wieder außer Kraft gesetzt.

2.6 Inventare ändern und löschen

Inventare ändern

Wenn Sie nachträglich Änderungen in den Vorträgen durchführen möchten, können Sie dies über eine der folgenden Möglichkeiten vornehmen:

- Doppelklicken Sie auf das zu ändernde Wirtschaftsgut in der Inventarübersicht und nehmen Sie anschließend die Änderung vor.

- Klicken Sie mit der rechten Maustaste auf das zu ändernde Wirtschaftsgut und wählen Sie aus dem Kontextmenü den Befehl *Bearbeiten*.

- Markieren Sie per Mausklick das zu ändernde Wirtschaftsgut und verwenden Sie den Menüpunkt *Bearbeiten* → *Inventar bearbeiten*.

Inventare löschen

Soll ein Anlagegut gelöscht werden, verwenden Sie dazu eine der folgenden Möglichkeiten:

- Klicken Sie in der Inventarübersicht auf das zu löschende Anlagegut und drücken Sie die Entf-Taste.

- Klicken Sie mit der rechten Maustaste auf das zu löschende Wirtschaftsgut und auf den Befehl *Löschen*.

- Markieren Sie mit einem Klick das zu löschende Wirtschaftsgut und verwenden Sie den Menüpunkt *Bearbeiten* → *Löschen*.

Vor dem eigentlichen Löschen müssen Sie in jedem Fall noch die Sicherheitsabfrage bestätigen.

Tipp: In der Praxis ist es üblich, bei fehlerhaften Vorträgen das vorzutragende Anlagegut zu löschen und neu anzulegen anstatt ein bestehendes Anlagegut zu ändern, da durch die Änderungen oftmals auch Veränderungen im Abschreibungsplan stattfinden.

Die Lösungen zu den Aufgaben 1 bis 4 finden Sie im Lösungsteil

Übung Anlagegüter vortragen

Erfassen Sie die nachfolgenden Anlagengüter über die Inventarübersicht von Frau Trichter. Hinweis: Die Inventarübersicht führt übungstechnisch die noch nicht vorgetragenen Anlagegüter auf.

Firma Fielbauer und Partner GmbH   Seite 1
Datum: 31.12.2014

Aufgabe 1, Konto 27 Software

✐ Kontrollieren Sie anschließend die Werte, insbesondere die Abschreibungswerte in 2015 sowie die Buchwerte zum 01.01.2015 mit der Inventarübersicht.

Konto Inventar	Bezeichnung Inventarbezeichnung	Abschreibungsart	Anschaffungsdatum
0027	EDV-Software		
27002	SpezS 2013	Immat. Wirtschaftsgut	01.07.2013

Nutzungsdauer	Anschaffungspreis	Abschreibung in 2015	Buchwert: 01.01.2015
3 Jahre	10.500,00 €	3.500,00 €	5.251,00 €

Aufgabe 2, Konto 80 Bauten auf eigenem Grundstück

Konto Inventar	Bezeichnung Inventarbezeichnung	Abschreibungsart	Anschaffungsdatum
0080	Gebäude		
80001	Geschäftsgebäude	Wirtsch.geb.(3% lin.)	02.01.2006
80002	Produktionshalle	Wirtsch.geb.(3% lin.)	01.10.2006

Nutzungsdauer	Anschaffungspreis	Abschreibung in 2015	Buchwert: 01.01.2015
33 J. 4 Mon.	520.000,00 €	15.600,00 €	379.600,00 €
33 J. 4 Mon.	380.000,00 €	11.400,00 €	285.950,00 €
		27.000,00 €	665.550,00 €

Achtung: Wirtschaftsgebäude, die zum Betriebsvermögen gehören und deren Bauantrag / Kaufvertrag nach dem 31.12.2000 gestellt wurden, können mit einem linearen AfA-Satz von 3%, vor 2001 mit einem linearen AfA-Satz mit 4%, abgeschrieben werden. Bemessungsgrundlage hierbei sind die Anschaffungs- bzw. Herstellkosten. Die Abschreibung im ersten Jahr ist zeitanteilig vorzunehmen. Der AfA-Satz richtet sich nach dem Bauantrag. Der AfA-Beginn ab Fertigstellung.

DATEV bietet für diese Fälle die Abschreibungsart (10) §7 IV, S.1, Nr.1 EStG (3%) Wirtschaftsgebäude.

Bei Wirtschaftsgebäuden, die zum Betriebsvermögen gehören und deren Bauantrag / Kaufvertrag nach dem 31.03.1985 und vor dem 31.01.1994 gestellt wurden, können degressiv über eine Staffelabschreibung Staffel 85 abgeschrieben werden. 4 mal 10%, 3 mal 5%, 18 mal 2,5%.

✎ Kontrollieren Sie anschließend die Werte insbesondere die Abschreibungswerte in 2015 sowie die Buchwerte zum 01.01.2015 mit der Inventarübersicht.

Aufgabe 3, Konto 210 Maschinen

✎ Kontrollieren Sie anschließend die Werte, insbesondere die Abschreibungswerte in 2015 sowie die Buchwerte zum 01.01.2015 mit der Inventarübersicht.

Konto Inventar	Bezeichnung Inventarbezeichnung	Abschreibungsart	Anschaffungsdatum
0210	Maschinen		
210002	Verpackungsmasch.MS5	lineare Abschreibung	02.11.2008
210003	Produktionsmasch.FS80	geom. degressiv	15.08.2010

Nutzungsdauer	Anschaffungspreis	Abschreibung in 2015	Buchwert: 01.01.2015
13 Jahre	95.000,00 €	7.310,00 €	49.949,00 €
10 Jahre	115.000,00 €	8.149,00 €	32.596,00 €

Aufgabe 4, Konto 430 Ladeneinrichtung

✎ Kontrollieren Sie anschließend die Werte, insbesondere die Abschreibungswerte in 2015 sowie die Buchwerte zum 01.01.2015 mit der Inventarübersicht.

KontoInventar	Bezeichnung Inventarbezeichnung	Abschreibungsart	Anschaffungsdatum
0430	Ladeneinrichtung		
430001	Showroom Einrichtung	geom. degressiv	01.10.2010

Nutzungsdauer	Anschaffungspreis	Abschreibung in 2015	Buchwert: 01.01.2015
10 Jahre	8.500,00 €	630,00 €	2.521,00 €
		630,00 €	2.521,00 €

2.7 Anlagespiegelwerte anzeigen

Über die Auswertungsart Anlagespiegelwerte werden die Inventare des aktuell ausgewählten Wirtschaftsjahres angezeigt. Die standardmäßig eingeblendeten Spalten ermöglichen eine Darstellung der Inventarwerte analog einem Brutto-Anlagenspiegel. Um die Anlagespiegelwerte einzusehen, gehen Sie wie folgt vor:

1   Wählen Sie den Menüpunkt *Stammdaten → Anlagenbuchführung → Inventarübersicht* oder klicken Sie in der Navigationsübersicht im geöffneten Ordner *Anlagenbuchführung* doppelt auf den Eintrag *Inventarübersicht*.

Das Arbeitsblatt *Inventarübersicht* mit den bisher vorgetragenen Anlagegütern wird geöffnet (Bild 2.25).

Bild 2.25 Inventarübersicht mit den bisher angelegten Anlagegütern

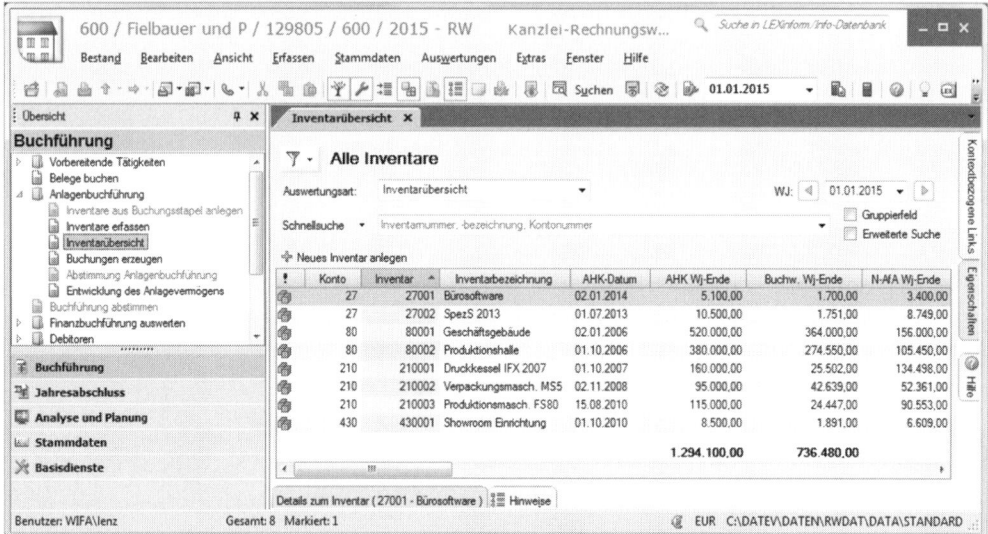

2   Klicken Sie im Feld *Auswertungsart* auf den Dropdown-Pfeil und wählen Sie *Anlagenspiegelwerte*.

Bild 2.26 Auswertungsart wählen

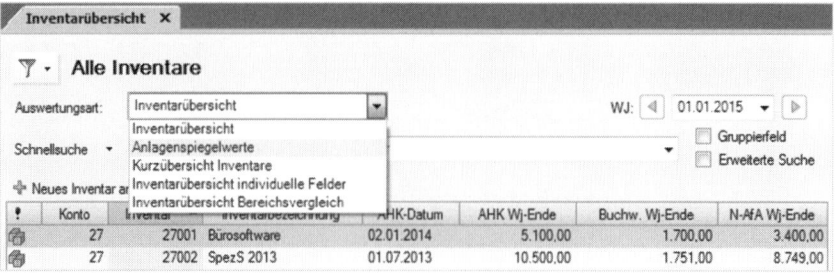

Die weiteren Auswertungsarten

▪ Über die Auswertungsart *Kurzübersicht Inventare* kann eine Kurzliste aller erfassten Anlagegütern mit den Spalten FIBU-Konto, Inventarnummer und Inventarbezeichnung eingeblendet werden.

- Die Auswertungsart *Inventarübersicht individuelle Felder* listet eigene definierte Felder der Inventare auf. Sobald dieses Feld angelegt wird, erweitert sich die Liste um dieses Feld. Wurden keine individuellen Felder angelegt, so ist die Übersicht identisch zur *Kurzübersicht Inventare* mit nur 3 Spalten.

- Die *Inventarübersicht Bereichsvergleich* listet die Inventare nach einzelnen Bereichen auf. Dabei können die Inventare sehr einfach miteinander verglichen werden.

3   Die vorgetragenen Anlagegüter werden nun gruppiert nach Buchhaltungskonten aufgelistet. Mit Klick auf das Pfeilsymbol ▷ können alle bisher vorgetragenen Anlagegüter aufgeklapptwerden. Nicht benötigte Konten können per Mausklick auf das nach unten weisende Pfeilsymbol ◿ wieder zugeklappt werden.

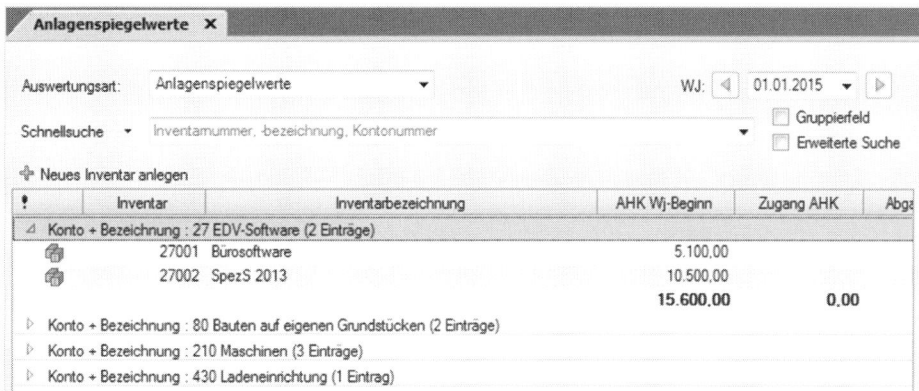

Bild 2.27 Anlagegüter nach Buchungskonten

4   Blenden Sie - wie in Bild 2.28 - alle Anlagegüter ein.

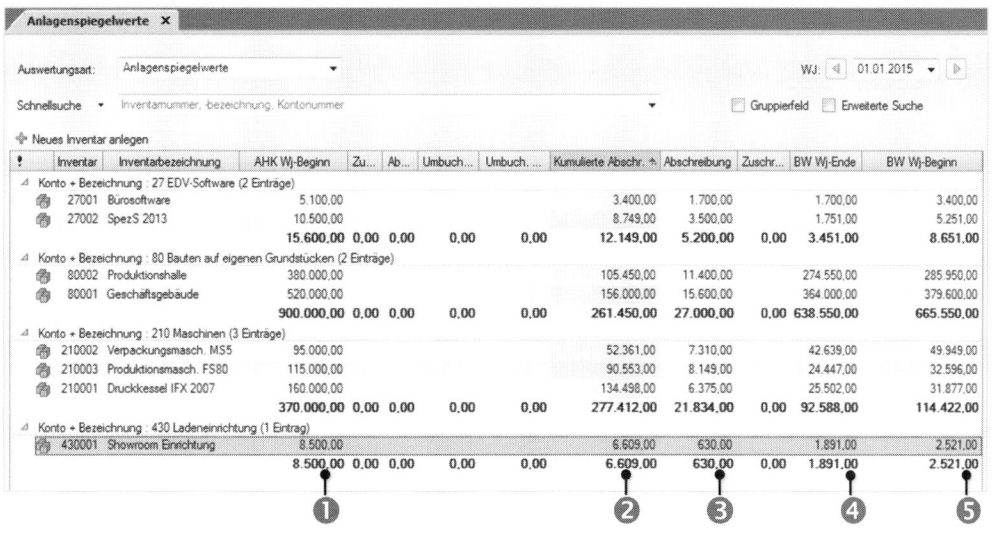

Bild 2.28 Alle angelegten Anlagegüter

Sie erhalten folgende Informationen

❶   Anschaffungs- bzw. Herstellkosten der Anlagegüter

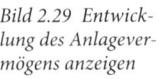 Kumulierte Abschreibungswerte bis zum 31.12.2015

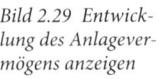 Abschreibungswerte in 2015

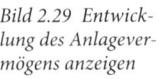 Buchwerte zum 31.12.2015

 Buchwerte zum 01.01.2015

5   Schließen Sie abschließend alle Arbeitsblätter.

2.8   Auswertungen der vorgetragenen Anlagegüter drucken

DATEV Kanzlei-Rechnungswesen pro verfügt über vielfältige Möglichkeiten, um Auswertungen für die Anlagebuchhaltung auszudrucken. Unter anderem können das Inventarverzeichnis, Inventarkarten, der Anlagespiegel und die Entwicklung des Anlagevermögens der bisher vorgetragenen Wirtschaftsgüter ausgedruckt werden.

Entwicklung des Anlagevermögens drucken

Um die Entwicklung der Anlagenbuchhaltung auszudrucken, gehen Sie - wie nachfolgend dargestellt - vor:

1   Wählen Sie den Menüpunkt *Auswertungen* → *Anlagenbuchführung* → *Entwicklung des Anlagevermögens...* oder klicken Sie in der Navigationsübersicht im geöffneten Ordner *Anlagenbuchführung* doppelt auf den Eintrag *Entwicklung des Anlagevermögens*.

Bild 2.29 Entwicklung des Anlagevermögens anzeigen

Als Ergebnis erhalten Sie in Listenform die Entwicklung des Anlagevermögens der Firma Fielbauer und Partner mit allen bisher vorgetragenen Anlagegütern.

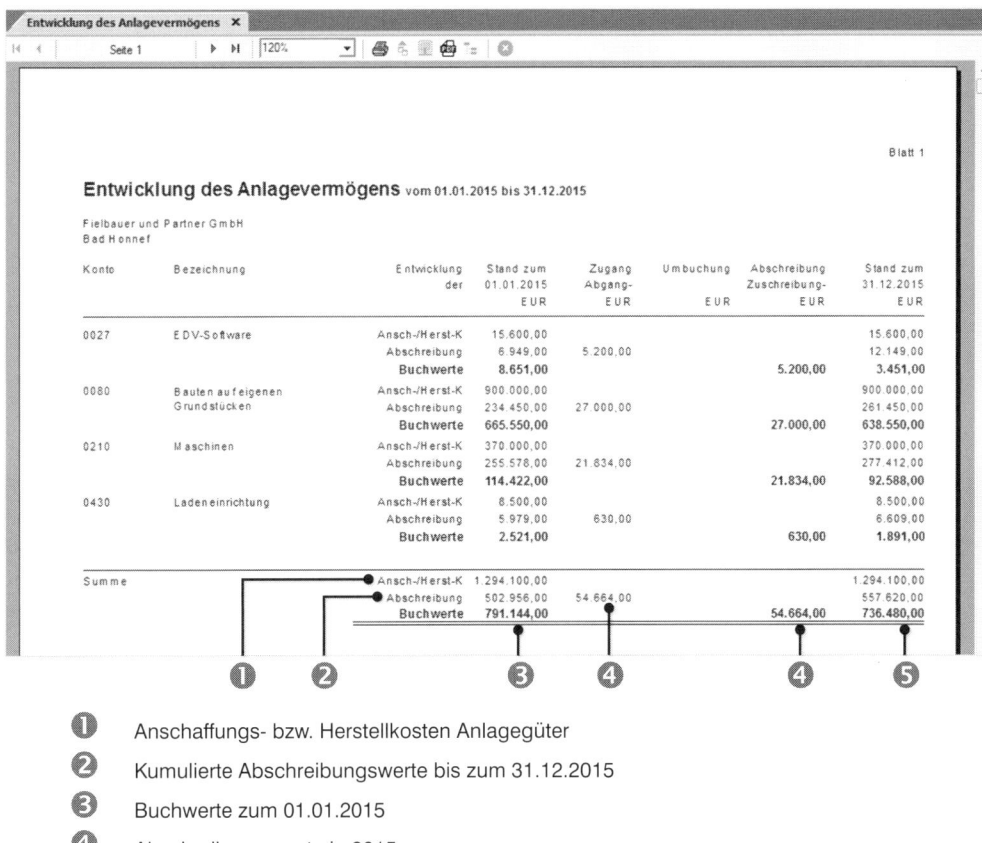

Bild 2.30 Entwicklung des Anlagevermögens

① Anschaffungs- bzw. Herstellkosten Anlagegüter

② Kumulierte Abschreibungswerte bis zum 31.12.2015

③ Buchwerte zum 01.01.2015

④ Abschreibungswerte in 2015

⑤ Buchwerte zum 31.12.2015

Hinweis: Um weitere Detailinformationen anzeigen zu lassen, werden nicht nur eine Gesamtliste, sondern standardmäßig auch weitere Detailinformationen zur Entwicklung des Anlagevermögens zur Verfügung gestellt.

2   Mit Hilfe der Navigationsschaltflächen in der Listendarstellung können Sie zu den einzelnen FIBU-Gruppen wechseln und Detailinformationen anzeigen und diese ggfs. ausdrucken lassen. Klicken Sie auf das Symbol *Nächste Seite* ▶ .

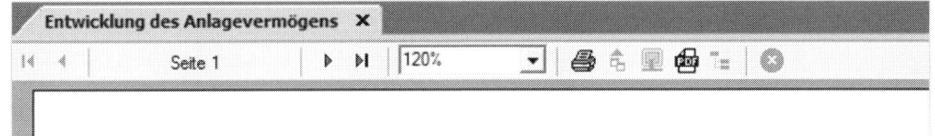

Bild 2.31 Weitere Seiten anzeigen

3   Auf Seite 2 werden Ihnen zusätzlich zu den zuvor genannten Informationen der einzelnen Konten das AHK-Datum, die Abschreibungsart und die Nutzungsdauer angezeigt (Bild 2.32).

*Bild 2.32 Seite 2 -
Kontengruppe 0027
mit Detailinforma-
tionen*

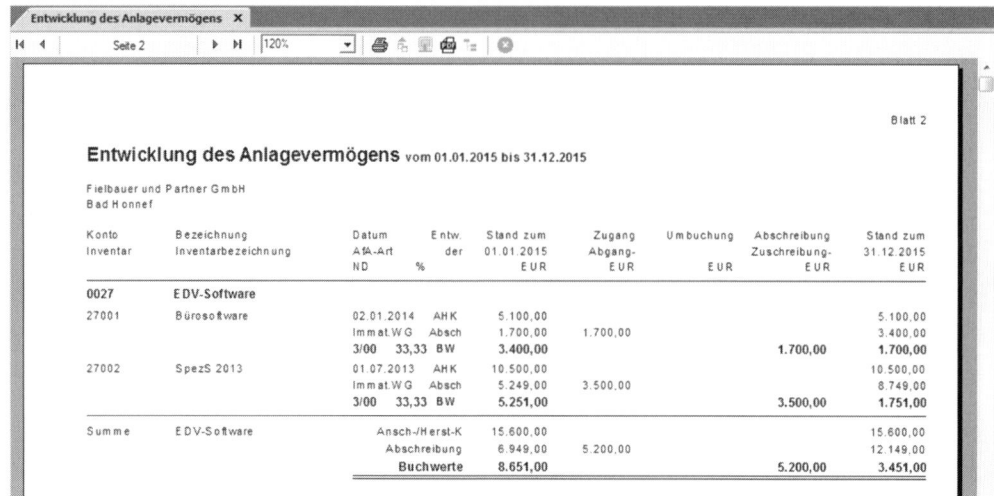

4 Klicken Sie erneut auf das Symbol *Nächste Seite*, auf Seite 3 erhalten Sie eine Aufstellung der Kontengruppe 0080, Gebäude mit Detailinformationen (Bild 2.33).

*Bild 2.33 Seite 3 -
Kontengruppe 0080*

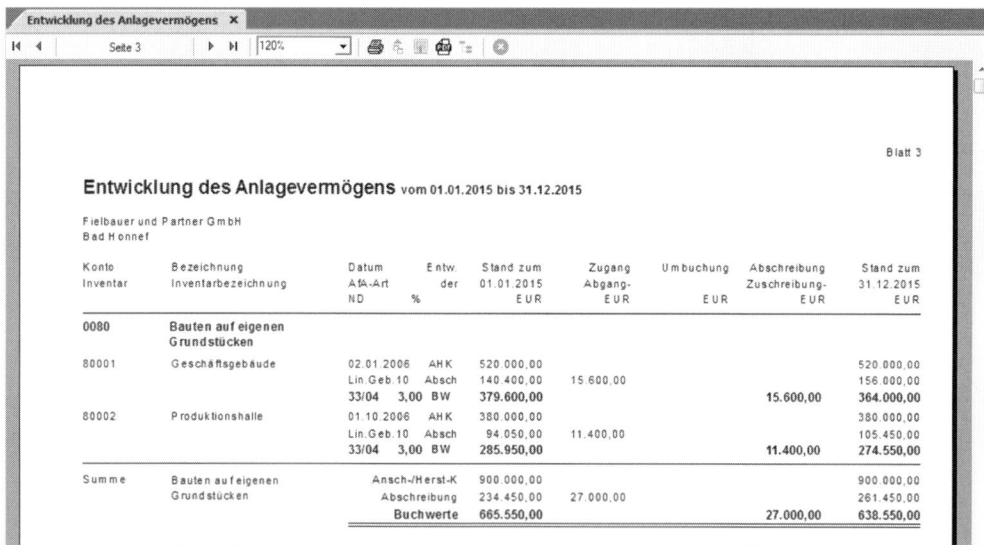

5 Klicken Sie erneut auf das Symbol *Nächste Seite* und Sie erhalten die Kontengruppe 0210, Maschinen mit Detailinformationen (Bild 2.34).

6 Auf Seite 5 wird die Kontengruppe 0430, Ladeneinrichtung mit Detailinformationen angezeigt (Bild 2.35).

Download Zum Abgleich sind die Listen auch im PDF-Format zum Download verfügbar, Entwicklung_Anlagevermoegen.pdf.

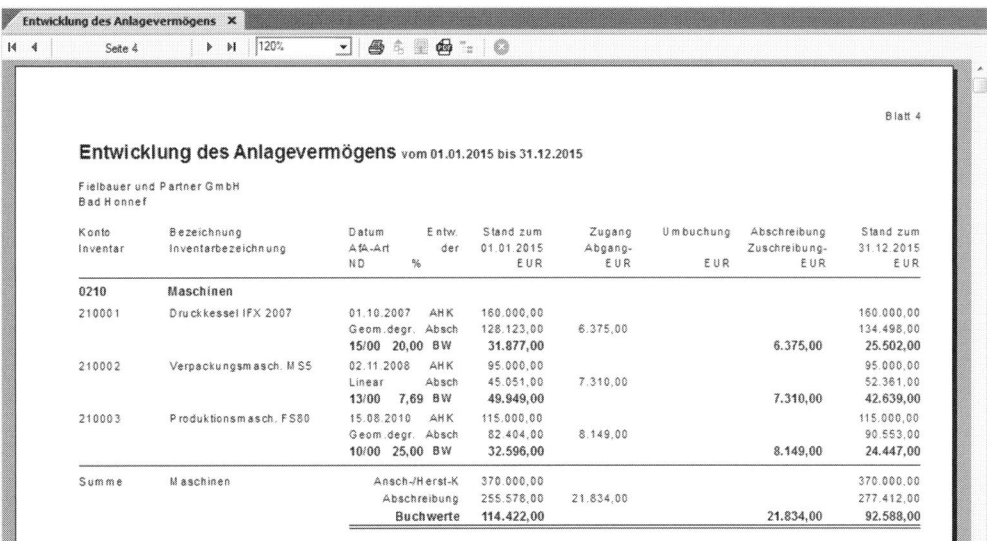

Bild 2.34 Seite 4 - Kontengruppe 0210

Bild 2.35 Seite 5 - Kontengruppe 0430

7 Um die Liste auszudrucken, klicken Sie auf das Symbol *Drucken* 🖨.

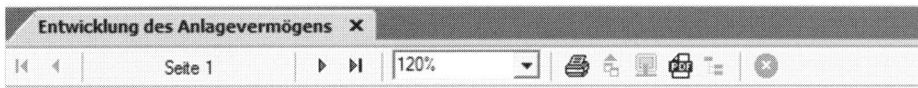

Die Liste wird noch nicht sofort ausgedruckt, sondern es erscheint ein Dialogfenster zum Festlegen des Druckumfangs. Geben Sie an, ob alle Seiten oder nur bestimmte Seiten ausgedruckt werden sollen und bestätigen Sie mit der Schaltfläche *OK*.

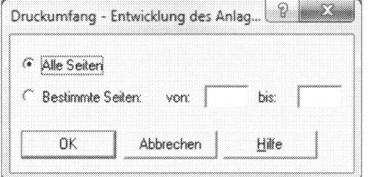

Bild 2.36 Druckumfang festlegen

Tipp: Über das Symbol *PDF* 📄 kann die Liste auch direkt in eine PDF-Datei exportiert und gespeichert werden.

Varianten und Umfang des Ausdrucks festlegen

Standardmäßig wird die Entwicklung des Anlagevermögens in der Listenform *Brutto-ausweis mit AfA, 5 Spalten* angezeigt und gedruckt. Darüber hinaus stehen Ihnen im Programm viele weitere Varianten für den Ausdruck zur Verfügung.

1   Klicken Sie im rechten Zusatzbereich auf das Register *Eigenschaften*, um weitere Einstellungen für die Liste anzeigen zu lassen.

2   Um Varianten und Umfang des Ausdrucks festzulegen, klicken Sie auf den Eintrag *Umfang und Varianten* (Bild 2.37).

Bild 2.37 Eigen-schaften festlegen

Umfang und Vari-anten

3   Über das Feld *Listbildauswahl* lassen sich nun verschiedene Varianten auswählen (Bild 2.38).

Bild 2.38 Listen-form festlegen

Bild 2.39 Umfang festlegen

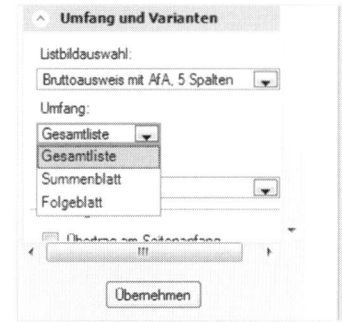

4   Den Umfang des Ausdrucks können Sie über das Auswahlfeld *Umfang* (Bild 2.39) angeben, hierzu stehen Ihnen folgende Möglichkeiten zur Verfügung:

- *Gesamtliste*: Summenblatt (1. Seite) und Folgeseite (alle FIBU-Gruppen)
- *Summenblatt*: Nur 1. Seite ohne FIBU-Gruppen
- *Folgeblatt*: Ohne erste Seite, nur FIBU-Gruppen

Möchten Sie weitere Eigenschaften für die Liste bzw. den Ausdruck festlegen, können Sie dies über die diversen Einträge in den Eigenschaften vornehmen. Im Bereich *Sortierung und Gruppierung* können Sie z. B. für die Druckausgabe die Anzahl der Seiten reduzieren oder ggfs. erweitern.

Bild 2.40 Sortierung und Guppierung

Darüber hinaus stehen Ihnen in den Eigenschaften folgende weitere Einstellmöglichkeiten zur Verfügung, siehe Bild 2.41.

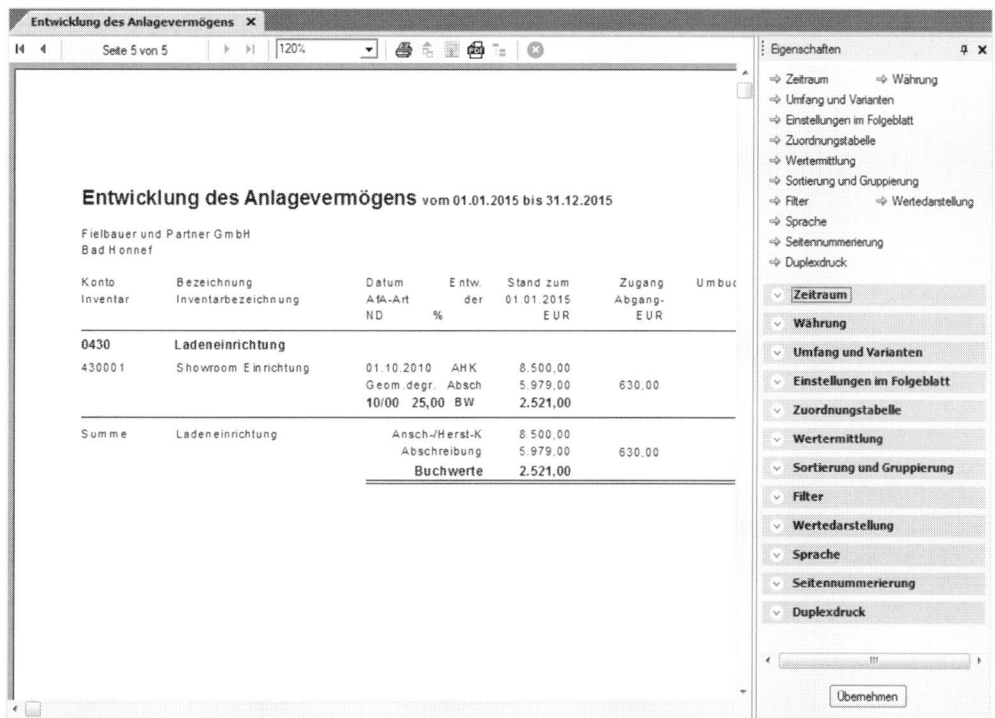

Bild 2.41 Weitere Eigenschaften

5 Schließen Sie zuletzt das Arbeitsblatt und beenden Sie das Programm DATEV Kanzlei-Rechnungswesen pro.

2.9   Mandantensicherung und -verwaltung

Mandanten sichern

Ein zentrales und wichtiges Element von DATEV Kanzlei-Rechnungswesen pro ist die Datensicherung damit im Falle eines Datenverlustes, beim Programmabsturz oder bei fehlerhaften Eingaben auf die gesicherten Daten zurückgegriffen werden kann. Diese Arbeitsschritte sollten Sie sicher beherrschen, denn sie werden in der Praxis täglich - mindestens jedoch vor Monatsabschlüssen und vor dem Jahresabschluss - durchgeführt.

Achtung: Eine Datensicherung in DATEV Kanzlei-Rechnungswesen pro kann nur außerhalb des Programms selbst durchgeführt werden. Das Programm muss also zwingend beendet sein, um eine Datensicherung ablaufen zu lassen.

Um eine Datensicherung zu erstellen, gehen Sie wie folgt vor:

1   Klicken Sie im DATEV Arbeitsplatz pro im Ordner *Geschäftsfeldübersicht* → *Rechnungswesen* auf den Eintrag *Buchführung* ❶ (Bild 2.42).

2   Klicken Sie dann im rechten Zusatzbereich auf den Link *Bestandsdienste Rechnungswesen* ❷.

Bild 2.42 Bestandsdienste Rechnungswesen

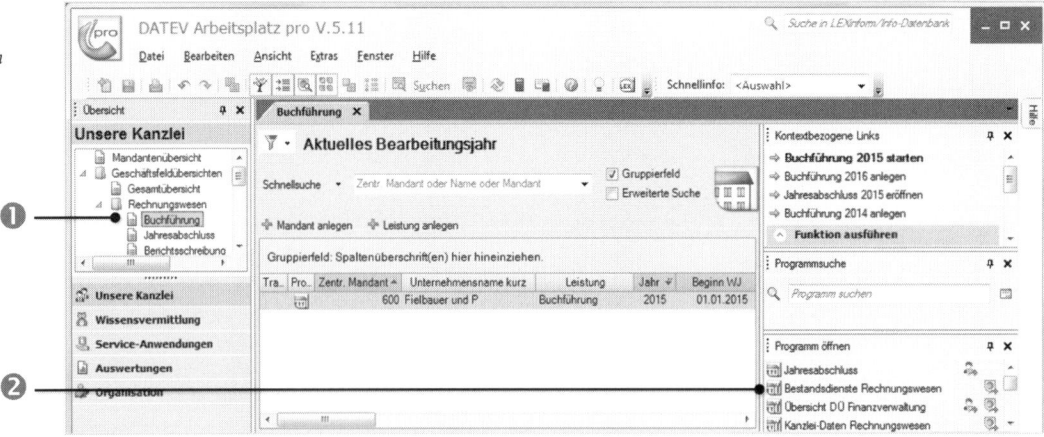

3   Das Programm *Bestandsdienste Rechnungswesen* wird gestartet. Klicken Sie im geöffneten Ordner *Bestands-Manager* doppelt auf den Eintrag *Mandant* und anschließend auf den Mandanten 600 Fielbauer und P.

Im rechten Zusatzbereich erscheinen jetzt die verfügbaren Funktionen.

4   Klicken Sie im Zusatzbereich *Basisfunktionen* auf den Link *Sichern* (Bild 2.43).

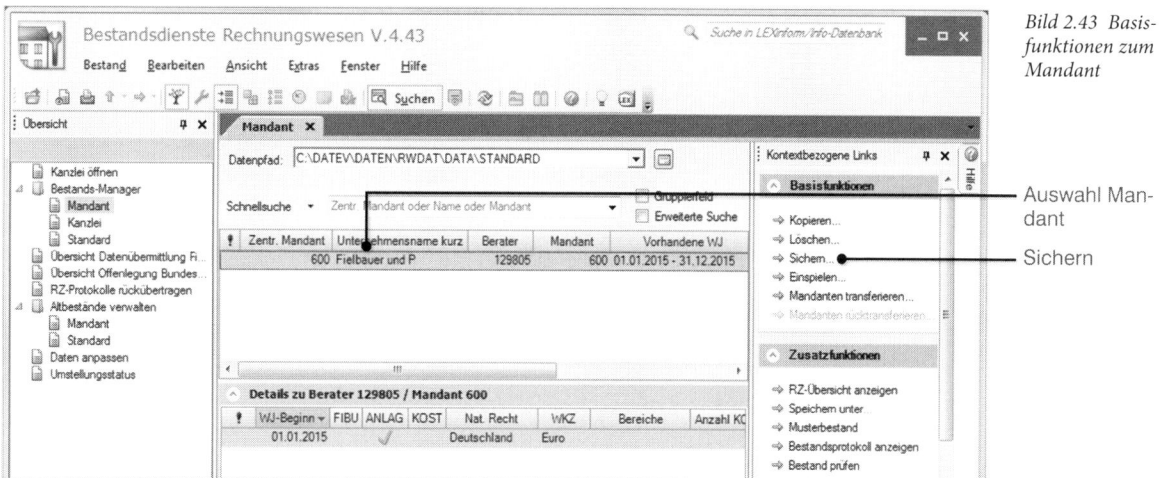

Bild 2.43 Basis-funktionen zum Mandant

Auswahl Man-dant

Sichern

5 In einem weiteren Dialogfenster legen Sie den Umfang der Datensicherung fest. Aktivieren Sie - wie in Bild 2.44 - die beiden Kontrollkästchen *Finanzbuchführung* und *Anlagenbuchführung*.

6 Klicken Sie dann auf die Schaltfläche *Sichern*.

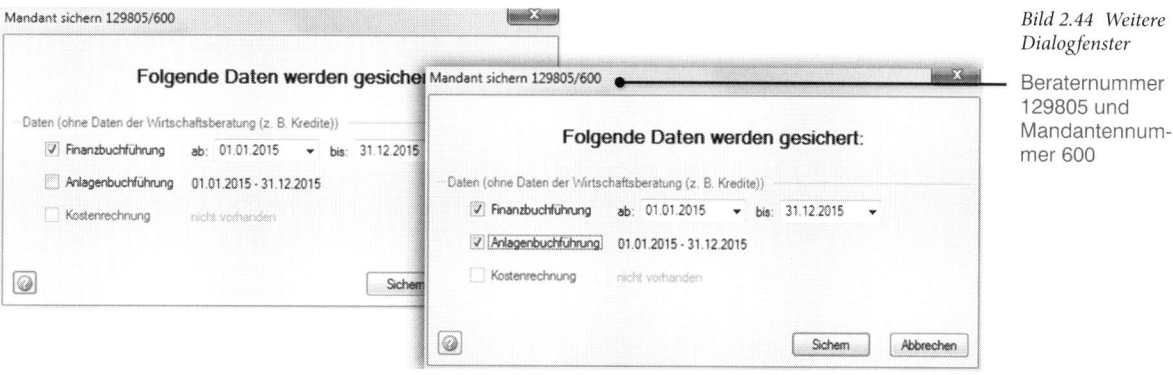

Bild 2.44 Weitere Dialogfenster

Beraternummer 129805 und Mandantennum-mer 600

7 Im nächsten Schritt muss der Speicherort für die Sicherung angegeben werden. Standardmäßig wird Ihnen zunächst der Ordner *Eigene Dokumente* (documents) dafür vorgeschlagen. Mit Klick auf das Symbol *Ordner durchsuchen* können Sie einen Ordner auswählen (Bild 2.45).

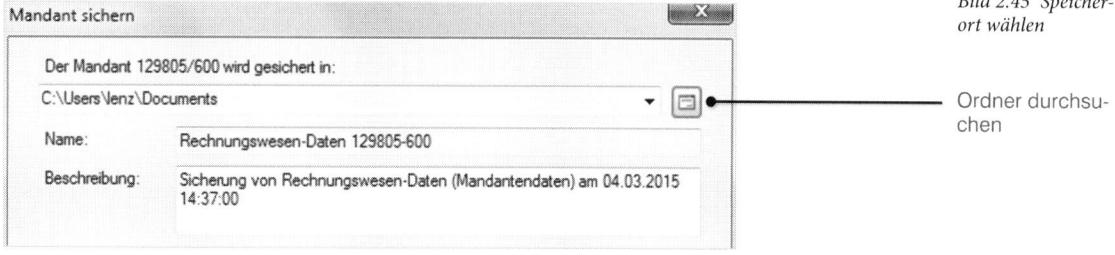

Bild 2.45 Speicher-ort wählen

Ordner durchsu-chen

Geben Sie zunächst als Speicherort den Ordner *Eigene Dokumente* auf der Festplatte Ihres PCs als Speicherort an.

8   Optional können Sie eine Verschlüsselung der Daten mit Passwort festlegen. Dazu geben Sie im Feld *Passwort* ein Passwort für die Sicherung ein, das Sie im Feld *Passwort bestätigen* nochmals wiederholen müssen.

Tipp: Über das Kontrollkästchen *Passwort in Klartext anzeigen* kann das eingetragen Passwort im Klartext angezeigt werden.

Wünschen Sie keine Passwort-Verschlüsselung, so deaktivieren Sie das Kontrollkästchen *Mit Passwort-Verschlüsselung*.

Bild 2.46 Mandant sichern

Hier können Sie eine individuelle Bezeichnung und eine Beschreibung der Sicherung eingeben.

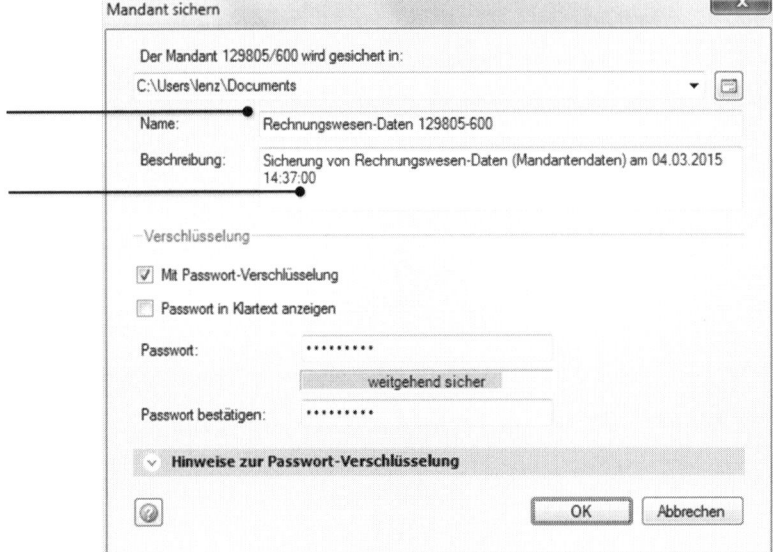

9   Klicken Sie anschließend auf die Schaltfläche *OK*. Die Datensicherung wird nun in den angegebenen Ordner durchgeführt.

10   Nach erfolgter Sicherung erhalten Sie eine Meldung über die erfolgreiche Durchführung, die Sie mit *OK* bestätigen.

Bild 2.47 Sicherung durchführen

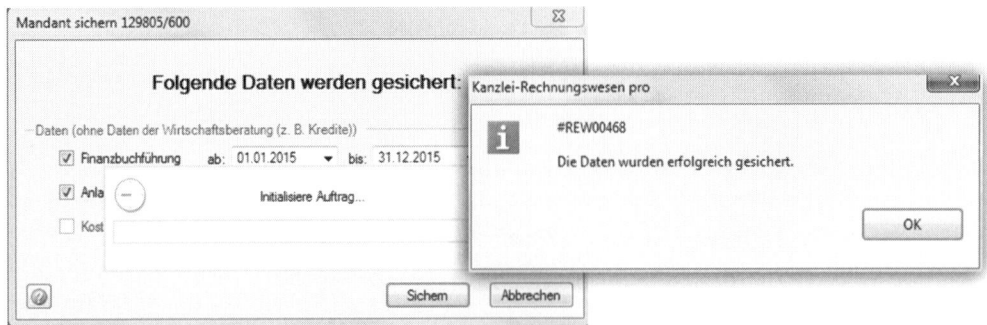

In den angegebenen Datenordner wurden zwei Dateien geschrieben. Eine Datei mit der Endung *.DMT und eine mit *.Z. Diese Dateien werden beim Rücksichern wieder eingespielt.

Wichtiger Hinweis: Die Speicherung sollte möglichst auf einem externen Datenträger erfolgen, da der Computer, auf dem das Programm installiert ist, aus betriebssystembedingten Fehlern oder Hardwarefehlern ausfallen kann. Die Sicherung kann auch auf einem beliebigen Speicherort auf der Festplatte durchgeführt werden, sollte aber anschließend auf einen externen Datenträger transportiert werden.

Mandanten rücksichern

In der Praxis sichern Sie die Daten eines Mandanten zurück, wenn Daten zerstört wurden oder Sie einen bestimmten Datenstand einspielen wollen. Das Rücksichern von Mandanten in DATEV Kanzlei-Rechnungswesen pro wird als „Einspielen" bezeichnet.

1   Klicken Sie im rechten Zusatzbereich *Basisfunktionen* auf den Link *Einspielen...* (Bild 2.48).

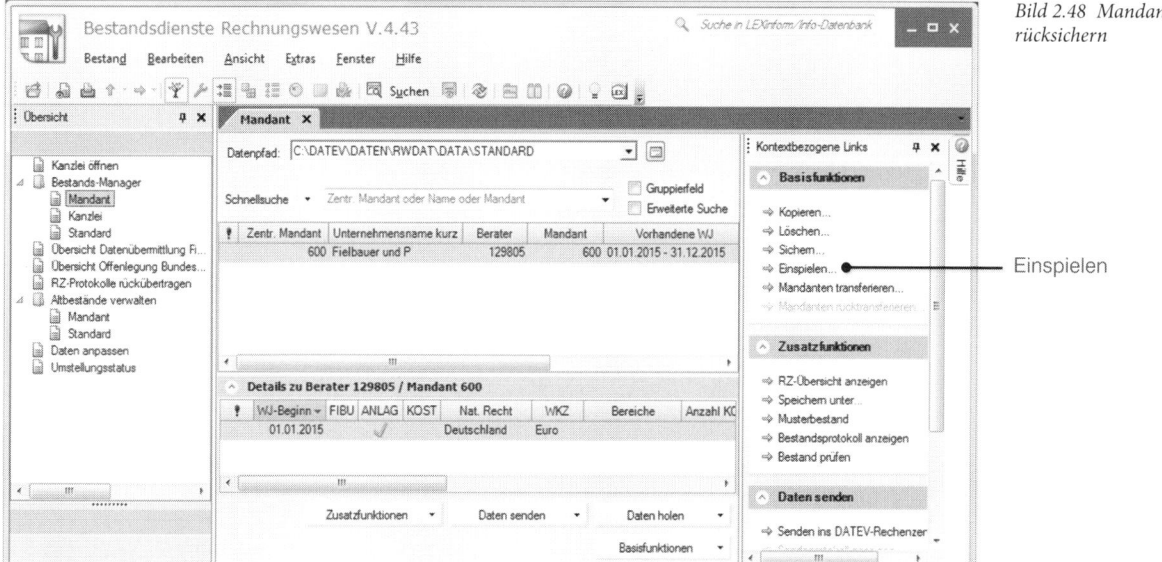

Bild 2.48 Mandant rücksichern

Einspielen

2   Es öffnet sich das Dialogfenster *Mandanten einspielen*. Klicken Sie auf das Symbol *Ordner durchsuchen*, um Ihren Speicherort auszuwählen (Bild 2.49).

Haben Sie in der zuvor erfolgten Datensicherung ein Passwort angegeben, so geben Sie dieses im Feld *Passwort* ein.

3   Klicken Sie anschließend auf die Schaltfläche *Einspielen*.

Bild 2.49 Mandanten einspielen

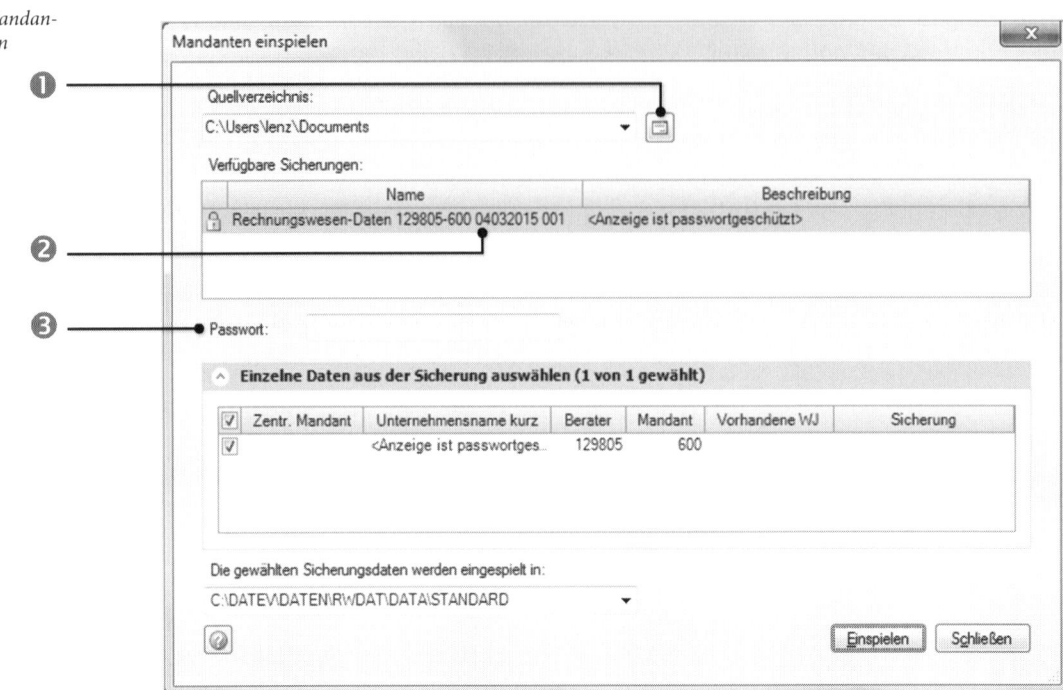

① Ordner durchsuchen, um den Speicherort auszuwählen.

② Beraternummer 129805, Mandantennummer 600 und das Speicherdatum werden hier angezeigt.

③ Geben Sie hier das Passwort ein.

4   Sie erhalten den unten abgebildeten Hinweis auf den Umfang der Datensicherung. Damit die Finanzbuchhaltung und die Anlagenbuchhaltung zurückgesichert werden, aktivieren Sie die beiden Kontrollkästchen *Anlagenbuchführung* und *Finanzbuchführung* (Bild 2.50).

5   Klicken Sie anschließend wieder auf die Schaltfläche *Einspielen*.

Bild 2.50 Datenumfang der Sicherung

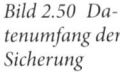
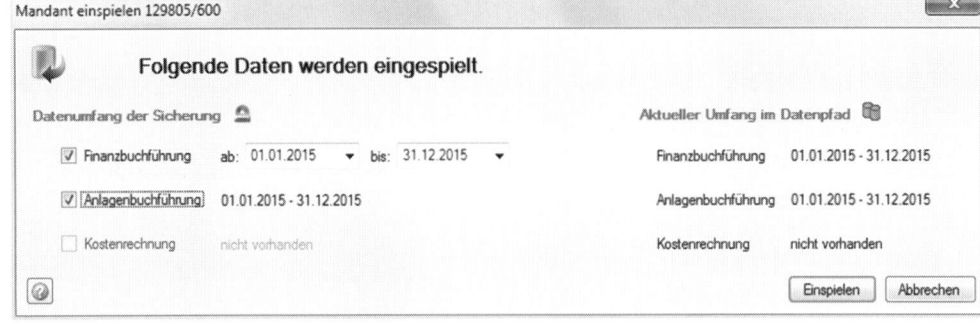

6 Die bereits vorhandenen Daten werden beim Einspielen überschrieben. Bestätigen Sie die entsprechende Sicherheitsabfrage (Bild 2.51), indem Sie auf die Schaltfläche *Ja, alle* klicken.

7 Nach erfolgter Rücksicherung erhalten Sie eine Meldung, dass die Daten erfolgreich eingespielt wurden. Bestätigen Sie diese mit *OK*.

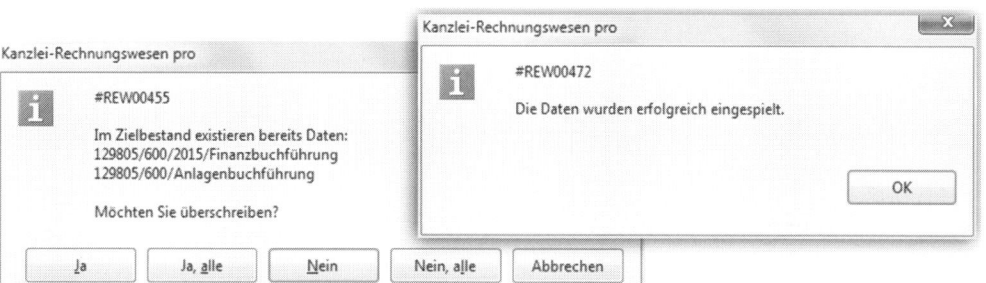

Bild 2.51 Hinweise

8 Schließen Sie abschließend das Fenster *Mandanten einspielen*, indem Sie auf die Schaltfläche *Schließen* klicken.

Der Mandant 600, Fielbauer und Partner GmbH wurde damit erfolgreich zurückgesichert.

Mandanten verwalten

Für die Mandantenverwaltung stehen Ihnen im rechten Zusatzbereich die folgenden Möglichkeiten zur Verfügung.

Kopieren...	Falls mehrere Datenpfade angelegt sind, kann der einzelne Mandant von einem Datenpfad in einen anderen kopiert werden. Die Daten des ursprünglichen Mandanten bleiben dabei erhalten.
Löschen...	Über den Link *Löschen...* können Sie die Mandantendaten löschen. Sie sind jedoch noch im Papierkorb vorhanden und könnten unter Umständen wieder hergestellt werden.
Mandanten transferieren...	Über diesen Link können Sie Datenbestände auf ein anderes Laufwerk kopieren. Dies ist allerdings nur für den kurzfristigen Gebrauch gedacht, z. B. auf einem Notebook, da dabei der aktuelle Datenbestand gesperrt wird.
Speichern unter...	Über den Link *Speichern unter* können Sie einen Mandanten unter einer anderen Beraternummer oder einer anderen freien Mandantennummer speichern.

Musterbestand	Über diesen Link können Sie mehrere Übungsmandanten einspielen und mit diesen Datenbeständen testweise üben.
Bestandsprotokoll anzeigen	Welche Befehle in der Mandantenverwaltung ausgeführt wurden, können über den Link *Bestandsprotokoll anzeigen* aufgeführt werden.
Bestand prüfen	Bei Problemen mit einem Bestand können Sie anhand des Links *Bestand prüfen* diesen auf Fehler untersuchen lassen.
Daten senden Daten holen	Die Zusatzbereiche *Daten senden* und *Daten holen* sind bei einer Anbindung an das DATEV-Rechenzentrum für die Mandantenverwaltung wichtig.

Bild 2.52 Zusatz-bereich Mandanten verwalten

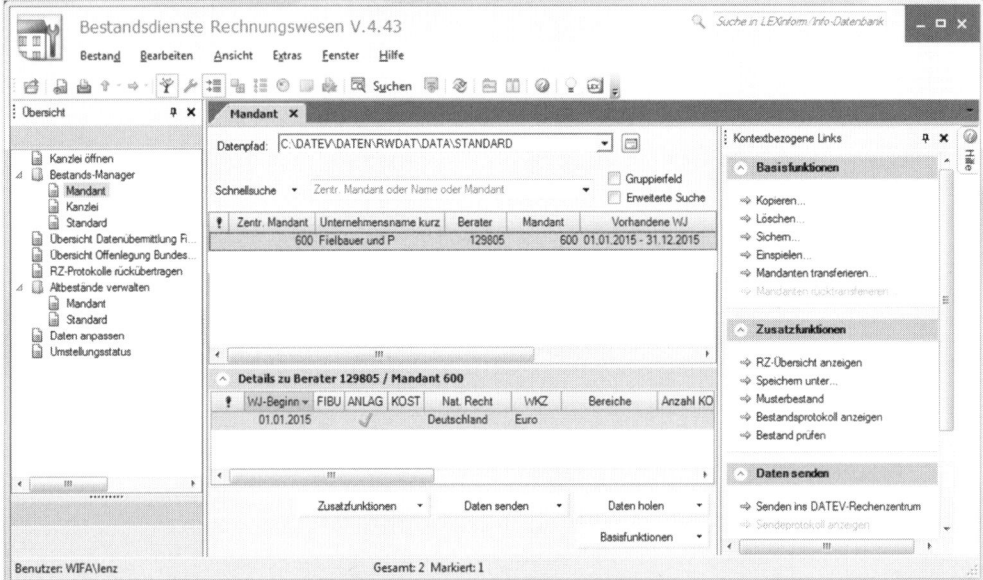

Hinweis: Über das Arbeitsblatt *Standard* kann eingesehen werden, welche Kontenrahmen, Zuordnungstabellen und weitere Grunddaten standardmäßig eingespielt sind.

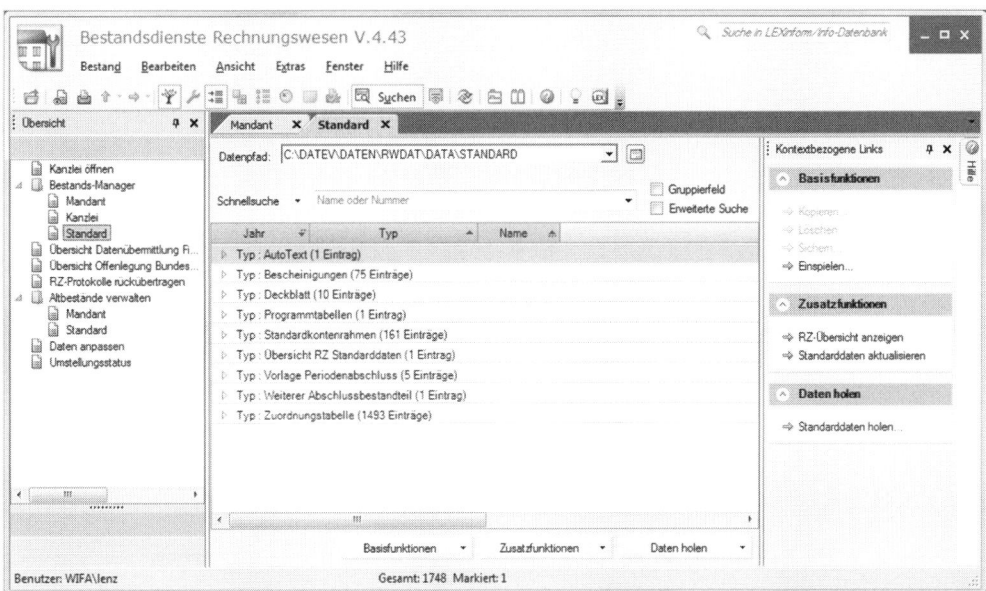

Bild 2.53 Arbeitsblatt Standard

Fragen zur Datensicherung

Frage 1

? Weshalb sind Datensicherungen im Programm wichtig?

Die Lösungen finden Sie im Lösungsbuch.

Frage 2

? Sie möchten einen Mandanten löschen. Über welchen Befehl können Sie dies durchführen?

✎ Beenden Sie das Programm Bestandsdienste Rechnungswesen.

Notizen

3 Leistungsabschreibung

In diesem Kapitel erfahren Sie, ...

- was man unter einer Leistungsabschreibung versteht,
- wie Sie Leistungsabschreibungen erfassen können.

3.1 Definition Leistungsabschreibung

Werden bewegliche Anlagegüter des Anlagevermögens abgeschrieben, besteht gem. § 7 Abs. 1 Satz 6 EStG die Möglichkeit, eine Leistungsabschreibung vorzunehmen. Die Abschreibung ist jedoch nur dann sinnvoll, wenn die Leistungsabschreibung zu einer höheren Abschreibung als bei einer linearen Abschreibung führt. Das Programm DATEV Anlagenbuchführung pro führt aus diesem Grund automatisch eine Günstigerprüfung durch.

Sie wird auch oft als verbrauchsbedingte Abschreibung bezeichnet. Maßgebend für den Abschreibungszeitraum ist die zu erwartende Gesamtleistung. Die Leistungsabschreibung selbst zählt zu den variablen Kosten im Gegensatz zur zeitlichen Abschreibung.

Vor allem wenn der Gebrauchsverschleiß bei einem Anlagegut (z. B. Fuhrpark) dominiert, ist die Leistungsabschreibung eine gute Methode. Um den Abschreibungsbetrag zu ermitteln, werden die gesamten Anschaffungskosten des Anlagegutes durch die zu erwartende Gesamtleistung geteilt.

Man erhält auf diese Weise den Abschreibungssatz für eine einzelne Einheit. In Abhängigkeit davon, wie viele Einheiten verbraucht werden, errechnet sich der individuelle Abschreibungsbetrag.

3.2 Leistungsabschreibungen erfassen

Ausgangssituation
Auf Seite 2 des Inventarverzeichnisses der mitwirkenden Steuerberaterin Frau Trichter ist der Fuhrpark der Firma Fielbauer und Partner GmbH aufgelistet.

Im Anlagebestand der Firma sind insgesamt 3 Fahrzeuge aufgeführt. Sie werden nach Leistungsabschreibung abgeschrieben und müssen vorgetragen werden.

Inventarübersicht
Firma Fielbauer und Partner GmbH   Seite 2
Datum: 31.12.2014

Konto Inventar	Bezeichnung Inventar-bezeichnung	Abschreibungsart	Anschaffungs-datum
0320	Pkw		
320001	Pkw SU FP 1	Leistungsabschreibung	05.02.2014
Nutzungsdauer	**Anschaffungspreis**	**Abschreibung in 2014**	**Buchwert: 01.01.2015**
6 Jahre	39.500 ,00 €	7.681,00 €	31.819,00 €
	Erwartete Gesamt-leistung	**Gefahrene km in 2014**	**Wert pro Ein-heit**
	180.000 km	35.000 km	0,22 €

Konto Inventar	Bezeichnung Inventar-bezeichnung	Abschreibungsart	Anschaffungs-datum
0350	Lkw		
350001	Lkw SU FP 5260	Leistungsabschreibung	02.07.2014
Nutzungsdauer	**Anschaffungspreis**	**Abschreibung in 2014**	**Buchwert: 01.01.2015**
9 Jahre	150.000,00 €	6.000,00 €	144.000,00 €
	Erwartete Gesamtleis-tung	**Gefahrene km in 2014**	**Wert pro Ein-heit**
	450.000 km	18.000 km	0,33 €

Konto Inventar	Bezeichnung Inventar-bezeichnung	Abschreibungsart	Anschaffungs-datum
0350	Lkw		
350002	Lkw SU FP 5270	Leistungsabschreibung	01.10.2013
Nutzungsdauer	**Anschaffungspreis**	**Abschreibung in 2014**	**Buchwert: 01.01.2015**
9 Jahre	235.800,00 €	22.794,00 €	213.006,00 €
	Erwartete Gesamtleis-tung	**In Vorjahren verbrauch-te Leistungseinheiten**	**Wert pro Ein-heit**
	600.000 km	58.000 km	0,39 €

Inventar und Leistungsabschreibung erfassen

Der PKW mit dem Kennzeichen SU FP 1 soll jetzt mit einer Leistungsabschreibung vorgetragen werden, dazu gehen Sie - wie nachfolgend beschrieben - vor:

1 Klicken Sie in der Navigationsübersicht doppelt auf den Eintrag *Buchführung* und danach auf den Mandanten 600 Fielbauer und Partner GmbH.

2 Klicken Sie anschließend im rechten Zusatzbereich *Kontextbezogene Links* auf den Link *Buchführung 2015 starten*.

Bild 3.1 Buchführung starten

Buchführung starten

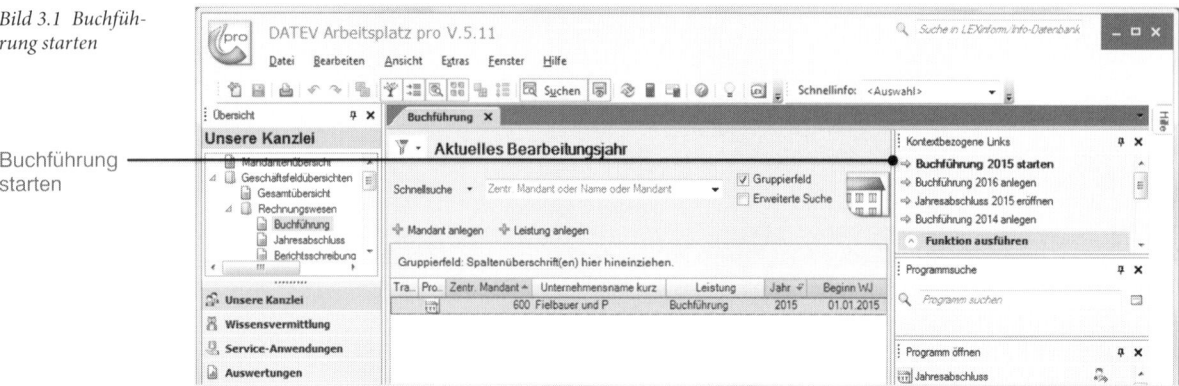

3 Das Programm DATEV Kanzlei-Rechnungswesen pro mit dem Übungsmandanten Fielbauer und Partner GmbH wird gestartet.

Bild 3.2 DATEV Kanzlei-Rechnungswesen pro

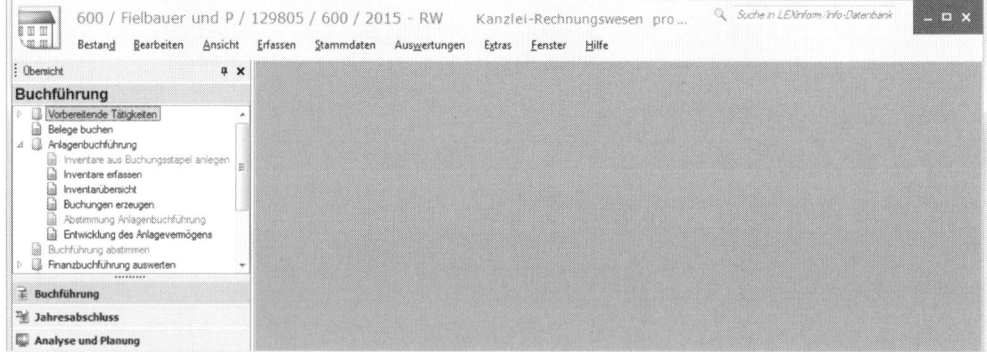

4 Wählen Sie den Menüpunkt *Stammdaten* → *Anlagenbuchführung* → *Inventarübersicht* oder klicken Sie über die Navigationsübersicht im geöffneten Ordner *Anlagenbuchführung* doppelt auf den Eintrag *Inventarübersicht*.

Das Arbeitsblatt *Inventarübersicht* mit allen bisher vorgetragenen Anlagegütern wird geöffnet.

Hinweis: Sollte stattdessen das Arbeitsblatt *Anlagenspiegelwerte* angezeigt werden, wählen Sie im Auswahlfeld *Auswertungsart* den Eintrag *Inventarübersicht*.

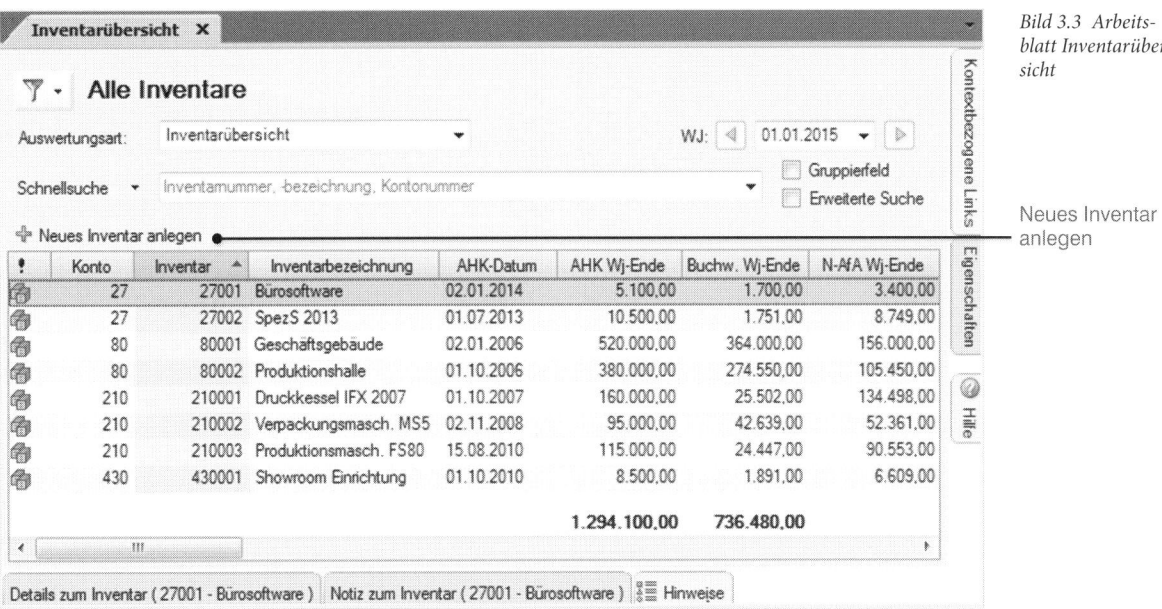

Bild 3.3 Arbeits-
blatt Inventarüber-
sicht

Neues Inventar
anlegen

5 Klicken Sie im Arbeitsblatt *Inventarübersicht* auf den Link *Neues Inventar anlegen*.

Alternativ können Sie ein neues Inventar in der Inventarübersicht über einen Rechtsklick und den Befehl *Neues Inventar anlegen* oder mit der Tastenkombination Strg+N anlegen.

6 Erfassen Sie - wie in Bild 3.4 - zunächst die Vortragswerte und geben Sie die Abschreibungsart *5 - Leistungsabschreibung* an.

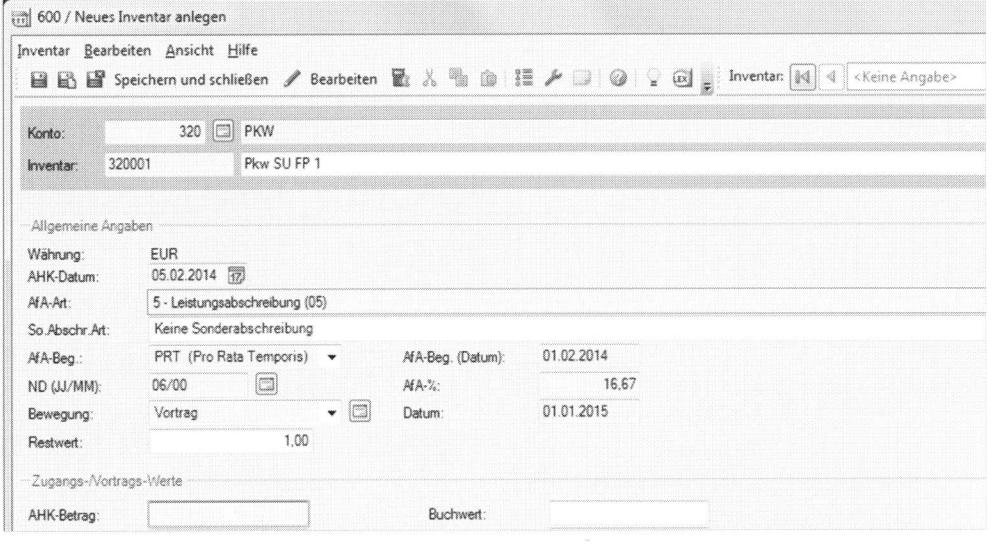

Bild 3.4 Vortrags-
werte erfassen

7 Geben Sie im Feld *AHK-Betrag* den Anschaffungspreis des Pkw in Höhe von 39.500,00 EUR ein (Bild 3.5).

Hinweis: Im Gegensatz zu den bisherigen Vorträgen werden die Felder *Buchwert* und *N-AfA* nicht automatisch berechnet.

8 Geben Sie im Feld *Buchwert* den Buchwert aus dem Inventarverzeichnis von 31.819,00 EUR ein.

Als Ergebnis wird das Feld *N-AfA* automatisch mit dem Abschreibungswert bis 31.12.2014 in Höhe von 7.681,00 EUR gefüllt, siehe Bild 3.5.

Bild 3.5 Anschaffungspreis und Buchwert erfassen

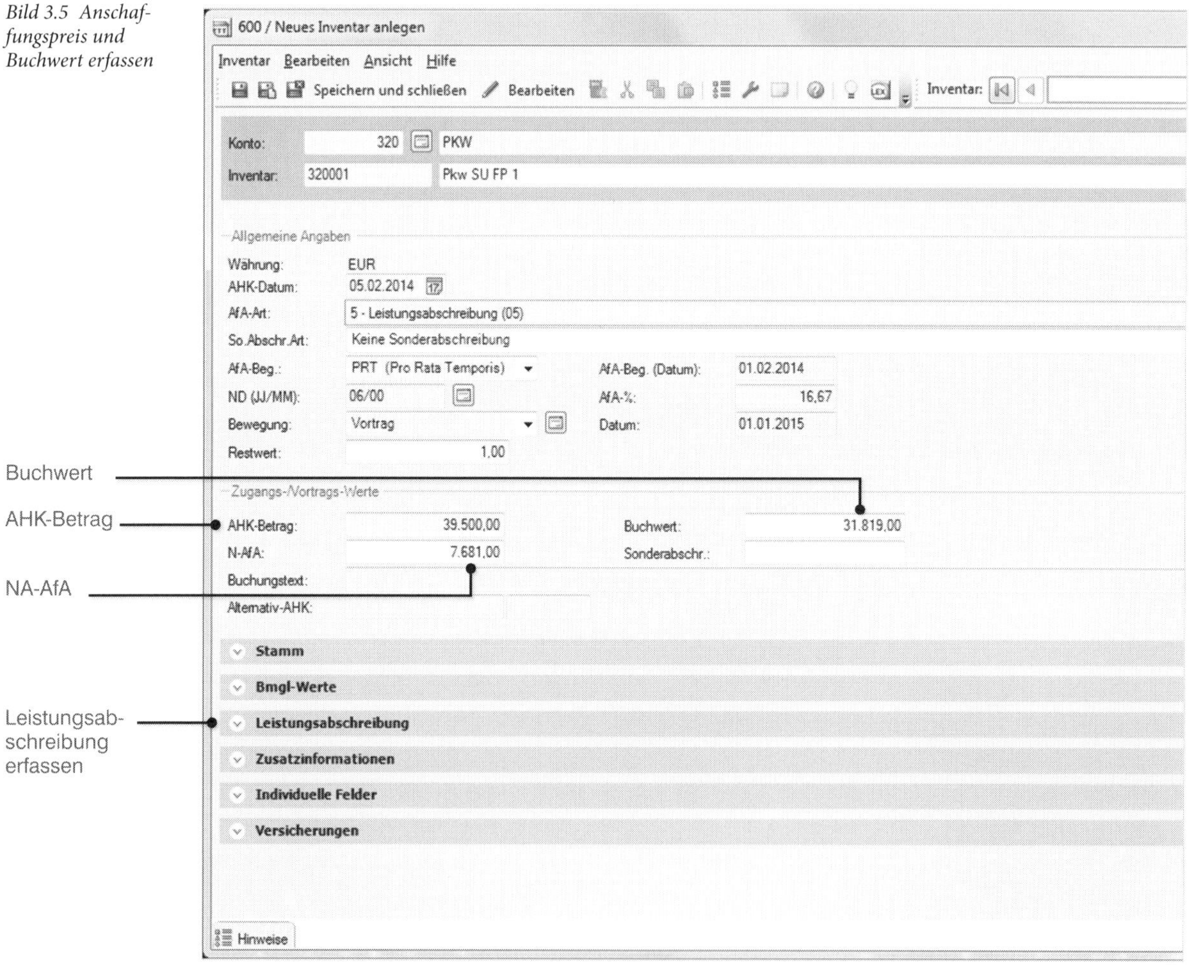

9 Die Angaben zur Leistungsabschreibung sind damit jedoch noch nicht komplett erfasst, wie ein Vergleich mit der Tabelle auf der nächsten Seite zeigt. Klicken Sie daher auf den Eintrag *Leistungsabschreibung* (Bild 3.5).

Konto Inventar	Bezeichnung Inventarbezeichnung	Abschreibungsart	Anschaffungsdatum
0320	PKW		
320001	PKW SU FP 1	Leistungsabschreibung	05.02.2014
Nutzungsdauer	Anschaffungspreis	Abschreibung in 2014	Buchwert: 01.01.2015
6 Jahre	39.500 ,00 €	7.681,00 €	31.819,00 €
	Erwartete Gesamtleistung	Gefahrene km in 2014	Wert pro Einheit
	180.000 km	35.000 km	0,22 €

10 Geben Sie - wie in Bild 3.6 - im jetzt erscheinenden Eingabebereich die Leistungsdaten aus dem Inventarverzeichnis ein.

Hinweis: Im Feld *Leistungseinheiten Buchungsjahr* werden am Ende des Geschäftsjahres 2015 die gefahrenen km für das Jahr 2015 eingetragen.

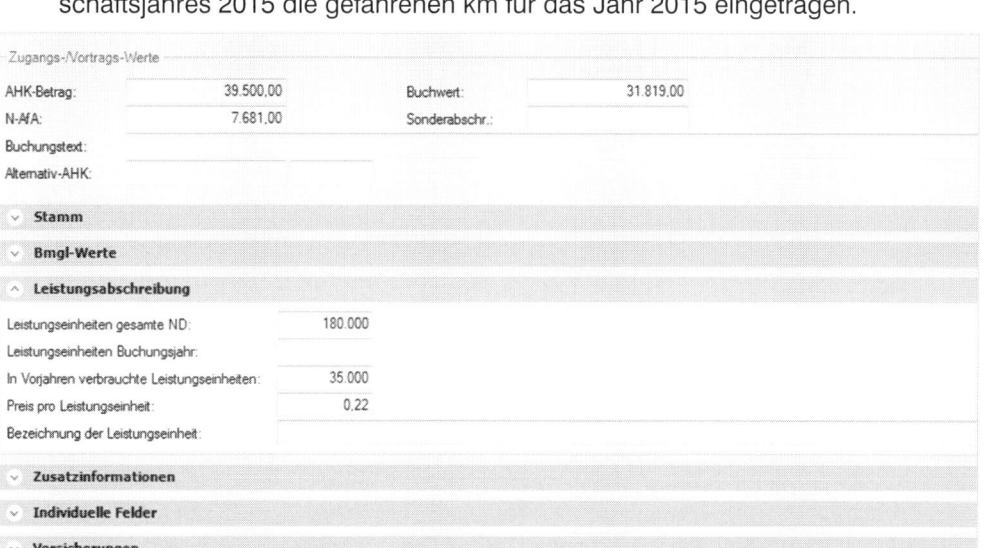

Bild 3.6 Leistungsdaten erfassen

11 Alle notwendigen Eingaben für den Vortrag der Leistungsabschreibung für den PKW sind damit erfasst. Speichern Sie den Datensatz, indem Sie in der Standardsymbolleiste auf das Symbol *Speichern und Schließen* klicken.

Details kontrollieren

Im Arbeitsblatt *Inventarübersicht* wird der vorgetragene Pkw wie in Bild 3.7 angezeigt.

1   Um die Details zum Vortrag einzusehen, markieren Sie mit einem Klick den soeben erfassten Pkw und klicken auf das Register *Details zum Inventar (320001 - Pkw SU FP 1)*.

Bild 3.7 Der vorgetragene Pkw in der Inventarliste

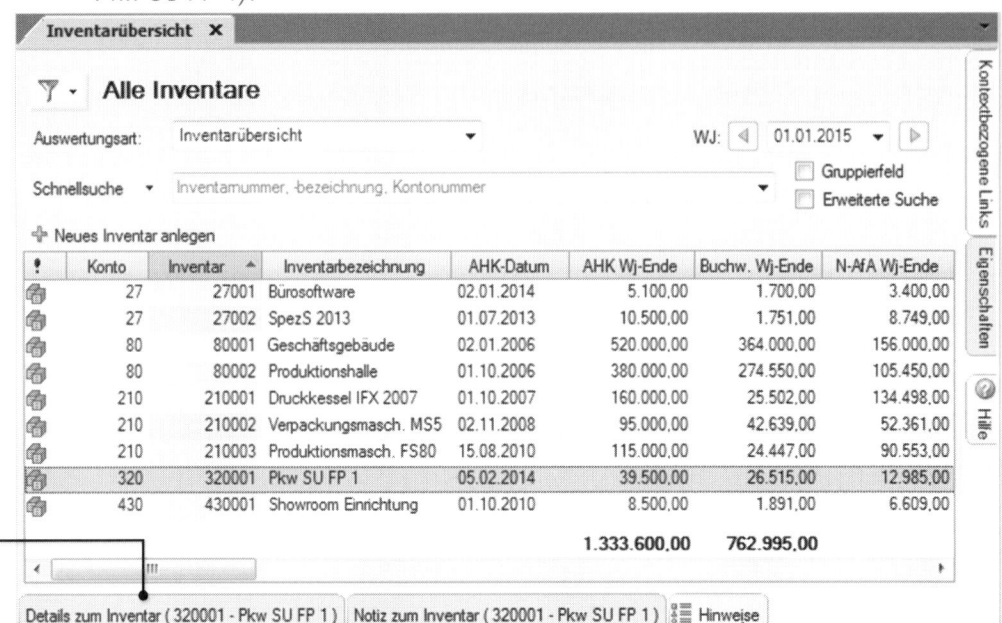

Details anzeigen

2   Die Angaben zur Leistungsabschreibung werden nicht automatisch angezeigt, klicken Sie daher auf die Pfeilsymbole ▸ (Bild 3.8), um weitere Details bzw. Register einzusehen.

Bild 3.8 Details

Weitere Register

3   Klicken Sie auf den Pfeil nach rechts ▸ und anschließend auf das Register *Leis-
tungs-/Substanzabschreibung*. Hier werden die erfassten Daten zur Leistungsabschreibung angezeigt (Bild 3.9).

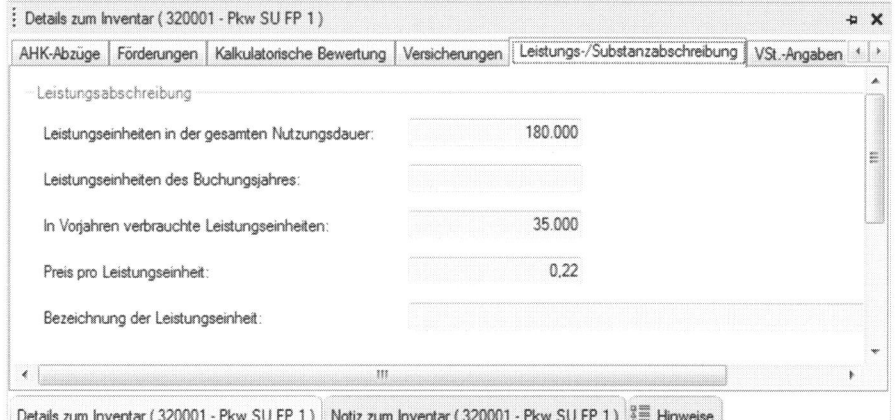

*Bild 3.9 Register
Leistungs-/Subs-
tanzabschreibung*

Übung: Leistungsabschreibungen vortragen

✎   Erfassen Sie laut Inventarverzeichnis die beiden Lastkraftwagen.
Firma Fielbauer und Partner GmbH   Seite 2
Datum: 31.12.2014

Die Lösungen
finden Sie im
Lösungsteil

Aufgabe 1, Konto 350, Lkw

Konto Inventar	Bezeichnung Inventar-bezeichnung	Abschreibungsart	Anschaffungs-datum
0350	Lkw		
350001	Lkw SU FP 5260	Leistungsabschreibung	02.07.2014
Nutzungsdauer	**Anschaffungspreis**	**Abschreibung in 2014**	**Buchwert: 01.01.2015**
9 Jahre	150.000,00 €	6.000,00 €	144.000,00 €
	Erwartete Gesamtleis-tung	**Gefahrene km in 2014**	**Wert pro Einheit**
	450.000 km	18.000 km	0,33 €

Aufgabe 2 Konto 350, Lkw

Konto Inventar	Bezeichnung Inventar- bezeichnung	Abschreibungsart	Anschaffungs- datum
0350	Lkw		
350002	Lkw SU FP 5270	Leistungsabschreibung	01.10.2013
Nutzungsdauer	**Anschaffungspreis**	**Abschreibung in 2014**	**Buchwert: 01.01.2015**
9 Jahre	235.800,00 €	22.794,00 €	213.006,00 €
	Erwartete Gesamtleis- tung	**In Vorjahren ver- brauchte Leistungs- einheiten**	**Wert pro Einheit**
	600.000 km	58.000 km	0,39 €

Laufleistungen aktuelles Kalenderjahr zur Leistungsabschreibung erfassen

Ausgangssituation

Am Ende des Jahres 2015 müssen die Laufleistungen für den Fuhrpark erfasst wer- den, damit die entsprechenden Abschreibungswerte für die Leistungsabschreibung ermittelt werden können.

Am 31.12.2015 sind laut Km-Stand der Fahrzeuge folgende Laufleistungen zu erfas- sen:

Pkw SU FP 1	32.000 km
Lkw SU FP 5260	58.000 km
Lkw SU FP 5270	75.000 km

Um die Laufleistung des Pkw SU FP 1 zum aktuellen Geschäftsjahr 2015 von 32.000 km zu erfassen, gehen Sie wie folgt vor:

1   Klicken Sie in der Inventarübersicht doppelt auf den Pkw SU FP 1 (Bild 3.10).

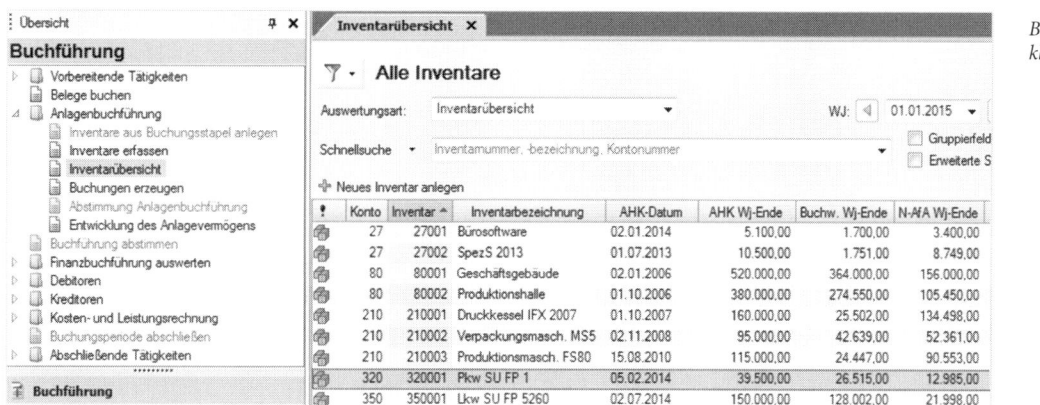

Bild 3.10 Doppelklick auf den Pkw

2 Das Fenster *Inventar 320001 bearbeiten* mit verschiedenen Registern wird geöffnet (Bild 3.11). Benutzen Sie die Pfeilschaltflächen ▸, um weitere Register anzuzeigen.

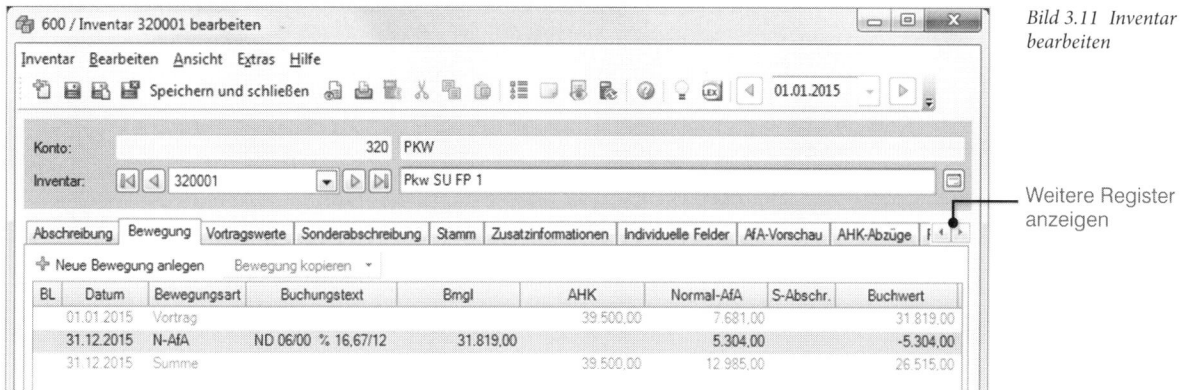

Bild 3.11 Inventar bearbeiten

Weitere Register anzeigen

3 Um die Laufleistungen zu erfassen, klicken Sie auf den Pfeil nach rechts ▸ bis das Register *Leistungs-/Substanzabschreibung* erscheint und klicken dann auf dieses Register.

4 Die Inventarkarte zum Pkw SU FP 1 mit den vorgetragenen Werten wird angezeigt. Geben Sie im Feld *Leistungseinheiten des Buchungsjahres* die gefahrenen km für das Geschäftsjahr 2015 von 32.000 km ein (Bild 3.12).

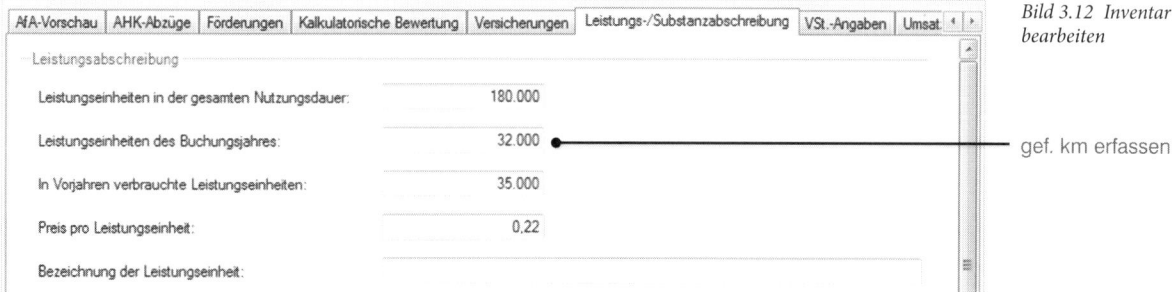

Bild 3.12 Inventar bearbeiten

gef. km erfassen

5 Klicken Sie anschließend auf das Symbol *Speichern* 💾.

Tipp: Über den integrierten Navigator (Bild 3.13) kann mit Klick auf die Pfeile zu weiteren vorgetragenen Anlagegütern gewechselt werden.

Bild 3.13 Navigationsschaltflächen

Nächstes anzeigen

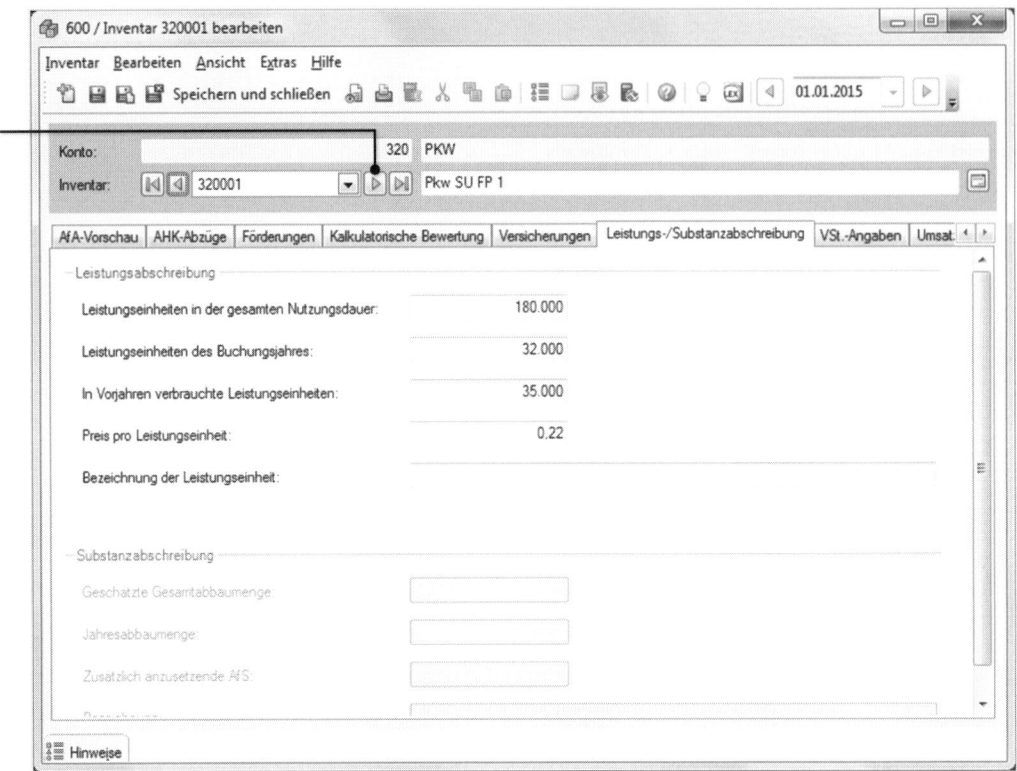

Die Lösungen finden Sie im Lösungsteil

Übungen: Laufleistungen zur Leistungsabschreibung erfassen

Aufgabe 1

✎ Erfassen Sie die Laufleistungen der beiden Lastkraftwagen SU FP 5260 und SU FP 5270 für das Geschäftsjahr 2015.

Lkw SU FP 5260	58.000 km
Lkw SU FP 5270	75.000 km

✎ Schließen Sie anschließend das Fenster *Inventar bearbeiten*.

Aufgabe 2

✎ Kontrollieren Sie in der Auswertungsart *Anlagenspiegelwerte* die kumulierten Abschreibungswerte und die Abschreibungswerte Pkw und Lkw für das Jahr 2015 (Bild 3.14).

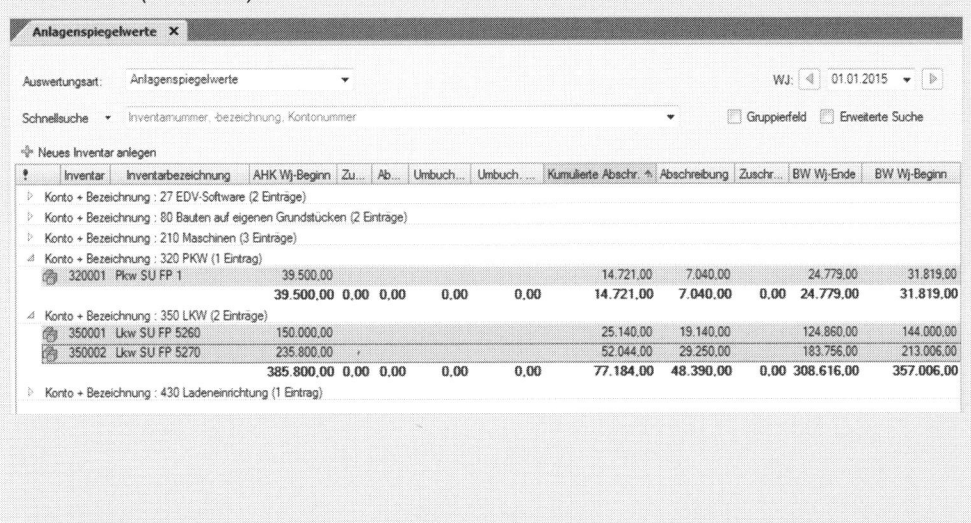

Bild 3.14 Übung: Anlagenspiegel-werte

Aufgabe 3

✎ Drucken Sie über den Menüpunkt *Auswertungen → Anlagenbuchführung* das Inventarverzeichnis mit folgenden Einstellungen aus:

Listbildvariante	Inventar +AHK
Umfang	Gesamtliste
Sortierung und Gruppierung	Neue Seite bei Gruppenwechsel deaktivieren
	Mit Gruppenkopf deaktivieren

✎ Auf Seite 2 des Inventarverzeichnisses müssen folgende Anlagegüter aufgeführt werden. Kontrollieren Sie die Anlagegüter anhand des nachfolgend aufgeführten Inventarverzeichnisses auf der nächsten Seite, Bild 3.15.

✎ Schließen Sie abschließend alle Arbeitsblätter.

Bild 3.15 Übung:
Inventarverzeichnis

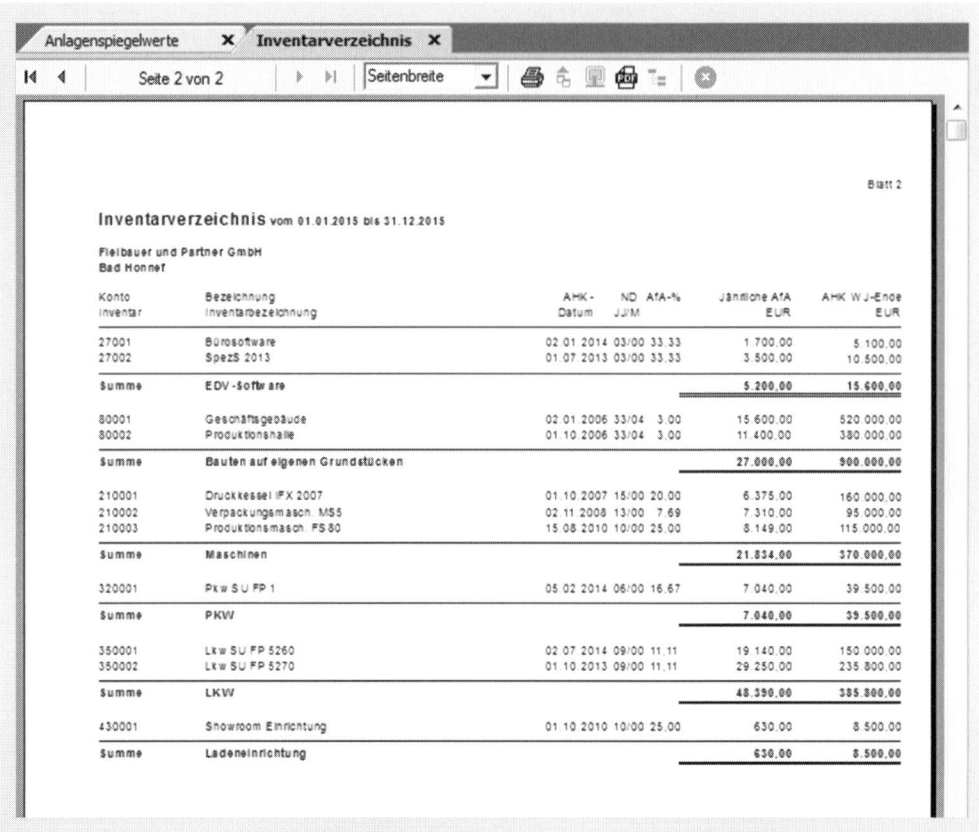

Notizen

4 Geringwertige Wirtschaftsgüter (GWG)

In diesem Kapitel erfahren Sie, ...

- was man unter einem geringwertigen Wirtschaftsgut GWG versteht,
- wie Sie GWG Sammelposten im Programm vortragen können.

4.1   Grundlagen Geringwertiges Wirtschaftsgut (GWG)

Definition Geringwertiges Wirtschaftsgut

Als geringwertiges Wirtschaftsgut (GWG) wird jedes Gut bezeichnet, bei dem die Anschaffungs- bzw. Herstellungskosten einen bestimmten Betrag nicht übersteigen.

Voraussetzungen

- Um als geringwertiges Wirtschaftsgut abgeschrieben werden zu können, müssen Anschaffungs- oder Herstellungskosten angefallen sein.

- Das Anlagegut muss zum abnutzbaren und beweglichen Anlagevermögen gehören.

- Es muss zu einer selbständigen Nutzung fähig sein. Das heißt, dass es nicht nur im Zusammenhang mit anderen Wirtschaftsgütern genutzt werden kann, sondern nur allein. Eine selbstständige Nutzung hat oftmals die geforderte Beweglichkeit des Gegenstandes als Voraussetzung. Diese muss ebenfalls erfüllt sein. Zusätzlich muss das Wirtschaftsgut abnutzbar sein, damit es abgeschrieben werden kann.

  Solche Wirtschaftsgüter sind beispielsweise Kopierer, Einrichtungsgegenstände oder Computer. Ein Drucker für einen PC im Büro gilt daher nicht als GWG, weil er nicht selbstständig nutzbar ist, sondern für den Betrieb einen PC benötigt. Dabei gilt es zu beachten, dass Kombigeräte, die einen Scanner und Drucker beinhalten und dadurch eine selbstständige Kopierfunktion haben, als GWG angesetzt werden können.

- Die Anschaffungs- bzw. Herstellkosten, verringert um einen darin enthaltenden Vorsteuerbetrag, dürfen einen bestimmten Betrag nicht übersteigen.

Die Regelungen für geringwertige Wirtschaftsgüter sind in der Vergangenheit sehr oft geändert worden.

- Bis zum Jahr 2007 durften GWG mit einem AHK-Wert von 410,00 EUR im Jahr der Anschaffung komplett abgeschrieben werden. Sie mussten jedoch in einem gesonderten Verzeichnis aufgeführt werden.

- Für das Jahr 2008 und 2009 konnten GWG mit einem AHK-Wert von 60,00 EUR bis 150,00 EUR im Jahr der Anschaffung sofort abgeschrieben werden. Bei einem Wert von 150,00 EUR bis 1.000,00 EUR mussten für diese GWG ein GWG Sammelposten gebildet werden. Dieser Sammelposten wird über 5 Jahre linear abgeschrieben.

  Der Anschaffungszeitpunkt im Wirtschaftsjahr beeinflusste dabei die Berechnung der Abschreibungssumme nicht. Falls ein Wirtschaftsgut aus dem Unternehmen ausscheidete, musste der Sammelposten nicht wertberichtigt werden.

- Dementsprechend musste ein Sammelposten für jedes Wirtschaftsjahr neu angelegt werden. Dieser Sammelposten wurde als ein separates Konto in den Sachanlagen geführt.

- Seit dem Jahr 2010 besteht eine Wahlmöglichkeit bei geringwertigen Wirtschaftsgütern. Diese Regelung ist für ein Jahr bindend und kann nur im Folgejahr geändert werden.

GWG Anschaffungs- bzw. Herstellkosten bis 150,00 EUR

GWG mit einem AHK-Wert bis zu 150,00 EUR sind als Betriebsausgabe gem. § 6 (2a) Satz 4 EStG zu buchen. Sie können im Jahr der Anschaffung in voller Höhe als Betriebsausgaben angesetzt oder über die betriebsgewöhnliche Nutzungsdauer abgeschrieben werden. Es besteht für diese GWG keine Aktivierungspflicht.

Dies bedeutet, dass Sie diese GWG direkt auf ein entsprechendes Aufwandskonto, z. B. Betriebsbedarf Kto-Nr. 4955, Bürobedarf 4930 etc. buchen und im Buchungstext als GWG vermerken oder über das Kto-Nr. 4855 Sofortabschreibung GWG sofort abschreiben, ohne es im Anlagevermögen aktivieren zu müssen.

Das GWG- Wahlrecht

Alternative 1, GWG ohne Sammelposten

GWG mit einem AHK-Wert von 150,00 EUR bis 410,00 EUR ...

- können im Jahr der Anschaffung sofort abgeschrieben werden (§ 6 Absatz 2 Satz 1 EStG),

- sie sind (gem. §6 Absatz 2 Satz 4 und 5 EStG) aufzeichnungs- und aktivierungspflichtig,

- werden über Kto-Nr 0480 GWG gebucht,

- die Abschreibung wird in voller Höhe über Kto-Nr 4860 gebucht.

Bei einem AHK-Wert größer als 410,00 EUR

- Aktivierung im Anlagevermögen und Abschreibung über die betriebsgewöhnliche Nutzungsdauer.

Alternative 2, GWG mit Sammelposten

GWG mit einem AHK-Wert von 150,00 EUR bis 1.000,00 EUR

- Bildung eines GWG Sammelposten (§ 6 Absatz 2a Satz 1 - 3 EStG),

- Abschreibung des GWG-Sammelpostens über den Zeitraum von 5 Jahren,

- die GWG sind aktivierungs- und aufzeichnungspflichtig (§ 6 Absatz 2 Satz 4 und 5 EStG),

- werden über Kto-Nr 0485 GWG Sammelposten gebucht,

- die Abschreibung wird über das Kto. 4862 Abschreibung GWG-Sammelposten zu 1/5 des AHK-Werts gebucht.

AHK-Wert größer als 1.000,00 EUR

- Aktivierung im Anlagevermögen und Abschreibung über die betriebsgewöhnliche Nutzungsdauer.

Hinweis: Für welche der beiden Alternativen sich ein Unternehmen entscheidet, hängt von verschiedenen Faktoren ab. Plant der Unternehmer, viele GWG zu einem Wert zwischen 150,00 EUR und 410,00 EUR einzukaufen, ist Alternative 1 die bessere Möglichkeit, da die GWG im Jahr der Anschaffung komplett abgeschrieben werden können.

Werden für das Jahr mehrere GWG mit einem Wert von 150,00 EUR bis 1.000,00 EUR angeschafft und haben diese eine betriebsgewöhnliche Nutzungsdauer von mehr als fünf Jahren, ist die Entscheidung für den Sammelposten günstiger.

Fielbauer und Partner GmbH nutzt für das Geschäftsjahr 2015 die Alternative 2.

4.2 Geringwertige Wirtschaftsgüter (Sammelposten) vortragen

Ausgangssituation
Ihnen liegt die letzte Seite der Inventarübersicht mit den vorzutragenden Anlagegütern vor. Die Seite 3 der Inventarübersicht führt folgende Anlagegüter auf:

Firma Fielbauer und Partner GmbH   Seite 3
Datum: 31.12.2014

Konto 485, Wirtschaftsgüter Sammelposten*

Konto Inventar	Bezeichnung Inventarbezeichnung	Abschreibungsart	Anschaffungsdatum
0485	Wirtschaftsgüter Sammelposten		
485001	Wirtschaftsgüter Sammelposten 2014	GWG-Poolabschreibung	31.12.2014

Nutzungsdauer	Anschaffungspreis	Abschreibung in 2015	Buchwert: 01.01.2015
Gesetzliche Regelung	3.500,00 €	700,00 €	2.800,00 €

Konto 490, Sonstige Betriebs- und Geschäftsausstattung

Konto Inventar	Bezeichnung Inventarbezeichnung	Abschreibungsart	Anschaffungsdatum
0490	Sonst. BGA		
490001	Personal Computer	lineare Abschreibung	02.05.2014
490002	Büromöbel	geom. degressiv	05.01.2010
490003	Stahlschrank	geom. degressiv	05.01.2010
490004	Werkstatteinrichtung	lineare Abschreibung	18.08.2009
490005	Arbeitsbühne mobil	lineare Abschreibung	05.04.2009
490006	Alarmanlage	geom. degressiv	15.05.2010

Nutzungsdauer	Anschaffungspreis	Abschreibung in 2015	Buchwert: 01.01.2015
Laut AfA-Liste	1.490,00 €	497,00 €	1.159,00 €
Laut AfA-Liste	5.680,00 €	375,00 €	1.952,00 €
Laut AfA-Liste	1.850,00 €	124,00 €	692,00 €
Laut AfA-Liste	4.850,00 €	347,00 €	2.974,00 €
Laut AfA-Liste	6.348,00 €	577,00 €	3.030,00 €
Laut AfA-Liste	18.566,00 €	1.276,00 €	5.615,00 €
		3.196,00 €	15.422,00 €

* GWG Sammelposten, die im Jahr 2014 angeschafft worden sind, werden in einer Summe aktiviert. Bedingung dafür ist, dass die Zusammensetzung des Pools (aufgrund § 6 Absatz 2 Satz 5 EStG) aus der Finanzbuchhaltung ersichtlich ist.

Die Summe der GWG Sammelposten für das Jahr 2014 soll nun vorgetragen werden, dazu gehen Sie - wie nachfolgend dargestellt - vor:

1 Wählen Sie den Menüpunkt *Stammdaten* → *Anlagenbuchführung* → *Inventarübersicht* oder klicken Sie über die Navigationsübersicht im geöffneten Ordner *Anlagenbuchführung* doppelt auf den Eintrag *Inventarübersicht*. Das Arbeitsblatt *Anlagenspiegelwerte* mit allen bisher vorgetragen Anlagegütern wird geöffnet.

2 Wählen Sie über das Feld *Auswertungsart* den Eintrag *Inventarübersicht* aus.

Bild 4.1 Inventarübersicht

Auswertungsart Inventarübersicht

Neues Inventar

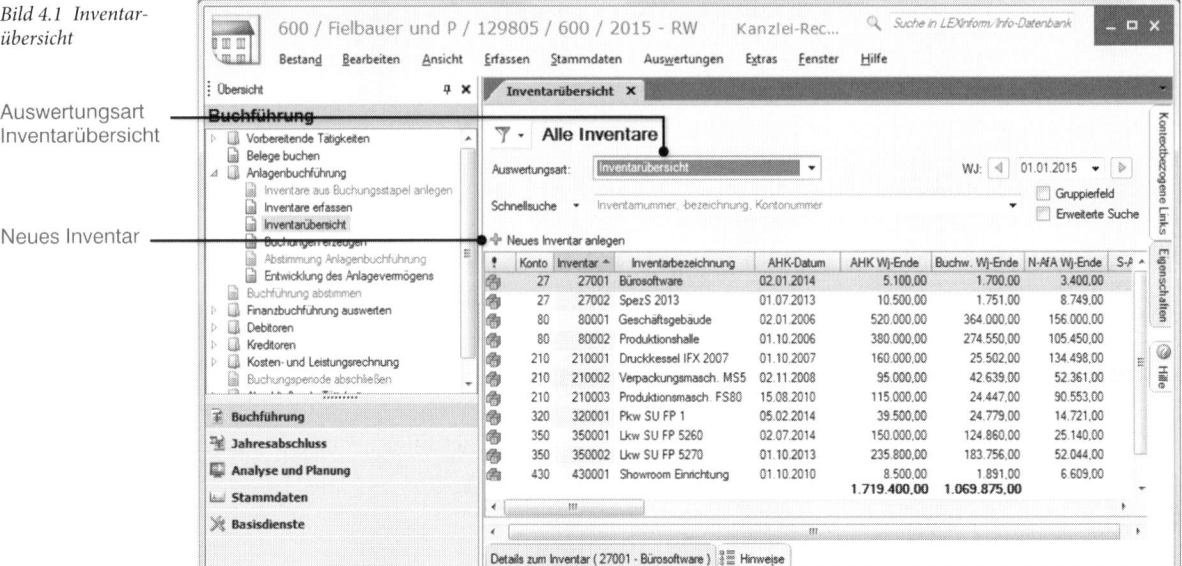

3 Klicken Sie im Arbeitsblatt *Inventarübersicht* auf *Neues Inventar anlegen*.

Alternativ können Sie ein neues Inventar in der Inventarübersicht über einen Rechtsklick und den Befehl *Neues Inventar* oder mit der Tastenkombination Strg+N anlegen.

4 Erfassen Sie im Fenster *Neues Inventar anlegen* zunächst die Vortragswerte und geben Sie die Abschreibungsart *7 GWG-Poolabschreibung (07)* an (Bild 4.2).

Hinweis: Das Programm nimmt sofort die Vereinfachungsregel an und trägt die gesetzliche Nutzungsdauer von 5 Jahren sowie den Abschreibungsprozentsatz von 20 % ein.

Der Buchwert wird allerdings vom Programm nicht automatisch berechnet, sondern muss manuell ausgerechnet und eingetragen werden:

AHK Betrag für das Jahr 2014	3.500,00 EUR
geteilt durch die Nutzungsdauer von	5 Jahren
entspricht einem Abschreibungsbetrag von	700,00 EUR.

Der Buchwert des GWG Sammelpostens 2014 beträgt demnach zum 31.12.2014 2.800,00 EUR.

5 Geben Sie im Feld *Buchwert* den Buchwert zum 31.12.2014 von 2.800,00 EUR ein. Das Feld *N-AfA* wird automatisch mit dem Wert von *700,00 EUR* belegt (siehe Bild 4.2).

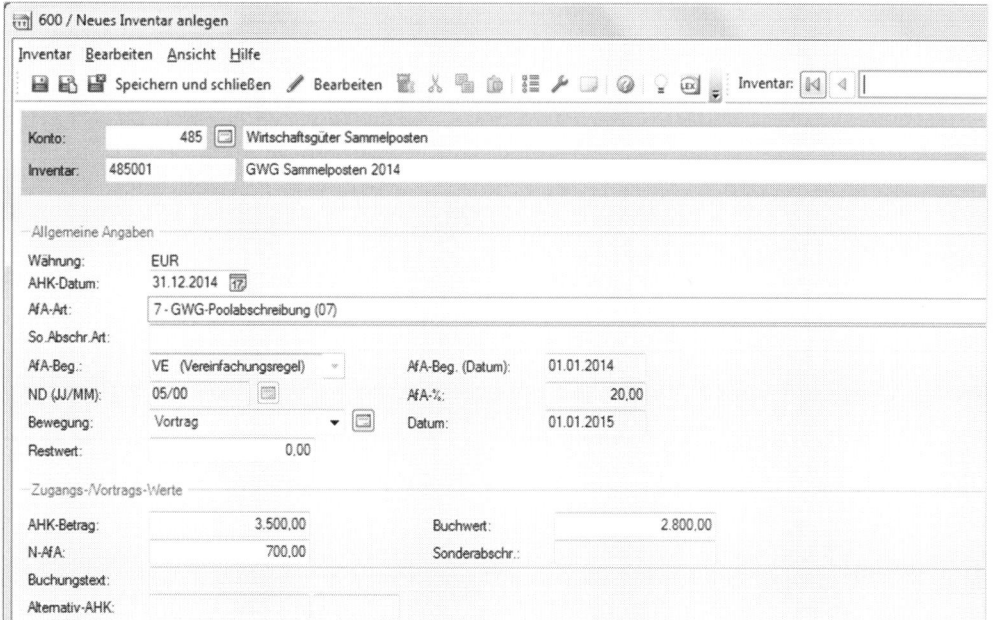

Bild 4.2 Neues Inventar anlegen

6 Klicken Sie abschließend auf das Symbol *Speichern und Schließen* 📇. Der GWG-Sammelposten für das Jahr 2014 ist erfasst.

7 Um Einzelheiten zum GWG Sammelposten 2014 einzusehen, klicken Sie doppelt auf den Eintrag *485001 GWG Sammelposten 2014* (Bild 4.3).

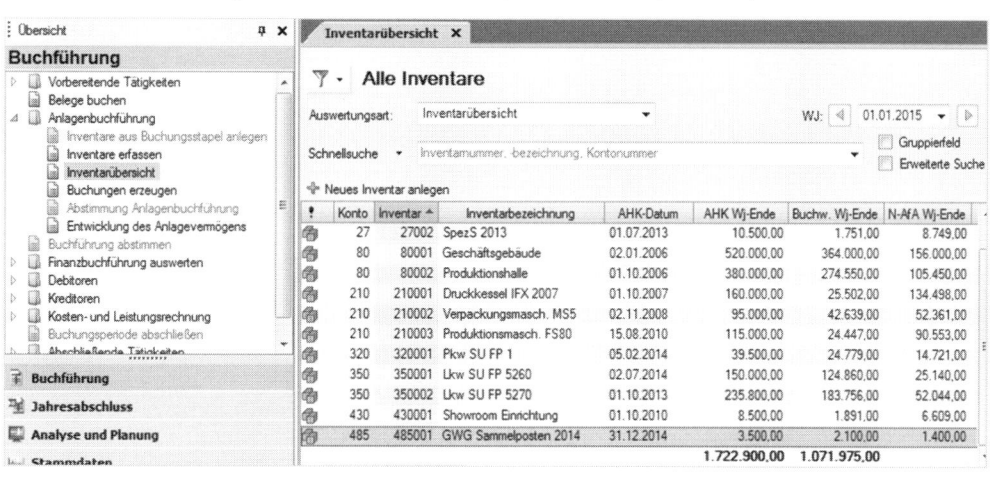

Bild 4.3 Der neu angelegte GWG Sammelposten

8 Das Dialogfenster *Inventar 485001 bearbeiten* wird geöffnet. Über das Register *Bewegung* kann der aktuelle Abschreibungswert, der Buchwert zum 01.01.2015 von 2.800,00 EUR und zum 31.12.2015 von 2.100,00 EUR eingesehen werden (Bild 4.4).

Bild 4.4 Register Bewegung

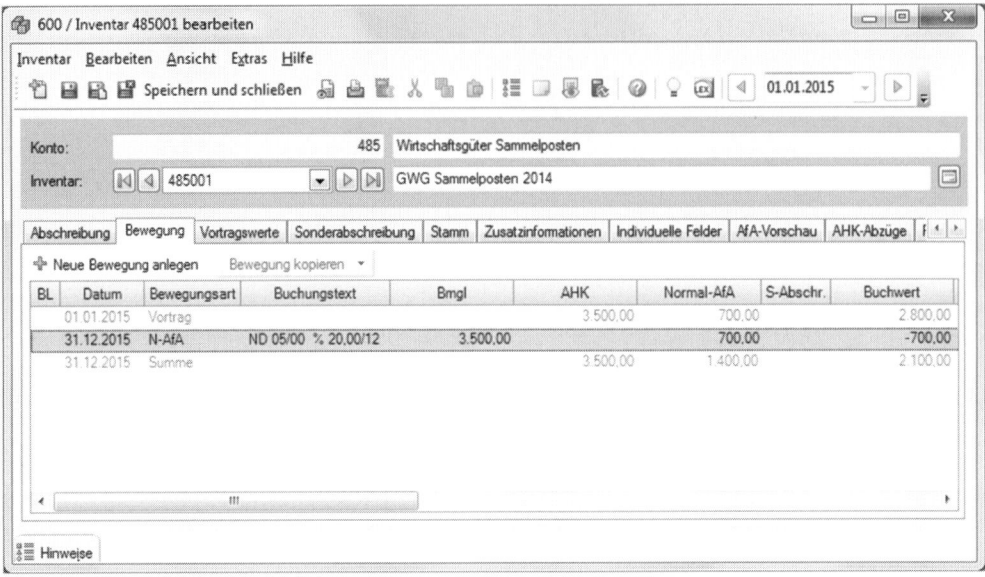

9 Um den gesamten Abschreibungsplan für den GWG Sammelposten 2014 anzeigen zu lassen, klicken Sie auf das Register *AfA-Vorschau* (Bild 4.5).

Bild 4.5 Register AfA-Vorschau

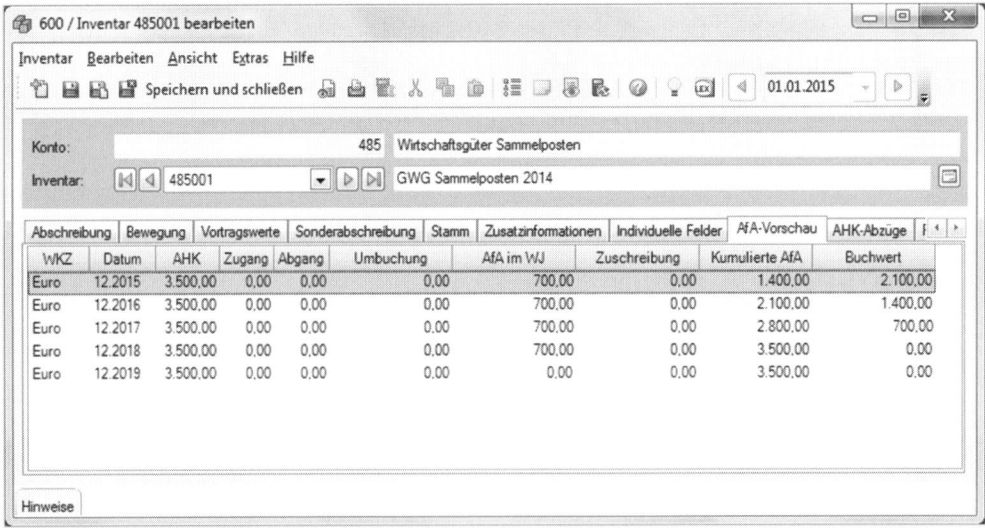

10 Schließen Sie anschließend das Bearbeitungsfenster, indem Sie auf das Symbol *Schließen* klicken.

Wiederholungsübung: Anlagegüter vortragen

Ihnen liegt abschließend der letzte Teil aus der Inventarübersicht mit den vorzutragenden Anlagegütern vor. Aus Vereinfachungsgründen werden die übrigen Anlagegüter auf das Konto *490, Sonstige Betriebs- und Geschäftsausstattung* vorgetragen. In der Praxis werden natürlich oftmals auch dazu verschiedene Anlagekonten genutzt.

Die Lösungen zu den Aufgaben 1 bis 6 finden Sie im Lösungsteil.

Die Seite 3 der Inventarübersicht führt folgende Anlagegüter auf:

Firma Fielbauer und Partner GmbH   Seite 3
Datum: 31.12.2014

Konto 490, Sonstige Betriebs- und Geschäftsausstattung

Konto Inventar	Bezeichnung Inventarbezeichnung	Abschreibungsart	Anschaffungsdatum
0490	Sonst. BGA		
490001	Personal Computer	lineare Abschreibung	02.05.2014
490002	Büromöbel	geom. degressiv	05.01.2010
490003	Stahlschrank	geom. degressiv	05.01.2010
490004	Werkstatteinrichtung	lineare Abschreibung	18.08.2009
490005	Arbeitsbühne mobil	lineare Abschreibung	05.04.2009
490006	Alarmanlage	geom. degressiv	15.05.2010

Nutzungsdauer	Anschaffungspreis	Abschreibung in 2015	Buchwert: 01.01.2015
Laut AfA-Liste	1.490,00 €	497,00 €	1.159,00 €
Laut AfA-Liste	5.680,00 €	375,00 €	1.952,00 €
Laut AfA-Liste	1.850,00 €	124,00 €	692,00 €
Laut AfA-Liste	4.850,00 €	347,00 €	2.974,00 €
Laut AfA-Liste	6.348,00 €	577,00 €	3.030,00 €
Laut AfA-Liste	18.566,00 €	1.276,00 €	5.615,00 €
		3.196,00 €	15.422,00 €

✎   Erfassen Sie die nachfolgenden Anlagengüter anhand der Inventarübersicht von Frau Trichter.

Aufgabe 1

Konto 490, Sonstige Betriebs- und Geschäftsausstattung

Konto Inventar	Bezeichnung Inventarbezeichnung	Abschreibungsart	Anschaffungsdatum
0490	Sonst. BGA		
490001	Personal Computer	lineare Abschreibung	02.05.2014

Nutzungsdauer	Anschaffungspreis	Abschreibung in 2015	Buchwert: 01.01.2015
Laut AfA-Liste	1.490,00 €	497,00 €	1.159,00 €

Hinweis: Die Nutzungsdauer kann im neu anzulegenden Inventar neben dem Feld *ND (JJ/MM)* auch über das Symbol *Nutzungsdauer auswählen* ermittelt werden.

 Kontrollieren Sie anschließend die Werte, insbesondere die Abschreibungswerte in 2015 sowie die Buchwerte zum 01.01.2015 mit der Inventarübersicht.

Tipp: Über das Symbol *Speichern und Neu* können Sie Inventare speichern und sofort ein neues Inventar erfassen.

Aufgabe 2
Konto 490, Sonstige Betriebs- und Geschäftsausstattung

Konto Inventar	Bezeichnung Inventarbezeichnung	Abschreibungsart	Anschaffungsdatum
0490	Sonst. BGA		
490002	Büromöbel	geom. degressiv	05.01.2010

Nutzungsdauer	Anschaffungspreis	Abschreibung in 2015	Buchwert: 01.01.2015
Laut AfA-Liste	5.680,00 €	375,00 €	1.952,00 €

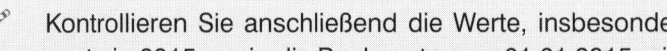 Kontrollieren Sie anschließend die Werte, insbesondere die Abschreibungswerte in 2015 sowie die Buchwerte zum 01.01.2015 mit der Inventarübersicht.

Aufgabe 3
Konto 490, Sonstige Betriebs- und Geschäftsausstattung

Konto Inventar	Bezeichnung Inventarbezeichnung	Abschreibungsart	Anschaffungs- datum
0490	Sonst. BGA		
490003	Stahlschrank	geom. degressiv	05.01.2010
Nutzungsdauer	**Anschaffungspreis**	**Abschreibung in 2015**	**Buchwert: 01.01.2015**
Laut AfA-Liste	1.850,00 €	124,00 €	692,00 €

✐ Kontrollieren Sie anschließend die Werte, insbesondere die Abschreibungs- werte in 2015 sowie die Buchwerte zum 01.01.2015 mit der Inventarübersicht.

Aufgabe 4
Konto 490, Sonstige Betriebs- und Geschäftsausstattung

Konto Inventar	Bezeichnung Inventarbezeichnung	Abschreibungsart	Anschaffungs- datum
0490	Sonst. BGA		
490004	Werkstatteinrichtung	lineare Abschreibung	18.08.2009
Nutzungsdauer	**Anschaffungspreis**	**Abschreibung in 2015**	**Buchwert: 01.01.2015**
Laut AfA-Liste	4.850,00 €	347,00 €	2.974,00 €

✐ Kontrollieren Sie anschließend die Werte, insbesondere die Abschreibungs- werte in 2015 sowie die Buchwerte zum 01.01.2015 mit der Inventarübersicht.

Aufgabe 5
Konto 490, Sonstige Betriebs- und Geschäftsausstattung

Konto Inventar	Bezeichnung Inventarbezeichnung	Abschreibungsart	Anschaffungs- datum
0490	Sonst. BGA		
490005	Arbeitsbühne mobil	lineare Abschreibung	05.04.2009
Nutzungsdauer	**Anschaffungspreis**	**Abschreibung in 2015**	**Buchwert: 01.01.2015**
Laut AfA-Liste	6.348,00 €	577,00 €	3.030,00 €

Kontrollieren Sie anschließend die Werte, insbesondere die Abschreibungswerte in 2015 sowie die Buchwerte zum 01.01.2015 mit der Inventarübersicht.

Aufgabe 6

Konto 490, Sonstige Betriebs- und Geschäftsausstattung

Konto Inventar	Bezeichnung Inventarbezeichnung	Abschreibungsart	Anschaffungs- datum
0490	Sonst. BGA		
490006	Alarmanlage	geom. degressiv	15.05.2010
Nutzungsdauer	**Anschaffungspreis**	**Abschreibung in 2015**	**Buchwert: 01.01.2015**
Laut AfA-Liste	18.566,00 €	1.276,00 €	5.615,00 €

Kontrollieren Sie anschließend die Werte, insbesondere die Abschreibungswerte in 2015 sowie die Buchwerte zum 01.01.2015 mit der Inventarübersicht.

Aufgabe 7

Schließen Sie anschließend das Eingabefenster und kontrollieren Sie über die Auswertungsart *Anlagenspiegelwerte* die Vortragserfassungen im Konto *490 sonstige Betriebs- und Geschäftsausstattung*.

Bild 4.6 Anlage-spiegelwerte

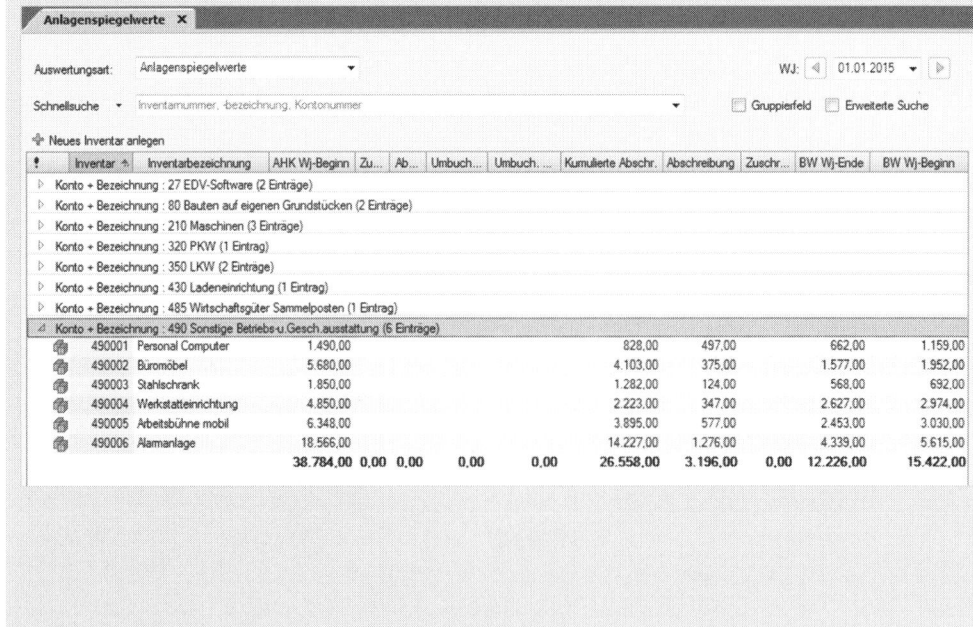

Aufgabe 8

✎ Drucken Sie die Liste *Entwicklung des Anlagevermögens* mit folgenden Einstellungen aus:

Umfang und Varianten	Listbildauswahl Bruttoausweis mit AfA, 5 Spalten, Gesamtliste

Sortierung und Gruppierung	▪ Sortieren nach Kontonummer
	▪ Neue Seite bei Gruppenwechsel (aktivieren)
	▪ Summe ausgeben bei Gruppenwechsel (aktivieren)
	▪ Mit Gruppenkopf (aktivieren)

 Die Musterlösung zur Liste Entwicklung des Anlagevermögens steht Ihnen im PDF-Format zum Download zur Verfügung, Datei Entwicklung_Anlagevermoegen.pdf.   Download

Aufgabe 9

Alle Anlagegüter aus der Inventarübersicht zur Firma Fielbauer und Partner GmbH sind jetzt vorgetragen.

✎ Beenden Sie das Programm DATEV Kanzlei-Rechnungswesen pro.

✎ Sichern Sie anschließend den Mandanten Fielbauer und Partner GmbH (Finanz- und Anlagenführung).

✎ Öffnen Sie den Mandanten Fielbauer und Partner GmbH im Programm DATEV Kanzlei-Rechnungswesen pro.

Notizen

5   Neue Anlagegüter im laufenden Geschäftsjahr erfassen

nung	Entwicklung der	Stand zum 01.01.2015 EUR	Zugang Abgang- EUR	Umbuchung EUR	Abschreibung Zuschreibung- EUR	Stand zu 31.12.?
oftware	Ansch-/Herst-K	15.600,00				
	Abschreibung	6.949,00	5.200,00			
	Buchwerte	**8.651,00**			5.200,00	
auf eigenen tücken	Ansch-/Herst-K	900.000,00				
	Abschreibung	234.450,00	27.000,00			
	Buchwerte	**665.550,00**				
nen	Ansch-/Herst-K	370.000,00				
	Abschreibung	255.578,00	21.834,00			
	Buchwerte	**114.422,00**				
inrichtung	Ansch-/Herst-K	8.500,00				
	Abschreibung	5.979,00	630,00			
	Buchwerte	**2.521,00**			630	1.891,00
	Ansch-/Herst-K	1.294.100,00				1.294.100,00
	Abschreibung	502.956,00	54.664,00			557.620,00
	Buchwerte	**791.144,00**			54.664,00	736.480,00

In diesem Kapitel erfahren Sie, wie ...

■ Sie im Programm DATEV Kanzlei-Rechnungswesen pro die Soforterfassung Anlagenbuchführung aktivieren,

■ neu erfasste Anlagegüter aus dem laufenden Geschäftsjahr an die Anlagenbuchhaltung übertragen werden,

■ Anschaffungsnebenkosten oder Anschaffungspreisminderungen zu einem Anlagegut erfasst und einem Anlagegut zugewiesen werden,

■ Sie neu erfasste Anlagegüter in der Anlagenbuchhaltung kontrollieren,

■ Sie Auswertungen zu den neu erfassten Wirtschaftsgütern in der Anlagenbuchhaltung durchführen können.

Vorbemerkung

Alle Anlagegüter der Firma Fielbauer und Partner GmbH sind in der Anlagenbuchhaltung vorgetragen. Am Ende des Geschäftsjahres 2015 können die ermittelten Abschreibungsbeträge leicht an den Buchhaltungsbereich von DATEV Kanzlei-Rechnungswesen pro übertragen werden.

Im Geschäftsjahr 2015 ergeben sich durch die laufenden Buchungen natürlich auch Buchungen, die für die Anlagenbuchhaltung relevant sind. Diese Buchungen können entweder in der Anlagenbuchhaltung als Zugänge oder direkt in einem Buchungsstapel von DATEV Kanzlei-Rechnungswesen pro erfasst und an die Anlagenbuchhaltung übertragen werden.

In der Praxis werden Buchungen aus dem Programm DATEV Kanzlei-Rechnungswesen pro, sofern Sie die Anlagenbuchhaltung betreffen, direkt beim Buchen an die Anlagenbuchhaltung übergeben. Dadurch werden vor allem Doppeleingaben vermieden.

5.1 Soforterfassung Anlagenbuchführung aktivieren

Damit neu erfasste Anlagegüter aus der Finanzbuchhaltung an die Anlagenbuchhaltung übergeben werden können, muss in DATEV Kanzlei-Rechnungswesen pro die Soforterfassung Anlagenbuchführung einmalig aktiviert werden.

Um die Aktivierung vorzunehmen, muss zumindest ein Buchungsstapel in DATEV Kanzlei-Rechnungswesen pro angelegt sein.

Zur Aktivierung der Soforterfassung Anlagenbuchführung gehen Sie wie folgt vor:

1   Klicken Sie in der Navigationsübersicht doppelt auf den Eintrag *Belege buchen*.

Bild 5.1 Belege buchen

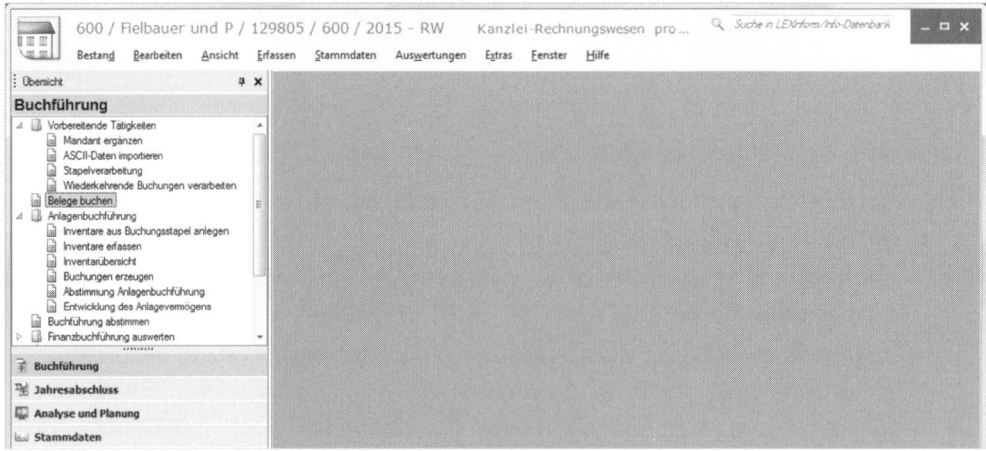

Der Buchungsstapel mit den Vortragsbuchungen zur Eröffnungsbilanz wird angezeigt (Bild 5.2).

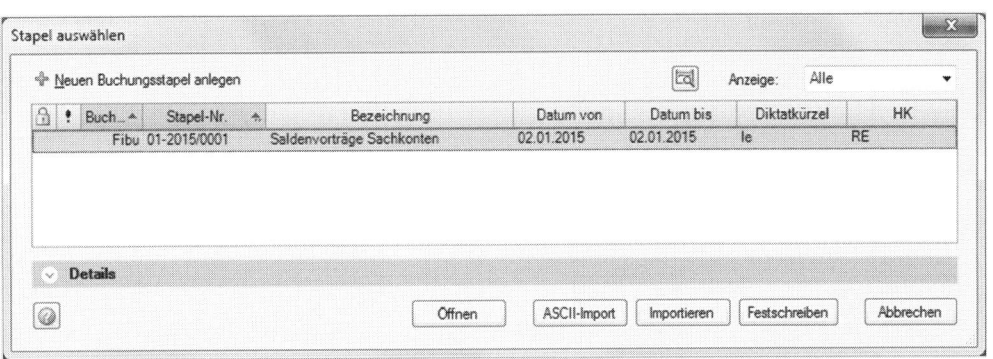

Bild 5.2 Buchungs-stapel auswählen

2 Klicken Sie auf den Buchungsstapel *Saldenvorträge Sachkonten* und anschlie-ßend auf die Schaltfläche *Öffnen*. Es werden nun die Buchungen aus der Eröff-nungsbilanz angezeigt.

3 Klicken Sie im rechten Zusatzbereich auf das Register *Eigenschaften* und hier auf den Link *Buchungssatz* (Bild 5.3 **❶**).

4 Im nächsten Schritt kann jetzt die Soforterfassung Anlagenbuchführung aktiviert werden. Aktivieren Sie das Kontrollkästchen *Soforterfassung Anlagenbuchfüh-rung* **❷**. Welche Buchungen an die Anlagenbuchhaltung übergeben werden, kann mit Klick auf den Link *Soforterfassung Anlagenbuchführung* **❸** eingesehen und ggfs. angepasst werden.

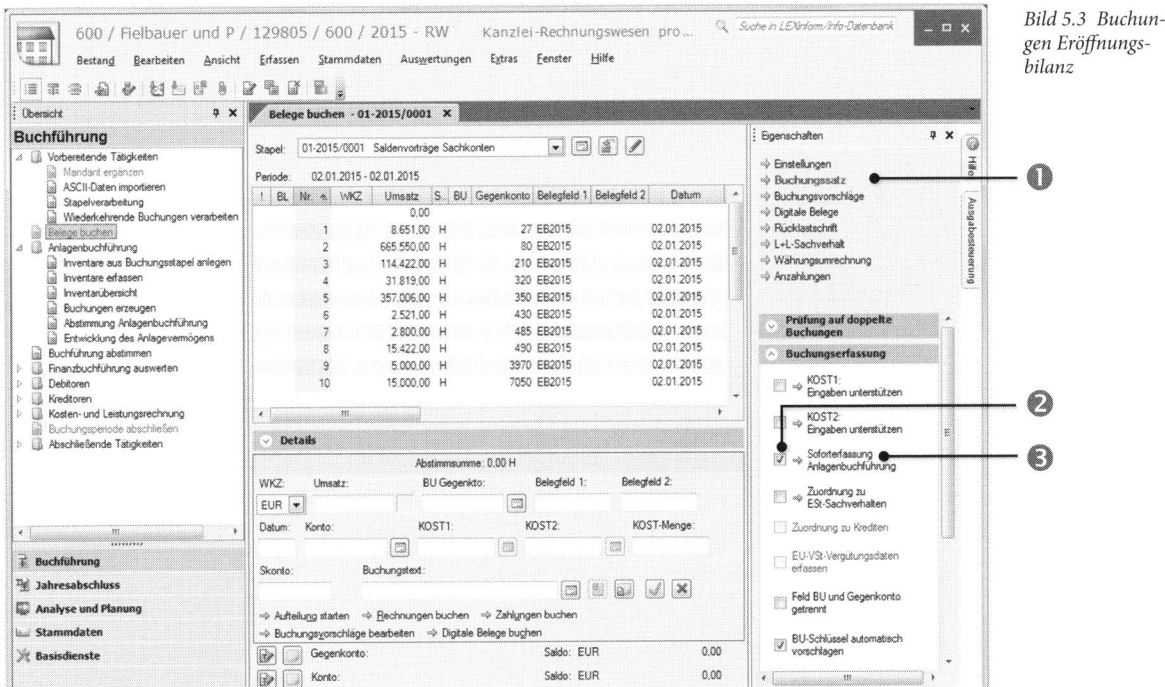

Bild 5.3 Buchun-gen Eröffnungs-bilanz

5 Klicken Sie auf den Link *Soforterfassung Anlagenbuchführung* (siehe Bild 5.3). Das Dialogfenster *Buchungssatzauswahl* mit Einstellungen für die Soforterfassung zur Anlagenbuchhaltung wird geöffnet (Bild 5.4).

Bild 5.4 Einstellungen Soforterfassung

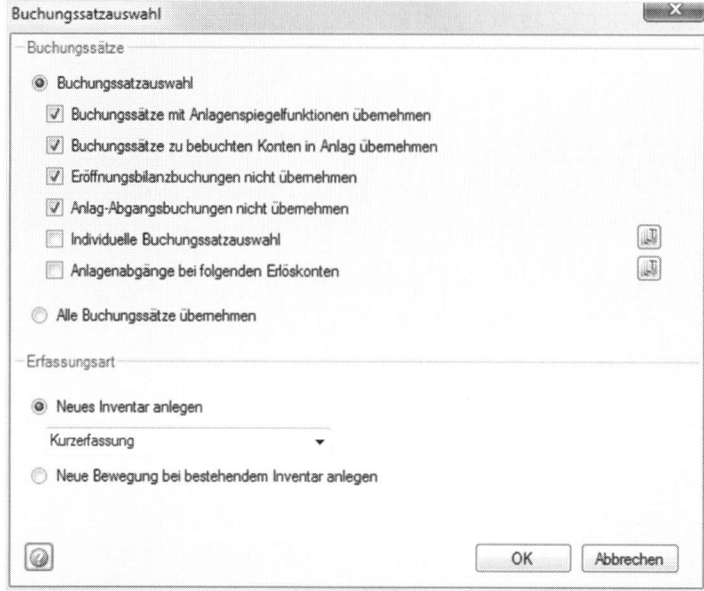

Folgende Einstellungen sind standardmäßig bereits aktiviert (Bild 5.4):

- *Buchungssätze mit Anlagenspiegelfunktionen übernehmen* bewirkt, dass alle Buchungen des Buchungsstapels zur Anlagenbuchhaltung übernommen werden, sofern ein Konto (Konto oder Gegenkonto) des Buchungssatzes die Funktion „Anlagekonto" in DATEV Kanzlei-Rechnungswesen pro besitzt.

- Das aktivierte Kontrollkästchen *Buchungssätze zu bebuchten Konten in Anlag übernehmen* bewirkt, dass alle Buchungen des Buchungsstapels zur Anlagenbuchhaltung übernommen werden, sofern mindestens zu einem Konto (Konto oder Gegenkonto) des Buchungssatzes bereits ein Inventar in der Anlagenbuchhaltung vorhanden ist.

- Mit den aktivierten Kontrollkästchen *Eröffnungsbilanzbuchungen nicht übernehmen* und *Anlag-Abgangsbuchungen nicht übernehmen* werden Eröffnungsbuchungen und Abgangsbuchungen nicht aus der Anlagenbuchhaltung übernommen.

- Neben den Standardeinstellungen haben Sie über die Kontrollkästchen *Individuelle Buchungssatzauswahl* und *Anlagenabgänge bei folgenden Erlöskonten* die Möglichkeit, individuell über die Symbole *Kontenauswahl* nur bestimmte Konten anzugeben.

- Die Option *Alle Buchungssätze übernehmen* wird nur in seltenen Fällen angewandt.

- Im Bereich *Erfassungart* legen Sie Einstellungen für die Erfassung des Inventars fest. Hierbei kann bei Neuzugängen zwischen einer Kurzerfassung, einer Detailerfassung oder der Option *Neue Bewegung bei bestehendem Inventar anlegen* ausgewählt werden.

6   Übernehmen Sie die Standardeinstellungen mit Klick auf die Schaltfläche *OK*.

Hinweis: Die Soforterfassung muss nur einmal in einem neuen oder bestehenden Buchungsstapel in den Eigenschaften zum Buchungssatz aktiviert werden.

7   Schließen Sie anschließend den Buchungsstapel mit den Saldenvorträgen. Die Vorträge noch nicht festschreiben!

5.2   Erfassen neu angeschaffter Anlagegüter

Ausgangssituation

Am 16. Januar 2015 wird eine Frankiermaschine mit einem Bruttowert von 2.380,00 EUR (Warenwert 2.000,00 EUR + 380,00 EUR Vorsteuer) gegen Bankscheck, Bankauszug Nr. BA 35 erworben. Die Frankiermaschine hat eine Nutzungsdauer von 8 Jahren. Sie wird linear abgeschrieben werden.

Mit der aktivierten Soforterfassung Anlagenbuchführung kann bei der Erfassung der Buchung das Wirtschaftsgut inventarisiert und der Abschreibungsplan zum Anlagegut festgelegt werden.

Übung: Buchungsstapel anlegen

Legen Sie einen neuen Buchungsstapel für den Zeitraum 01.01.2015 bis 31.01.2015 mit der Bezeichnung *Buchungen Januar 2015* und Ihrem Diktatkürzel an.

Um die Frankiermaschine zu buchen und zu inventarisieren, gehen Sie wie folgt vor:

1   Erfassen Sie zunächst die nachfolgende Buchung in Bild 5.5.

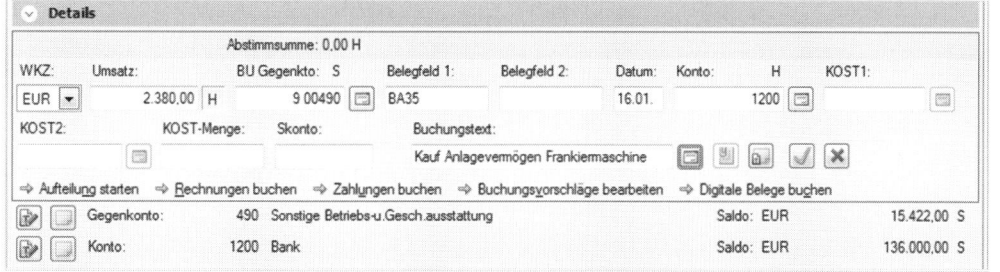

Bild 5.5 Buchung erfassen

2   Klicken Sie auf das Symbol *Buchung übernehmen* ☑.

3 Durch die Sofortaktivierung kann das Anlagegut jetzt im nächsten Schritt inventarisiert und der Abschreibungsplan zum Anlagegut festgelegt werden.

Im oberen Teil des Fensters *Buchungssatz einem Inventar zuordnen* (Bild 5.6) wird das FIBU-Konto *0490, Sonstige Betriebs- u. Gesch.ausstattung* und der Vorschlag der Inventarnummer *490007* für die Frankiermaschine aufgelistet. Die Inventarnummer wird automatisch aus der Anlagenbuchhaltung als nächste freie Nummer vorgeschlagen. Die Bezeichnung wird aus dem Buchungstext der Buchung übernommen.

Zusätzlich ist im Auswahlfeld *Bewegungsart* bereits *Zugang* voreingestellt.

Ändern Sie - wie in Bild 5.8 dargestellt - die Bezeichnung auf Frankiermaschine.

4 Im unteren Teil des Fensters werden das *AHK-Datum* 16.01.2015 und der *AHK-Betrag* von 2.000,00 EUR (Nettowert der Frankiermaschine) angezeigt (Bild 5.6). Beide Werte werden vom erfassten Buchungssatz übernommen.

Darüber hinaus ist die Abschreibungsart *1 Lineare Normalabschreibung (01)* als Standard bereits voreingestellt.

Bild 5.6 Buchungssatz einem Inventar zuordnen

Nutzungsdauer auswählen

5 Im nächsten Schritt muss der Abschreibungsplan zur Frankiermaschine festgelegt werden. Klicken Sie beim Feld *Nutzungsdauer ND (JJ/MM)* auf das Symbol *Nutzungsdauer auswählen* (Bild 5.6) und geben Sie im Feld *Schnellsuche* den Suchbegriff Frankiermaschine ein (Bild 5.7).

Hinweis: Über AfA-Tabellen kann - genauso wie in der Anlagenbuchhaltung - die Nutzungsdauer von Anlagegütern ermittelt und übernommen werden. Natürlich kann sie auch manuell erfasst werden

6 Übernehmen Sie die Nutzungsdauer von 8 Jahren, indem Sie auf die Schaltfläche *OK* klicken.

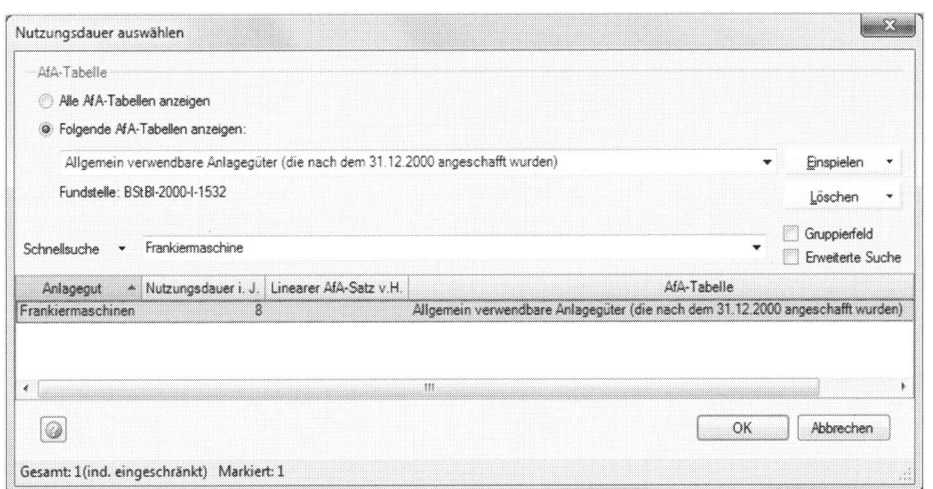

*Bild 5.7 Nutzungs-
dauer auswählen*

Hinweis: Als Abschreibungsart kann für das Anlagegut lediglich die lineare Abschreibung gewählt werden, da am 01.01.2011 die geometrisch degressive Abschreibung gesetzlich abgeschafft wurde.

7 Die notwendigen Pflichtangaben zum Zugang der Frankiermaschine sind damit erfasst. Klicken Sie im unteren Teil des Fensters auf den Link *Detailerfassung* ❷ (Bild 5.8).

Hinweis: Über den Eintrag *Erweitert* ❶ können Kostenstellen und Lieferantennummern (Kreditoren) aus dem Buchungssatz übernommen werden.

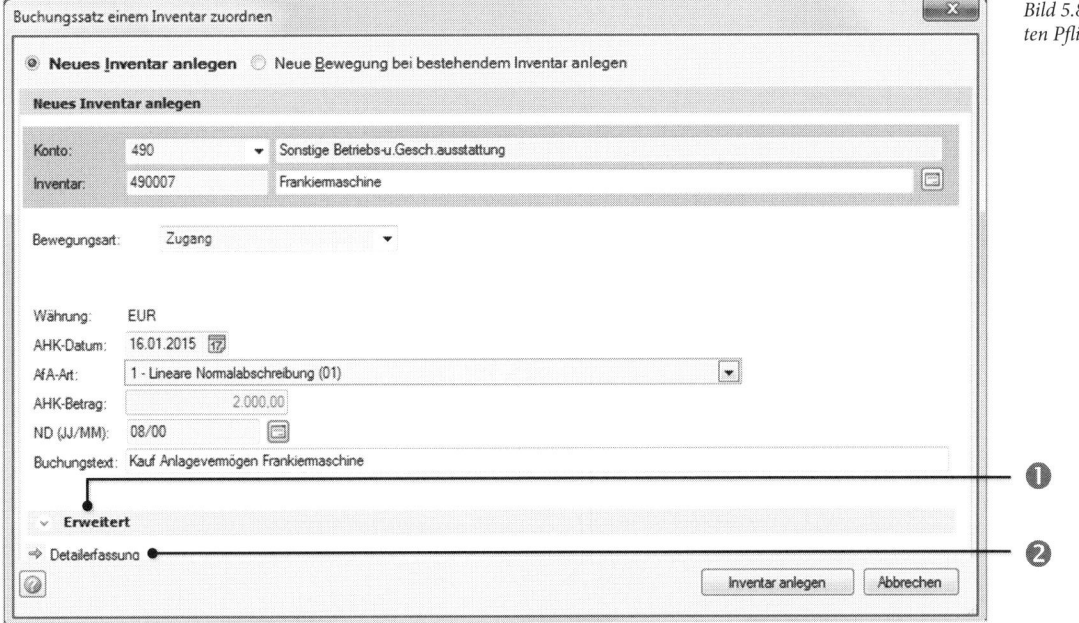

Bild 5.8 Die erfassten Pflichtangaben

Es werden nun weitere Details zum Neuzugang der Frankiermaschine aus der Anlagenbuchhaltung und die detaillierten Informationen zur Neuanlage aus der Inventarkarte angezeigt (Bild 5.9).

Bild 5.9 Details anzeigen

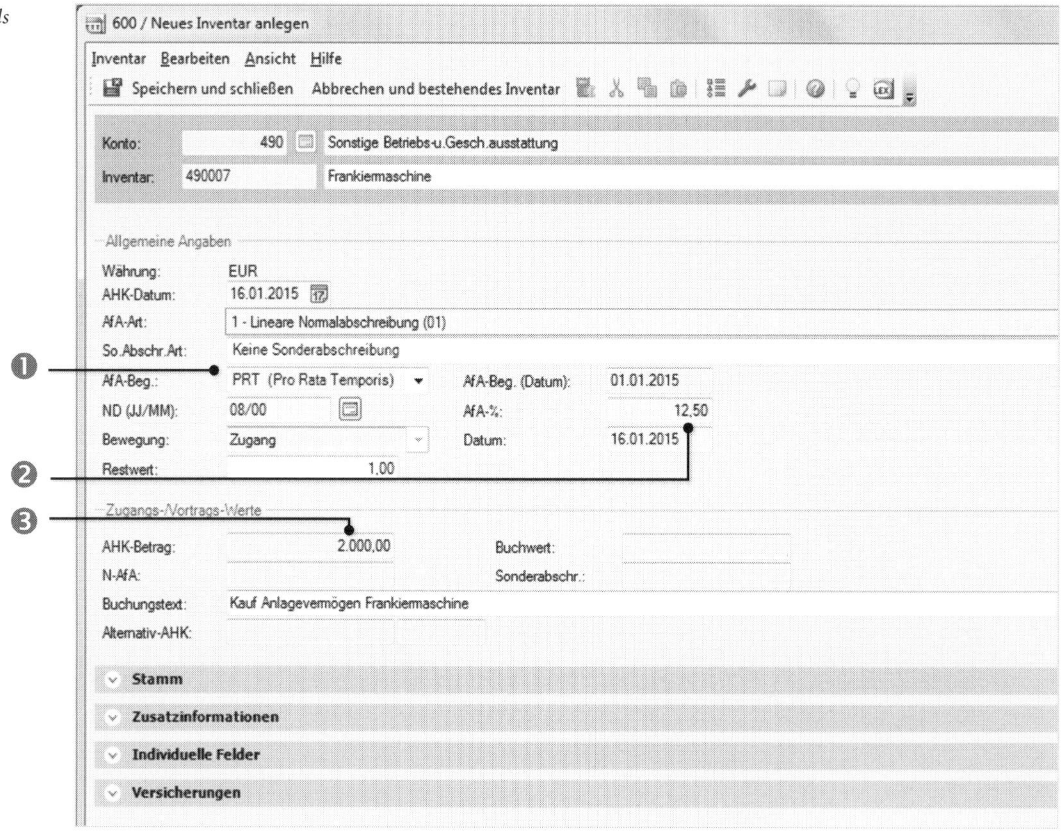

600 / Neues Inventar anlegen	

Inventar Bearbeiten Ansicht Hilfe

Speichern und schließen Abbrechen und bestehendes Inventar

Konto: 490 Sonstige Betriebs-u.Gesch.ausstattung

Inventar: 490007 Frankiermaschine

Allgemeine Angaben

Währung: EUR
AHK-Datum: 16.01.2015
AfA-Art: 1 - Lineare Normalabschreibung (01)
So.Abschr.Art: Keine Sonderabschreibung
❶ AfA-Beg.: PRT (Pro Rata Temporis) ▾ AfA-Beg. (Datum): 01.01.2015
ND (JJ/MM): 08/00 AfA-%: 12,50
Bewegung: Zugang Datum: 16.01.2015
❷ Restwert: 1,00

Zugangs-/Vortrags-Werte

❸ AHK-Betrag: 2.000,00 Buchwert:
N-AfA: Sonderabschr.:
Buchungstext: Kauf Anlagevermögen Frankiermaschine
Alternativ-AHK:

∨ **Stamm**

∨ **Zusatzinformationen**

∨ **Individuelle Felder**

∨ **Versicherungen**

❶ Anteilmäßige Abschreibung für das Jahr 2015

❷ Abschreibungsprozentsatz

❸ Anschaffungswert der Frankiermaschine

Hinweis: Buchwert und N-AfA werden erst nach dem Anlegen durch die Anlagenbuchhaltung automatisch ermittelt.

8 Klicken Sie abschließend auf das Symbol *Speichern und Schließen* .

Die Frankiermaschine ist in der Anlagenbuchhaltung erfasst. In der Finanzbuchhaltung ist lediglich die Primanota mit der Buchung ersichtlich.

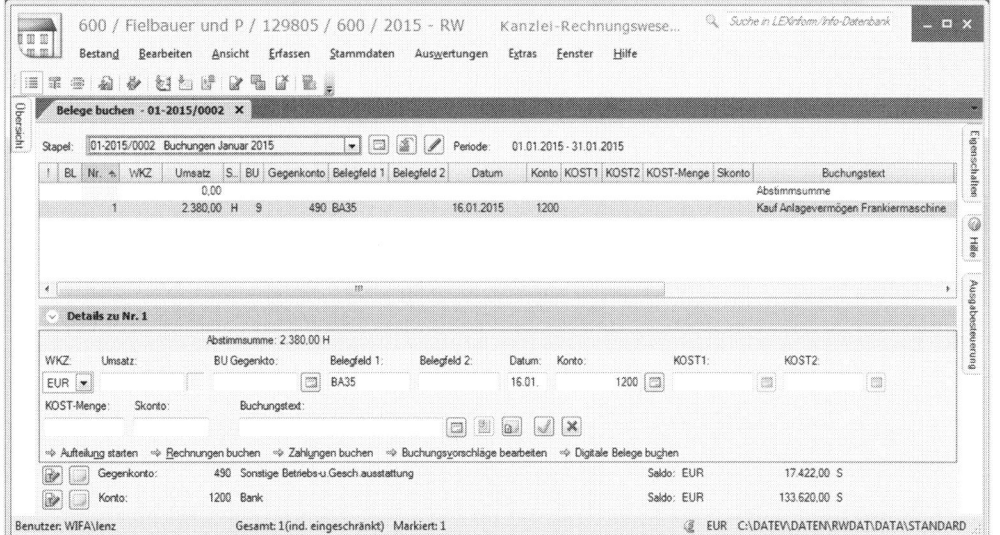

Bild 5.10 Primanota der Buchung

Achtung: Sollte im Nachhinein ein Fehler bei der Buchung festgestellt werden, kann die Buchung im Buchungsstapel geändert werden. Änderungen im Betrag und im Anlagekonto verursachen hierbei natürlich auch Änderungen bei den Zugangswerten zum Anlagegut. Über ein Hinweisfenster werden Sie auf die Änderung der Werte hingewiesen. Dies kann anschließend ggfs. übernommen werden.

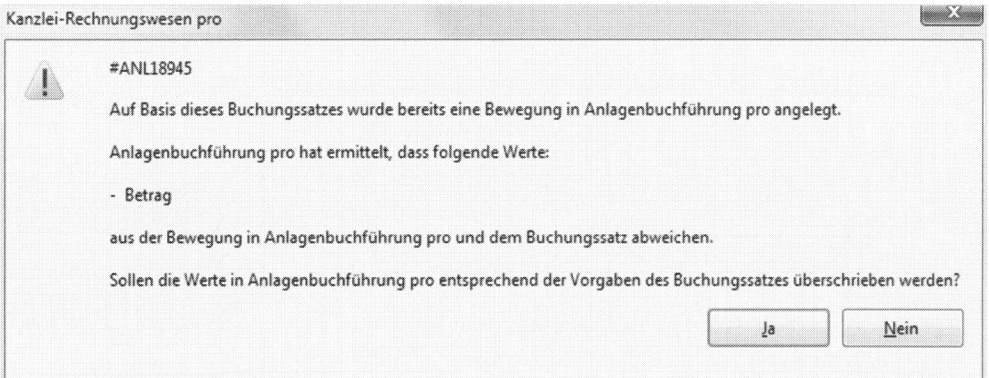

Bild 5.11 Änderung der Werte übernehmen

Die Lösungen zu den Aufgaben 1 und 2 finden Sie im Lösungsteil.

Übung: Buchen von neu angeschafften Anlagegütern

Aufgabe 1

✎ Im Januar 2015 werden zwei weitere Anlagegüter angeschafft. Erfassen Sie Fall 1 und Fall 2 im Buchungsstapel *Buchungen Januar 2015*.

Fall 1

Barkauf eines Laptops Marke Siptushi AX 561 zum Bruttowert von 1.785,00 EUR incl. 19% USt.

Kaufdatum: 26.01.2015	Kassenbeleg Nr.: KA15
Abschreibungsart: linear	Nutzungsdauer: gem. AfA Liste

Fall 2

Barkauf einer Registrierkasse TIPPTEX 7000 zum Bruttowert von 3.332,00 EUR incl. 19% USt.

Kaufdatum: 28.01.2015	Kassenbeleg Nr.: KA29
Abschreibungsart: linear	Nutzungsdauer: gem. AfA Liste

Aufgabe 2

Am 13. Februar 2015 wurde eine Eloxiermaschine HUFNER 5011 mit einem Bruttowert von 17.850,00 EUR (Warenwert 15.000,00 EUR + 2.850,00 EUR Vorsteuer) gegen Bankscheck, Bankauszug Nr. BA 51 erworben.

✎ Legen Sie einen neuen Buchungsstapel 01.02.2015 bis 28.02.2015 mit der Bezeichnung Buchungen Februar 2015 und Ihrem Diktatkürzel an.

✎ Erfassen Sie die Eloxiermaschine im Buchungsstapel *Buchungen Februar 2015*.

Abschreibungsart: linear　　　Nutzungsdauer: gem. AfA Liste

Aufgabe 3

✎ Kontrollieren Sie die Salden der folgenden FIBU-Konten über die Ansicht *FIBU-Konto anzeigen*. Durch die durchgeführten Buchungen ergeben sich in den FIBU-Konten folgende Salden:

Konto	Bezeichnung	Betrag	Soll / Haben
210	Maschinen	129.422,00 EUR	Soll
490	Sonst. Betriebs.- u. Geschäftsausstattung	21.722,00 EUR	Soll
1000	Kasse	10.783,00 EUR	Soll
1200	Bank	115.770,00 EUR	Soll
1576	Abziehbare Vorsteuer 19 %	4.047,00 EUR	Soll

   Schließen Sie den Buchungsstapel (Bitte noch nicht festschreiben!) und sichern Sie danach den Mandanten Fielbauer und Partner GmbH.

   Öffnen Sie anschließend den Mandanten Fielbauer und Partner in DATEV Kanzlei-Rechnungswesen pro.

5.3 Neu erfasste Anlagegüter in der Anlagenbuchhaltung kontrollieren

Natürlich müssen die neu erfassten Anlagegüter in der Anlagenbuchhaltung kontrolliert werden, damit bei einer späteren Übergabe der Abschreibungswerte keine falschen Werte übergeben werden.

Ausgangssituation

Am 13.02.2015 hatte Firma Fielbauer und Partner GmbH eine Eloxiermaschine angeschafft. Sie wurde mit Anschaffungskosten von 15.000,00 EUR erfasst und wird linear mit einer Abschreibungsdauer von 13 Jahren abgeschrieben.

Der lineare Abschreibungswert für das Jahr 2015 errechnet sich wie folgt:

Anschaffungswert:	15.000,00 EUR
Nutzungsdauer:	geteilt durch / 13 Jahre
	= 1.154,00 EUR Abschreibungswert pro Jahr
	(aufgerundet)

Anteiliger Abschreibungswert für das Jahr 2015:

Anschaffungsdatum:	13.02.2015
Abschreibungsbetrag jährlich:	1.154,00 EUR
	geteilt durch / 12 Monate
mal anteilige Monate 2015:	* 11 Monate = 1.058,00 EUR (aufgerundet)

Für das Geschäftsjahr 2015 muss in der Anlagenbuchhaltung ein Abschreibungswert von 1.058,00 EUR für die Eloxiermaschine ermittelt sein. Um den Zugang der Eloxiermaschine zu kontrollieren, gehen Sie wie folgt vor:

1   Wählen Sie den Menüpunkt *Stammdaten* → *Anlagenbuchführung* → *Inventarübersicht* oder klicken Sie über die Navigationsübersicht im geöffneten Ordner *Anlagenbuchführung* doppelt auf den Eintrag *Inventarübersicht*. Das Arbeitsblatt *Anlagenspiegelwerte* mit allen Anlagegütern wird geöffnet.

Bild 5.12 Arbeitsblatt Anlagenspiegelwerte

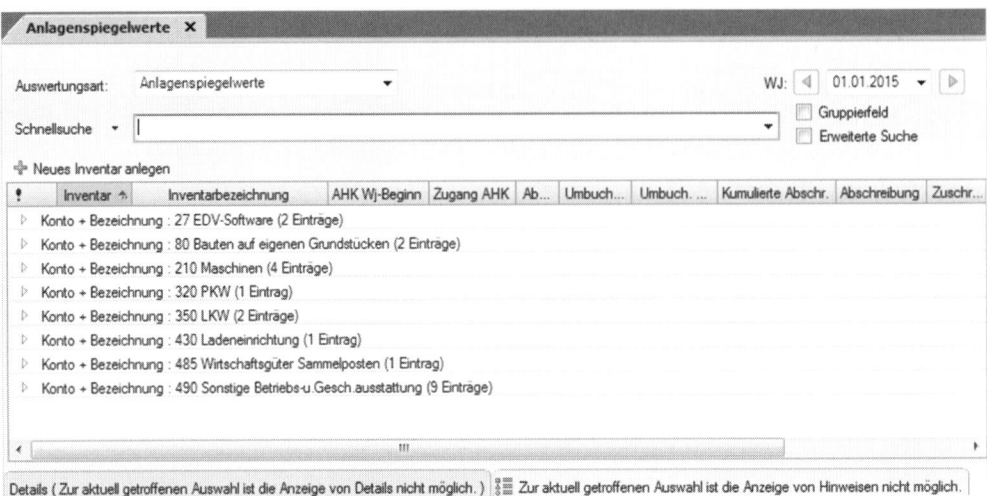

Hinweis: Falls stattdesssen die Auswertungsart *Inventarübersicht* angezeigt werden sollte, wählen Sie über das Auswahlfeld *Auswertungsart* den Eintrag *Anlagenspiegelwerte*.

2 Klicken Sie auf das Pfeilsymbol ▷ in der Zeile *Konto + Bezeichnung: 210 Maschinen (4 Einträge)*, um die Einträge zur FIBU-Gruppe *Konto 210 / Maschinen* anzeigen zu lassen.

Die Ansicht *Anlagespiegelwerte* führt - neben den vorgetragenen Anlagegütern - den Neuzugang der Eloxiermaschine mit einem Anschaffungswert von 15.000,00 EUR auf (Bild 5.13).

Bild 5.13 Neuzugang Anlagegut

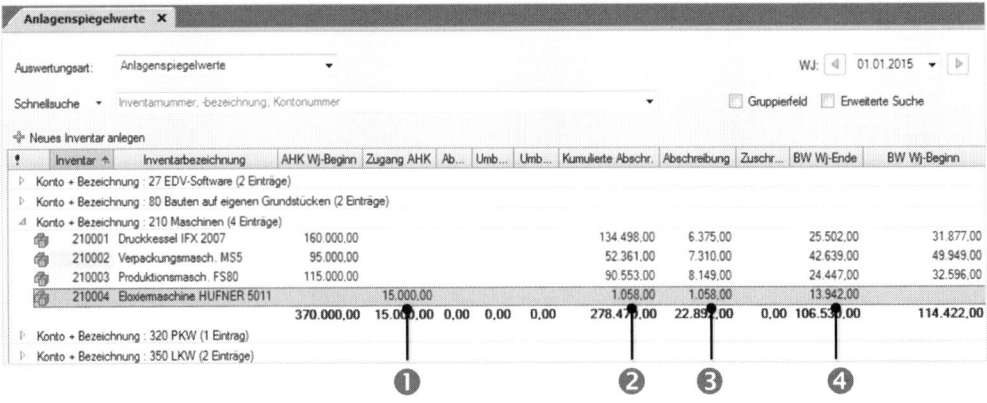

❶ Zugang Anschaffungs- bzw. Herstellkosten vom Anlagegut

❷ Kumulierter Abschreibungswert bis zum 31.12.2015

❸ Abschreibungswert in 2015

❹ Buchwert zum 31.12.2015

Das Programm hat den Abschreibungswert von 1.058,00 EUR für das Jahr 2015 durch die FIBU-Buchung aufgrund der Soforterfassung Anlagenbuchführung (lineare Abschreibung und Nutzungsdauer 13 Jahre) eigenständig ermittelt.

3   Um die Angaben weiter zu kontrollieren, stehen Ihnen die Details zum Anlagegut und die Bearbeitung innerhalb der Inventarkarte zur Verfügung. Klicken Sie dazu doppelt auf das Anlagegut *210004 Eloxiermaschine HUFNER 5011*.

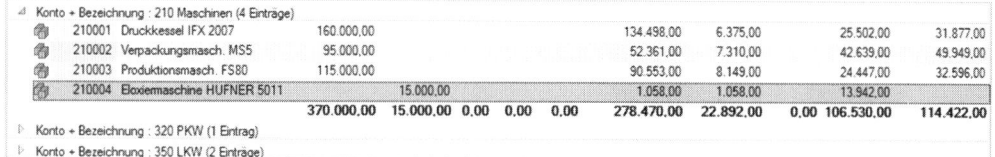

Bild 5.14 Doppelklick auf das Anlagegut

4   Das Dialogfenster *Inventar 210004 bearbeiten* wird geöffnet, zunächst wird das Register *Bewegung* angezeigt (Bild 5.15).

Hier wird die Bewegungsart *Zugang plus* mit dem Anschaffungsdatum *13.02.2015* und den Anschaffungskosten von *15.000,00 EUR* angezeigt. Zusätzlich wird der ermittelte Abschreibungswert für das Jahr 2015 von *1.058,00 EUR* und der Buchwert zum 31.12.2015 von *13.942,00 EUR* aufgeführt.

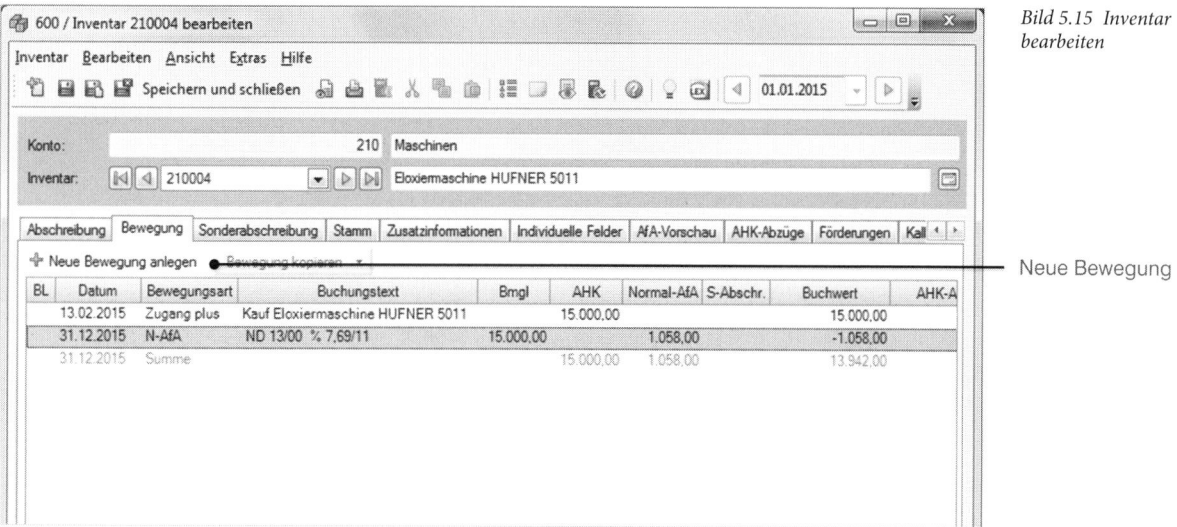

Bild 5.15 Inventar bearbeiten

Neue Bewegung

Tipp: Mit Klick auf *Neue Bewegung anlegen*, können neue Bewegungen erfasst werden. Änderungen oder ggfs. Löschen von Einträgen können mit einem Rechtsklick durchgeführt werden.

5   Klicken Sie auf das Register *AfA-Vorschau*. Hier wird Ihnen der gesamte Abschreibungsplan zur neu erfassten Eloxiermaschine angezeigt (Bild 5.16).

Bild 5.16 AfA-Vor-schau

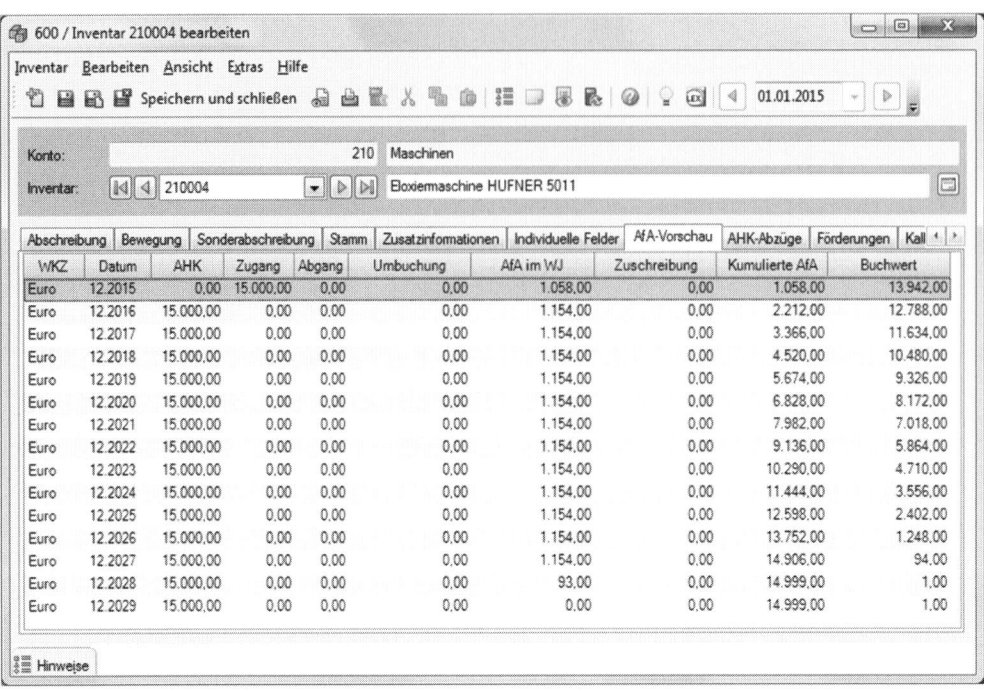

6 Klicken Sie zuletzt auf das Register *Abschreibung*. Hier wird Ihnen das *AHK-Datum*, die *AfA-Art* sowie die *Nutzungsdauer* angezeigt (Bild 5.17).

Bild 5.17 Abschrei-bung

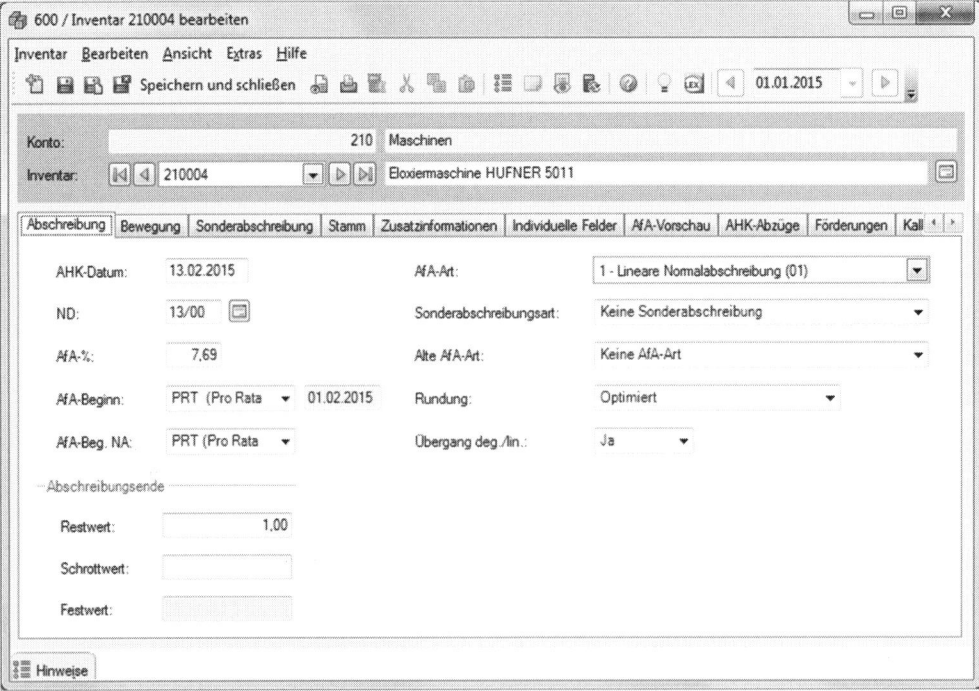

Hinweis: Im Register *Abschreibung* und *Bewegung* können Sie ggf. Änderungen vornehmen.

7   Schließen Sie danach das Fenster *600 / Inventar 210004 bearbeiten*, indem Sie auf das Symbol *Schließen* klicken.

Übung: Neu erfasste Anlagegüter in der Anlagenbuchführung kontrollieren

✐   Prüfen Sie die Zugänge in der FIBU-Gruppe *490 / Sonstige Betriebs- und Geschäftsausstattung*.

Aufgabe 1

Am 16.01.2015 wurde eine Frankiermaschine mit einem Buchwert von 2.000,00 EUR erfasst. Die Frankiermaschine wird linear mit einer Nutzungsdauer von 8 Jahren abgeschrieben. Folgende Zugangswerte müssen zum Anlagegut in der Anlagenbuchführung vorliegen:

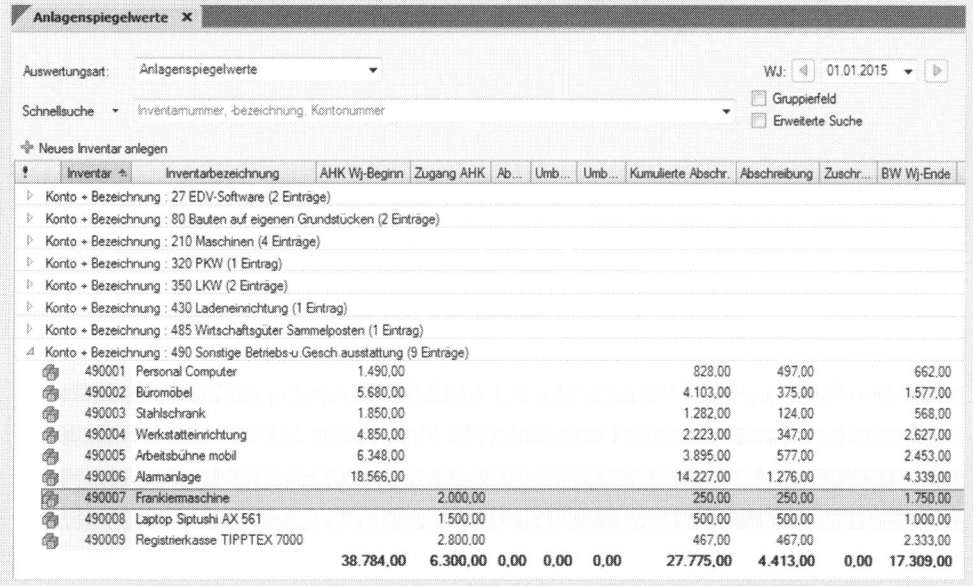

Bild 5.18 Frankiermaschine

Abschreibung in 2015   250,00 EUR
Buchwert 31.12.2015   1.750,00 EUR

Aufgabe 2

Am 26.01.2015 wurde der Laptop Siptushi AX 561 mit einem Buchwert von 1.500,00 EUR erfasst. Der Laptop wird linear mit einer Nutzungsdauer von 3 Jahren abgeschrieben. Folgende Zugangswerte müssen zum Anlagegut in der Anlagenbuchführung vorliegen (siehe Bild 5.19):

Bild 5.19 Laptop Siptushi AX 561

!	Inventar ^	Inventarbezeichnung	AHK Wj-Beginn	Zugang AHK	Ab...	Umb...	Umb...	Kumulierte Abschr.	Abschreibung	Zuschr...	BW Wj-Ende
▷	Konto + Bezeichnung : 27 EDV-Software (2 Einträge)										
▷	Konto + Bezeichnung : 80 Bauten auf eigenen Grundstücken (2 Einträge)										
▷	Konto + Bezeichnung : 210 Maschinen (4 Einträge)										
▷	Konto + Bezeichnung : 320 PKW (1 Eintrag)										
▷	Konto + Bezeichnung : 350 LKW (2 Einträge)										
▷	Konto + Bezeichnung : 430 Ladeneinrichtung (1 Eintrag)										
▷	Konto + Bezeichnung : 485 Wirtschaftsgüter Sammelposten (1 Eintrag)										
◿	Konto + Bezeichnung : 490 Sonstige Betriebs-u.Gesch.ausstattung (9 Einträge)										
	490001 Personal Computer	1.490,00					828,00	497,00		662,00
	490002 Büromöbel	5.680,00					4.103,00	375,00		1.577,00
	490003 Stahlschrank	1.850,00					1.282,00	124,00		568,00
	490004 Werkstatteinrichtung	4.850,00					2.223,00	347,00		2.627,00
	490005 Arbeitsbühne mobil	6.348,00					3.895,00	577,00		2.453,00
	490006 Alarmanlage	18.566,00					14.227,00	1.276,00		4.339,00
	490007 Frankiermaschine		2.000,00				250,00	250,00		1.750,00
	490008 Laptop Siptushi AX 561		1.500,00				500,00	500,00		1.000,00
	490009 Registrierkasse TIPPTEX 7000		2.800,00				467,00	467,00		2.333,00
		38.784,00	6.300,00	0,00	0,00	0,00	27.775,00	4.413,00	0,00	17.309,00

Abschreibung in 2015: 500,00 EUR
Buchwert 31.12.2015: 1.000,00 EUR

Aufgabe 3

Am 28.01.2015 wurde die Registrierkasse TIPPTEX 7000 mit einem Buchwert von 2.800,00 EUR erfasst. Die Registrierkasse wird linear mit einer Nutzungsdauer von 6 Jahren abgeschrieben. Folgende Zugangswerte müssen zum Anlagegut in der Anlagenbuchführung vorliegen:

Bild 5.20 Registrierkasse TIPPTEX 7000

!	Inventar ^	Inventarbezeichnung	AHK Wj-Beginn	Zugang AHK	Ab...	Umb...	Umb...	Kumulierte Abschr.	Abschreibung	Zuschr...	BW Wj-Ende
▷	Konto + Bezeichnung : 27 EDV-Software (2 Einträge)										
▷	Konto + Bezeichnung : 80 Bauten auf eigenen Grundstücken (2 Einträge)										
▷	Konto + Bezeichnung : 210 Maschinen (4 Einträge)										
▷	Konto + Bezeichnung : 320 PKW (1 Eintrag)										
▷	Konto + Bezeichnung : 350 LKW (2 Einträge)										
▷	Konto + Bezeichnung : 430 Ladeneinrichtung (1 Eintrag)										
▷	Konto + Bezeichnung : 485 Wirtschaftsgüter Sammelposten (1 Eintrag)										
◿	Konto + Bezeichnung : 490 Sonstige Betriebs-u.Gesch.ausstattung (9 Einträge)										
	490001 Personal Computer	1.490,00					828,00	497,00		662,00
	490002 Büromöbel	5.680,00					4.103,00	375,00		1.577,00
	490003 Stahlschrank	1.850,00					1.282,00	124,00		568,00
	490004 Werkstatteinrichtung	4.850,00					2.223,00	347,00		2.627,00
	490005 Arbeitsbühne mobil	6.348,00					3.895,00	577,00		2.453,00
	490006 Alarmanlage	18.566,00					14.227,00	1.276,00		4.339,00
	490007 Frankiermaschine		2.000,00				250,00	250,00		1.750,00
	490008 Laptop Siptushi AX 561		1.500,00				500,00	500,00		1.000,00
	490009 Registrierkasse TIPPTEX 7000		2.800,00				467,00	467,00		2.333,00
		38.784,00	6.300,00	0,00	0,00	0,00	27.775,00	4.413,00	0,00	17.309,00

Abschreibung in 2015: 467,00 EUR
Buchwert 31.12.2015: 2.333,00 EUR

✎ Schließen Sie anschließend das Arbeitsblatt *Anlagenspiegelwerte*.

5.4 Anschaffungsnebenkosten zu einem Anlagegut erfassen

Anschaffungsnebenkosten sind alle Kosten, die neben dem Kaufpreis anfallen können. Hierbei wird unterschieden, ob es sich um Grundstücke oder um andere Vermögensgegenstände handelt.

■ Bei Grundstücken sind dies Nettonotargebühren, Nettomaklergebühren, Nettovermessungsgebühren, Grundbuchgebühren und Grunderwerbssteuer.

■ Bei allen anderen Anlagegütern u. a. Transportversicherungen, Nettoeingangsfrachten, Nettoanfuhr- und -abladekosten, Nettomontagekosten sowie Nettoeingangsprovisionen.

Ausgangssituation

Für die am 13.02.2015 angeschaffte Eloxiermaschine HUFNER 5011 sind Montagekosten in Höhe von 3.570,00 EUR brutto (incl. 19% MwSt.) angefallen.

Die Inbetriebnahme der Maschine fand am 17.02.2015 statt. Die Montagekosten wurden mit Kassenbelegnummer KA38 am 17.02.2015 bar aus der Geschäftskasse bezahlt.

Anschaffungsnebenkosten erfassen

1 Öffnen Sie den Buchungsstapel *Buchungen Februar 2015*.

2 Um die Anschaffungsnebenkosten zur Eloxiermaschine HUFNER 5011 zu erfassen, geben Sie zunächst den nachfolgenden Buchungssatz ein.

Bild 5.21 Buchung erfassen

3 Klicken Sie auf das Symbol *Buchung übernehmen* ☑. Anschließend öffnet sich das Fenster *Buchungssatz einem Inventar zuordnen* (Bild 5.22).

4 Um die Montagekosten dem bestehenden Anlagegut Eloxiermaschine Hufner 5011 zuzuordnen, wählen Sie zunächst die Option *Neue Bewegung bei bestehendem Inventar anlegen* ❶ (Bild 5.22).

Nun wird die Bewegungsart *Zugang* ❷ mit dem Nettowert der Montagekosten von 3.000,00 EUR, dem Buchungsdatum 17.02.2015 und dem Buchungstext aus dem Buchungssatz angezeigt.

5 Im nächsten Schritt muss der Betrag dem Anlagegut zugewiesen werden. Klicken Sie dazu auf das Anlagegut *210004 Eloxiermaschine HUFNER 5011* ❸.

Bild 5.22 Neue Bewegung

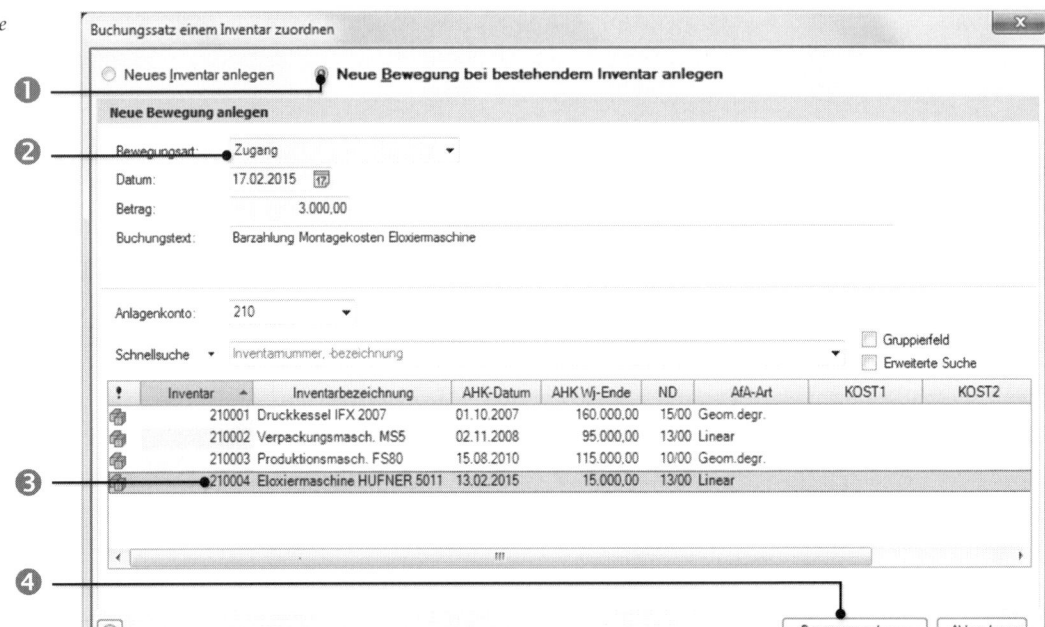

6 Klicken Sie zuletzt auf die Schaltfläche *Bewegung anlegen* ❹. Die Montagekosten von 3.000,00 EUR werden als Anschaffungsnebenkosten der Eloxiermaschine zugeordnet (Bild 5.23).

Bild 5.23 Buchungsstapel

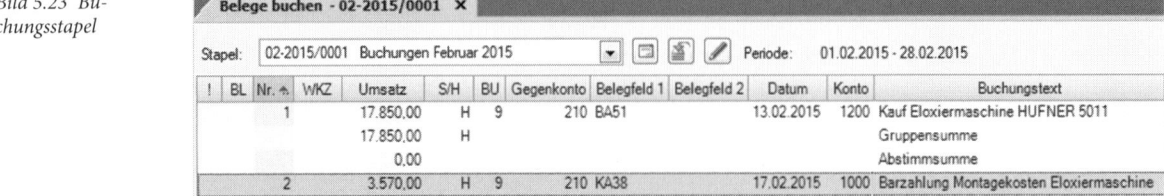

7 Wechseln Sie mit Klick auf das Symbol *FIBU-Konto anzeigen* 표 auf die FIBU-Konten-Ansicht und geben Sie das Konto 210 Maschinen ein.

Neben der Buchung der Anschaffungskosten der Eloxiermaschine ist jetzt die zweite Buchung der Montagekosten von 3.000,00 EUR auf dem Konto Maschinen mit aufgeführt (Bild 5.24).

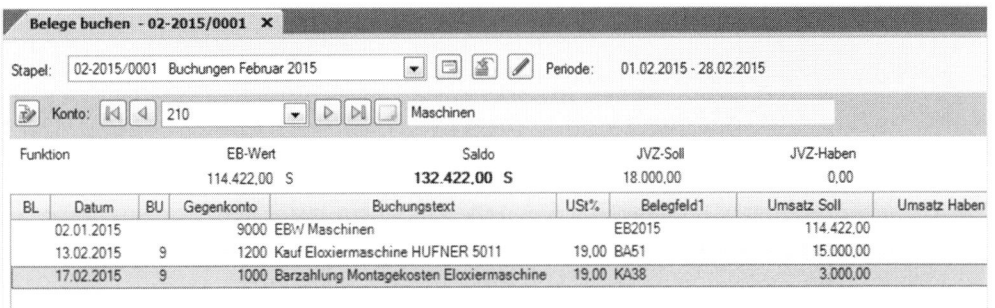

Bild 5.24 Konto 210 Maschinen

Werte in der Anlagenbuchhaltung kontrollieren

Im nächsten Schritt müssen - aufgrund der Buchung - die Werte in der Anlagenbuchhaltung kontrolliert werden.

1   Klicken Sie in der Navigationsleiste doppelt auf den Eintrag *Inventarübersicht*.

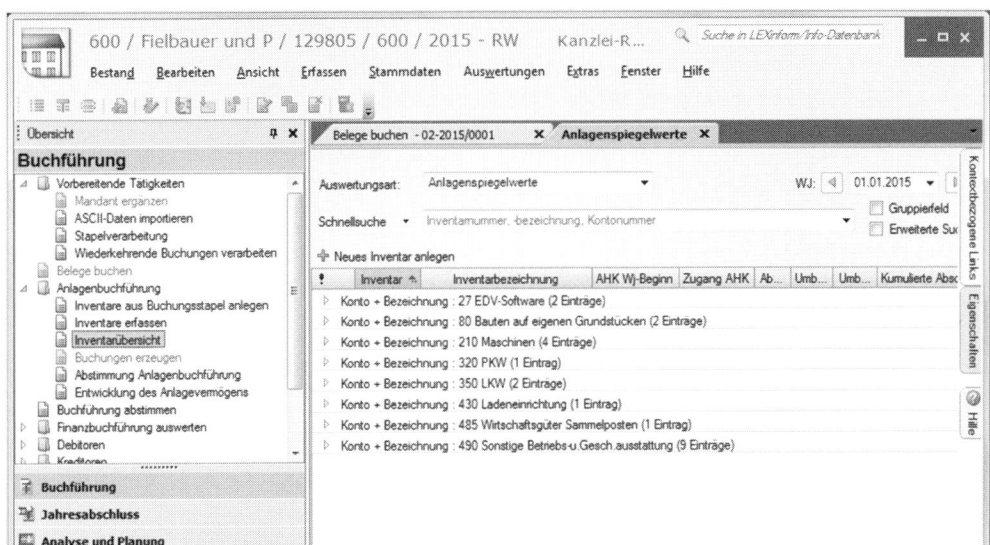

Bild 5.25 Inventarübersicht

2   Klicken Sie auf das Pfeilsymbol ▷ der Zeile *Konto + Bezeichnung: 210 Maschinen (4 Einträge)*, um die Einträge zur FIBU-Gruppe Konto *210 / Maschinen* anzeigen zu lassen. Die neuen Anschaffungskosten zur Eloxiermaschine von 18.000,00 EUR sind aufgeführt (Bild 5.26).

Bild 5.26 An-schaffungskosten Eloxiermaschine

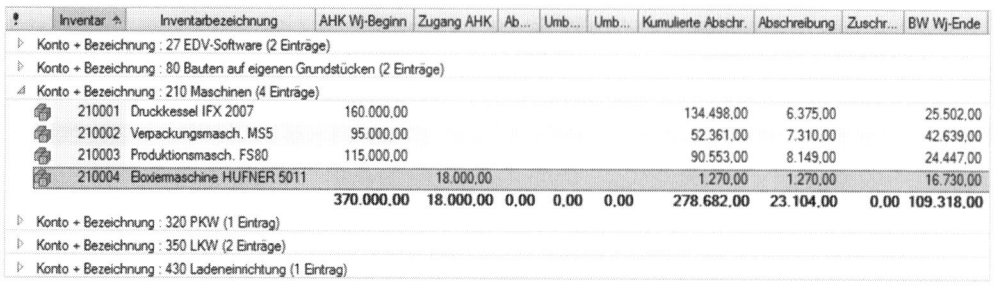

!	Inventar ⌃	Inventarbezeichnung	AHK Wj-Beginn	Zugang AHK	Ab...	Umb...	Umb...	Kumulierte Abschr.	Abschreibung	Zuschr...	BW Wj-Ende
▷	Konto + Bezeichnung : 27 EDV-Software (2 Einträge)										
▷	Konto + Bezeichnung : 80 Bauten auf eigenen Grundstücken (2 Einträge)										
◢	Konto + Bezeichnung : 210 Maschinen (4 Einträge)										
🖆	210001	Druckkessel IFX 2007	160.000,00					134.498,00	6.375,00		25.502,00
🖆	210002	Verpackungsmasch. MS5	95.000,00					52.361,00	7.310,00		42.639,00
🖆	210003	Produktionsmasch. FS80	115.000,00					90.553,00	8.149,00		24.447,00
🖆	210004	Eloxiermaschine HUFNER 5011		18.000,00				1.270,00	1.270,00		16.730,00
			370.000,00	18.000,00	0,00	0,00	0,00	278.682,00	23.104,00	0,00	109.318,00
▷	Konto + Bezeichnung : 320 PKW (1 Eintrag)										
▷	Konto + Bezeichnung : 350 LKW (2 Einträge)										
▷	Konto + Bezeichnung : 430 Ladeneinrichtung (1 Eintrag)										

Der lineare Abschreibungswert für das Jahr 2015 errechnet sich nun wie folgt:

Anschaffungswert:	18.000,00 EUR
Nutzungsdauer:	geteilt durch / 13 Jahre
	= 1.385,00 EUR Abschreibungswert pro Jahr (aufgerundet)

Anteiliger Abschreibungswert für das Jahr 2015:

Anschaffungsdatum:	13.02.2015
Abschreibungsbetrag jährlich:	1.385,00 EUR
	geteilt durch / 12 Monate
mal anteilige Monate 2015:	* 11 Monate = 1.270,00 EUR (aufgerundet)

3 Klicken Sie anschließend doppelt auf den Eintrag *210004 Eloxiermaschine*.

Im Register *Bewegung* werden die Montagekosten als zweiter Zugang mit dem Wert von 3.000,00 EUR aufgelistet (Bild 5.27). Buchwert der Eloxiermaschine zum 31.12.2015: 16.730,00 EUR.

Bild 5.27 Inventar bearbeiten

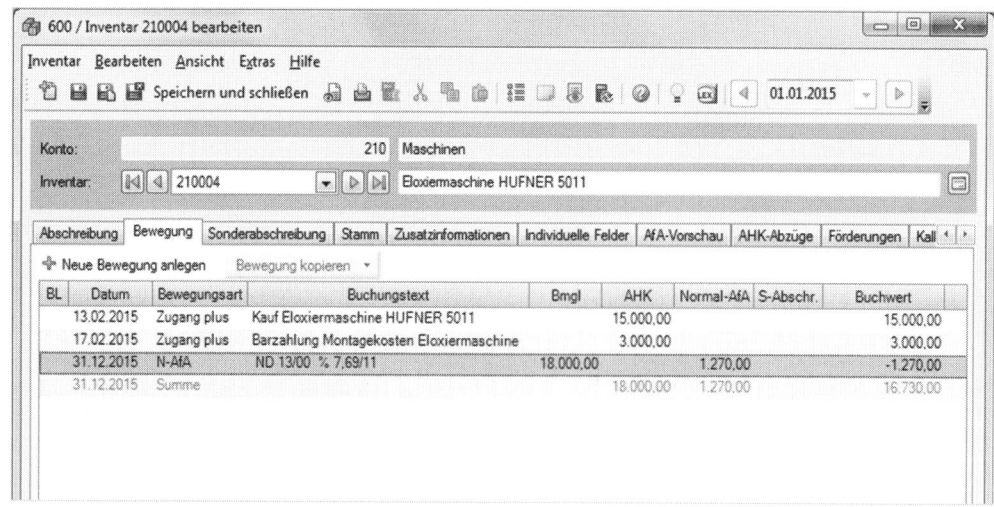

4 Um den geänderten Abschreibungsplan einzusehen, klicken Sie auf das Register *AfA-Vorschau* (Bild 5.28).

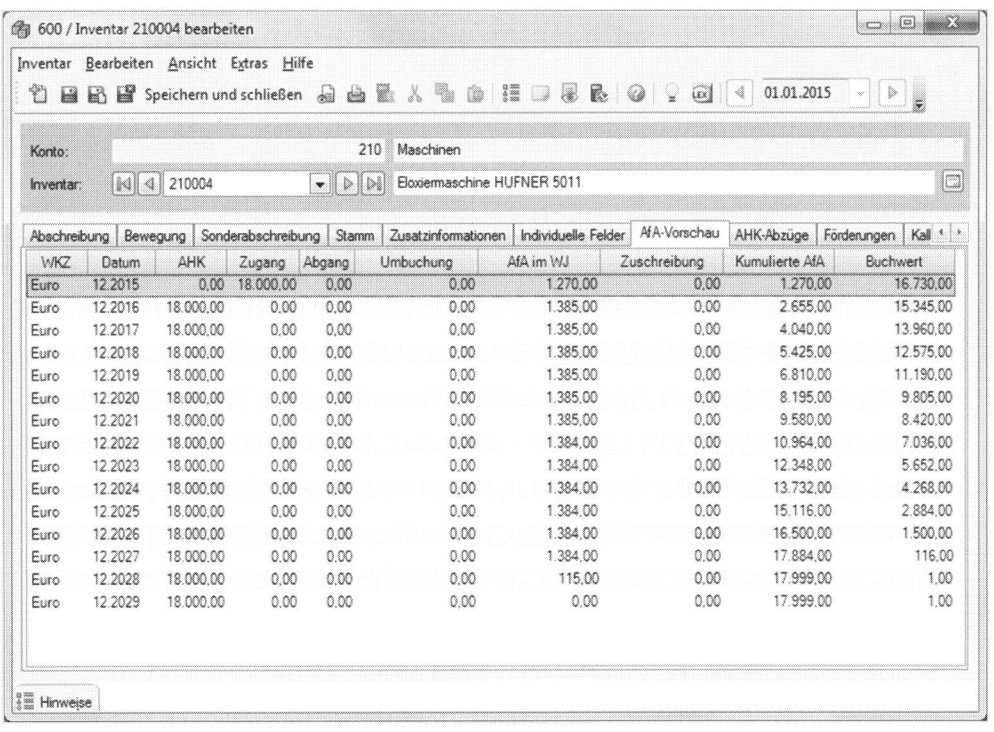

Bild 5.28 Der geänderte Abschreibungsplan

WKZ	Datum	AHK	Zugang	Abgang	Umbuchung	AfA im WJ	Zuschreibung	Kumulierte AfA	Buchwert
Euro	12.2015	0,00	18.000,00	0,00	0,00	1.270,00	0,00	1.270,00	16.730,00
Euro	12.2016	18.000,00	0,00	0,00	0,00	1.385,00	0,00	2.655,00	15.345,00
Euro	12.2017	18.000,00	0,00	0,00	0,00	1.385,00	0,00	4.040,00	13.960,00
Euro	12.2018	18.000,00	0,00	0,00	0,00	1.385,00	0,00	5.425,00	12.575,00
Euro	12.2019	18.000,00	0,00	0,00	0,00	1.385,00	0,00	6.810,00	11.190,00
Euro	12.2020	18.000,00	0,00	0,00	0,00	1.385,00	0,00	8.195,00	9.805,00
Euro	12.2021	18.000,00	0,00	0,00	0,00	1.385,00	0,00	9.580,00	8.420,00
Euro	12.2022	18.000,00	0,00	0,00	0,00	1.384,00	0,00	10.964,00	7.036,00
Euro	12.2023	18.000,00	0,00	0,00	0,00	1.384,00	0,00	12.348,00	5.652,00
Euro	12.2024	18.000,00	0,00	0,00	0,00	1.384,00	0,00	13.732,00	4.268,00
Euro	12.2025	18.000,00	0,00	0,00	0,00	1.384,00	0,00	15.116,00	2.884,00
Euro	12.2026	18.000,00	0,00	0,00	0,00	1.384,00	0,00	16.500,00	1.500,00
Euro	12.2027	18.000,00	0,00	0,00	0,00	1.384,00	0,00	17.884,00	116,00
Euro	12.2028	18.000,00	0,00	0,00	0,00	115,00	0,00	17.999,00	1,00
Euro	12.2029	18.000,00	0,00	0,00	0,00	0,00	0,00	17.999,00	1,00

5 Schließen Sie abschließend die Inventarkarte 210004 Eloxiermaschine.

Übung: Anschaffungsnebenkosten zu einem Anlagegut erfassen

Am 16.01.2015 hatte Fielbauer und Partner GmbH eine Frankiermaschine angeschafft. Für den Transport wurde eine Transportversicherung in Höhe von 300,00 EUR abgeschlossen. Die Transportversicherung wurde mit Kassenbeleg Nr. KA12 am 17.01.2015 bar bezahlt.

Die Lösung zu den Aufgaben finden Sie im Lösungsteil

✎ Buchen Sie im Buchungsstapel *Buchungen Januar 2015* die Transportversicherung zur Frankiermaschine.

✎ Ordnen Sie den Transportversicherungsbetrag dem Anlagegut Frankiermaschine zu.

✎ Kontrollieren Sie die Salden der folgenden FIBU-Konten über die Ansicht *FI-BU-Konto anzeigen* (siehe Tabelle nächste Seite).

Durch die Buchungen ergeben sich in den untenstehenden FIBU-Konten folgende Salden:

Konto	Bezeichnung	Betrag	Soll / Haben
210	Maschinen	132.422,00 EUR	Soll
490	Sonst. Betriebs.- u. Geschäftsausstattung	22.022,00 EUR	Soll
1000	Kasse	6.913,00 EUR	Soll
1576	Abziehbare Vorsteuer 19 %	4.617,00 EUR	Soll

✎ Kontrollieren Sie die Bewegungen zur Frankiermaschine.

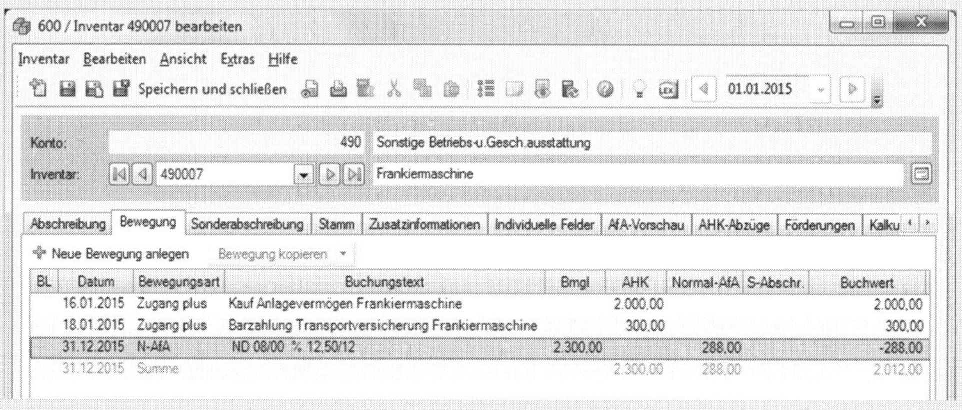

Bild 5.29 Bewegungen Frankiermaschine

✎ Sichern Sie den Mandanten Fielbauer und Partner GmbH. Den Buchungsstapel bitte noch nicht festschreiben.

5.5 Anschaffungspreisminderungen zu einem Anlagegut erfassen

Berechnungsgrundlagen

Die Anschaffungskosten eines Anlagegutes ergeben sich aus dem Kaufpreis (Anschaffungspreis) zuzüglich Anschaffungsnebenkosten. Vom Anschaffungspreis können jedoch Anschaffungspreisminderungen abgezogen werden.

- Unter dem Kaufpreis versteht man alle Kosten, die der Käufer aufwendet, um das Anlagegut zu erhalten und in einen betriebsbereiten Zustand zu setzen.

■ Anschaffungspreisminderungen sind z. B. Skonti, Rabatte, Boni und Preisnachlässe.

■ Nicht zu den Anschaffungskosten gehören die abziehbare Vorsteuer und Geldbeschaffungskosten, wie z. B. Damnum oder Zinsen.

■ Anschaffungspreisminderungen dürfen gem. § 255 Abs. 1 HGB jedoch nur vom Anschaffungspreis, nicht von den Anschaffungsnebenkosten, vorgenommen werden.

Die Berechnung der Anschaffungskosten ergibt sich aus:

Anschaffungspreis (Kaufpreis)
+ Anschaffungsnebenkosten (z. B. Montagekosten)
- Anschaffungspreisminderungen (z. B. Skonto vom Anschaffungspreis)
= Anschaffungskosten

Ausgangssituation

Am 23.02.2015 liegt Ihnen folgende Eingangsrechnung vor:

Bild 5.30 Eingangsrechnung

TECNEC GmbH	Tel.	0221 8520630
Industriemaschinen	FAX	0221 8520634
Golfplatz 30	Ansprechpartner Herr Müller	
50105 Köln	Internet:	www.tecnec.com

Firma
Fielbauer und Partner GmbH
Waldrand 36
53604 Bad Honnef

Datum:	23.02.2015
Rech-Nr.:	1520-2015
Ihre KdNr.:	12560

Aufgrund Ihrer Bestellung vom 19.02.2015 liefern und berechnen wir Ihnen den folgenden Artikel zuzüglich Fracht- und Montagekosten:

Pos	Bezeichnung	Nettopreis	Gesamt
1	Trennmaschine ROTEX Stationär	15.000,00 €	15.000,00 €
2	Bahnfracht	800,00 €	
3	Montagekosten	500,00 €	1.300,00 €
	Gesamtbetrag netto		16.300,00 €
	zzgl. 19,00 % Mwst.		3.097,00 €
	Gesamtbetrag brutto		19.397,00 €

Zahlbar innerhalb von 14 Tagen unter Abzug von 2% Skonto vom Warenwert, innerhalb 30 Tage netto.

Amtsgericht Köln HRB 1256	Bankverbindung:
USt-IDNR.: DE 207295940	PSD Bank Köln eG BIC:GENODEF1P13
Steuernummer: 215/5870/0529	BLZ: 37060993 Kontonummer: 25236100 IBAN: DE17370609930025236100

Wiederholungsübung: Anlagegüter im laufenden Geschäftsjahr erfassen

✎ Öffnen Sie den Mandanten Fielbauer und Partner in DATEV Kanzlei-Rechnungswesen pro.

✎ Legen Sie den Lieferanten mit der Kreditorennummer 70000 neu an.

✎ Buchen Sie die Eingangsrechnung im Buchungsstapel *Buchungen Februar 2015*.

✎ Die Trennmaschine stationär soll linear abgeschrieben werden, Nutzungsdauer 10 Jahre.

✎ Kontrollieren Sie die Salden der folgenden FIBU-Konten über die Ansicht FIBU-Konto anzeigen. Durch die Buchungen ergeben sich folgende Salden:

Konto	Bezeichnung	Betrag	Soll / Haben
210	Maschinen	148.722,00 EUR	Soll
1576	Abziehbare Vorsteuer 19 %	7.714,00 EUR	Soll
70000	TECNEC GmbH	19.397,00 EUR	Haben

✎ Kontrollieren Sie über die Anlagenspiegelwerte den Zugang der Trennmaschine ROTEX (Bild 5.31).

Bild 5.31 Anlagenspiegelwerte

!	Inventar ↑	Inventarbezeichnung	AHK Wj-Beginn	Zugang AHK	Ab...	Umb...	Umb...	Kumulierte Abschr.	Abschreibung	Zuschr...	BW Wj-Ende
▷	Konto + Bezeichnung : 27 EDV-Software (2 Einträge)										
▷	Konto + Bezeichnung : 80 Bauten auf eigenen Grundstücken (2 Einträge)										
▲	Konto + Bezeichnung : 210 Maschinen (5 Einträge)										
🖧	210001	Druckkessel IFX 2007	160.000,00					134.498,00	6.375,00		25.502,00
🖧	210002	Verpackungsmasch. MS5	95.000,00					52.361,00	7.310,00		42.639,00
🖧	210003	Produktionsmasch. FS80	115.000,00					90.553,00	8.149,00		24.447,00
🖧	210004	Eloxiermaschine HUFNER 5011		18.000,00				1.270,00	1.270,00		16.730,00
🖧	210005	Trennmaschine ROTEX		16.300,00				1.495,00	1.495,00		14.805,00
			370.000,00	34.300,00	0,00	0,00	0,00	280.177,00	24.599,00	0,00	124.123,00

Der lineare Abschreibungswert für das Jahr 2015 errechnet sich nun wie folgt:

Anschaffungswert: 16.300,00 EUR

Nutzungsdauer: geteilt durch / 10 Jahre

= 1.630,00 EUR Abschreibungswert pro Jahr (aufgerundet)

Anteiliger Abschreibungswert für das Jahr 2015:

Anschaffungsdatum: 23.02.2015

Abschreibungsbetrag jährlich: 1.630,00 EUR

geteilt durch / 12 Monate

mal anteilige Monate 2015: * 11 Monate = 1.495,00 EUR (aufgerundet)

Buchen der Anschaffungspreisminderung (Skonto)

Ausgangssituation

Vom Warenwert der Trennmaschine ROTEX (siehe Rechnung Seite 123) können bei Zahlung innerhalb von 14 Tagen 2% Skonto abgezogen werden. Der Skontowert errechnet sich wie folgt:

Warenwert:	15.000,00 EUR netto
davon 2% Skonto:	= 300,00 EUR zzgl. 19% MwSt. von 57,00 EUR
Gesamtskonto brutto:	357,00 EUR
Zahlbetrag:	Rechnungsbetrag 19.937,00 EUR abzgl. 357,00 EUR
	= 19.040,00 EUR

An den Lieferanten 70000 TECNEC GmbH müssen bei Nutzung des Skontoabzugs 19.040,00 EUR bezahlt werden.

Der dazugehörende Bankauszug Nr. BA55 vom 27.02.2015 weist einen Überweisungsbetrag von 19.040,00 EUR an den Kreditor 70000 TECNEC GmbH aus.

Bitte noch nicht buchen!

Um den Zahlungsvorgang mit der Anschaffungspreisminderung zur Trennmaschine ROTEX zu buchen, gehen Sie wie folgt vor:

1   Öffnen Sie den Buchungsstapel *Buchungen Februar 2015*.

2   Im ersten Schritt ist der Zahlungsausgang zu buchen. Erfassen Sie zunächst die Bankzahlung wie in Bild 5.32 und klicken Sie auf das Symbol *Übernehmen* ☑.

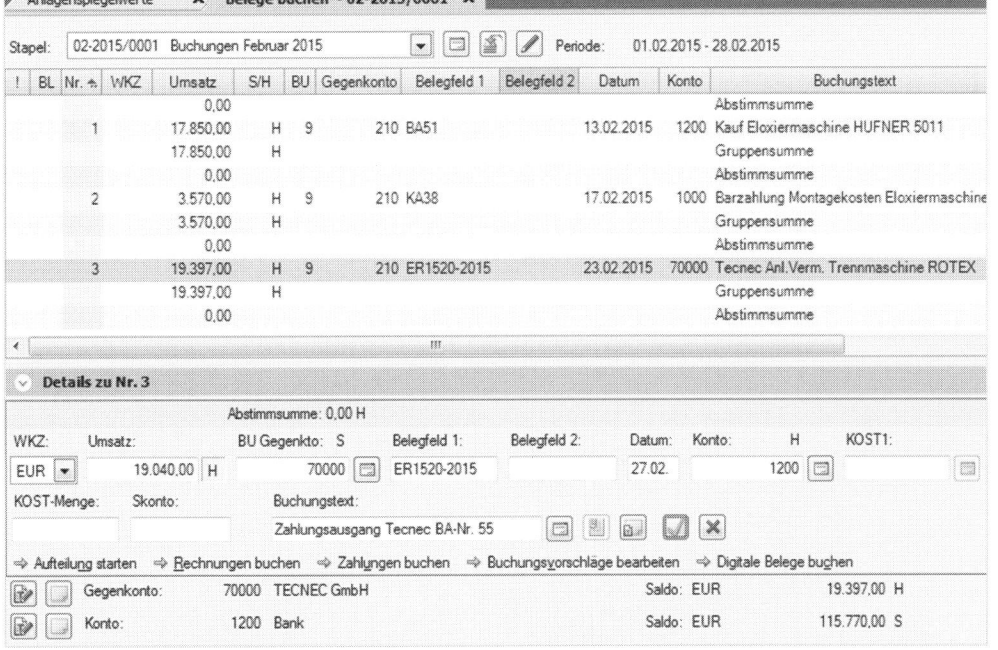

Bild 5.32 Bankzahlung buchen

3 Im nächsten Schritt muss die Anschaffungsminderung (Skonto auf den Warenwert) gebucht werden. Geben Sie für die Anschaffungsminderung die folgende
Buchung ein und klicken Sie auf das Symbol *Übernehmen* ☑.

*Bild 5.33 Buchung
der Anschaffungs-
minderung*

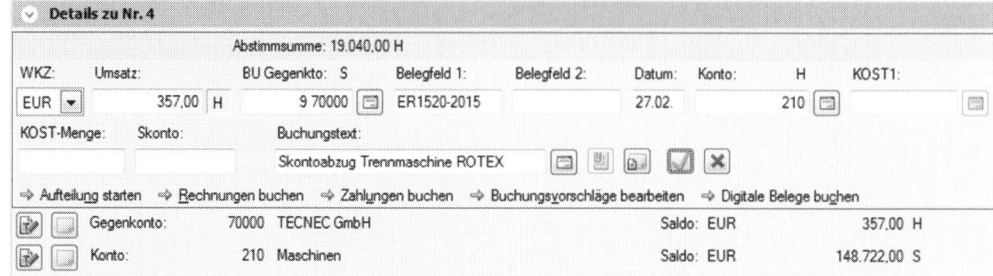

Achtung: Der Skontobetrag darf auf keinen Fall im Feld *Skonto* erfasst werden, da
hierbei automatisch das Skontokonto *Erhaltener Skonto 3736* beim Warenbezug
gebucht wird und nicht das Anlagekonto.

Durch die Soforterfassung Anlagenbuchführung wird automatisch das Fenster
Buchungssatz einem Inventar zuordnen mit der Option *Neue Bewegung bei be-
stehenden Inventar anlegen* und dem Skontobetrag von 300,00 EUR angezeigt.
Dies entspricht dem Anschaffungsminderungsbetrag auf den Warenwert.

4 Als nächstes muss der Anschaffungsminderungsbetrag dem Anlagegut zugewiesen werden. Markieren Sie mit einem Klick das Anlagegut Inventarnummer
210005, Trennmaschine ROTEX und klicken Sie auf die Schaltfläche *Bewegung
anlegen* (Bild 5.34).

*Bild 5.34 Neue
Bewegung anlegen*

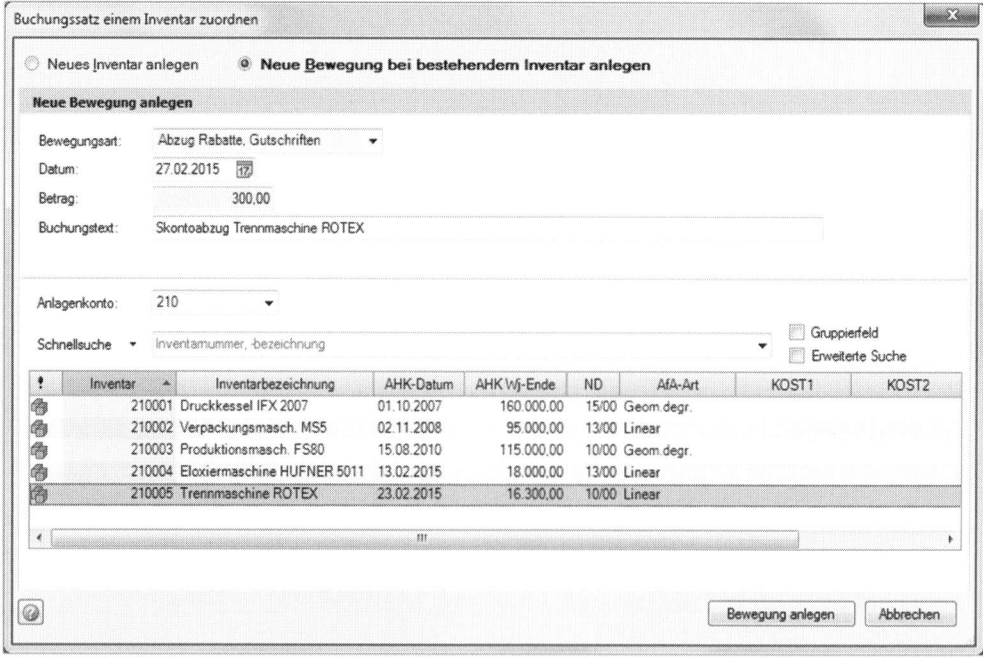

Der Skontoabzug von 300,00 EUR wurde als Anschaffungspreisminderung der Trennmaschine ROTEX zugeordnet.

5   Wechseln Sie mit Klick auf das Symbol *FIBU-Konto anzeigen* 莊 zur FIBU-Konto-Ansicht und geben Sie das Konto 70000 (TECNEC) ein.

Der Zahlungsausgang und der Skontoabzug sind verbucht. Der Saldo auf dem Kreditorenkonto beträgt 0 (Bild 5.35).

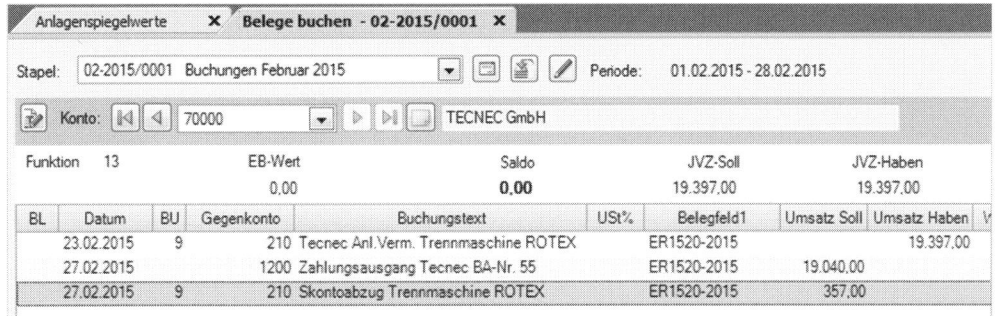

Bild 5.35 Kreditorenkonto 70000

6   Geben Sie nun in der Ansicht FIBU-Konto das Konto 210 (Maschinen) ein.

Der Skontowert vermindert den Anschaffungspreis der Trennmaschine um 300,00 EUR (Bild 5.36). Die Anschaffungskosten der Trennmaschine betragen nach der Anschaffungspreisminderung 16.000,00 EUR.

Bild 5.36 Konto 210 Maschinen

Werte in den Anlagenbuchhaltung kontrollieren

Im nächsten Schritt müssen - aufgrund der Buchung - die Werte in der Anlagenbuchhaltung kontrolliert werden.

1   Klicken Sie auf das Arbeitsblatt *Anlagenspiegelwerte*.

Hinweis: Sollten Sie das Arbeitsblatt *Anlagenspiegelwerte* zwischenzeitlich geschlossen haben, können Sie das Arbeitsblatt über den Menüpunkt *Stammdaten → Anlagenbuchführung → Inventarübersicht* oder über die Navigationsübersicht im geöffneten Ordner *Anlagenbuchführung* mit Doppelklick auf den Eintrag *Inventarübersicht* anzeigen lassen.

2   In der Auswertungsart *Anlagenspiegelwerte* sind beim Konto *210 Maschinen* für die Trennmaschine ROTEX Anschaffungskosten von 16.000,00 EUR aufgeführt (Bild 5.37). Der Abschreibungswert beträgt aufgrund des Skontoabzugs jetzt 1.467,00 EUR.

Bild 5.37 Anlagenspiegelwerte

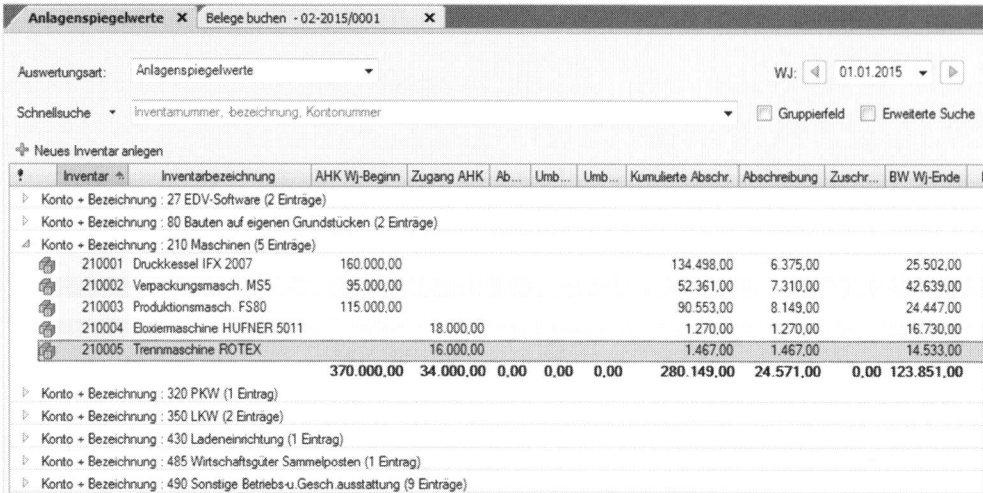

3   Klicken Sie doppelt auf den Eintrag *210005 Trennmaschine ROTEX*.

Im Register *Bewegung* wird der Skonto von 300,00 EUR als Minusbetrag aufgelistet. Die Anschaffungskosten der Trennmaschine betragen 16.000,00 EUR. Der neu ermittelte Abschreibungsbetrag beträgt durch die Anschaffungspreisminderung 1.467,00 EUR (Bild 5.38).

Bild 5.38 Bewegung

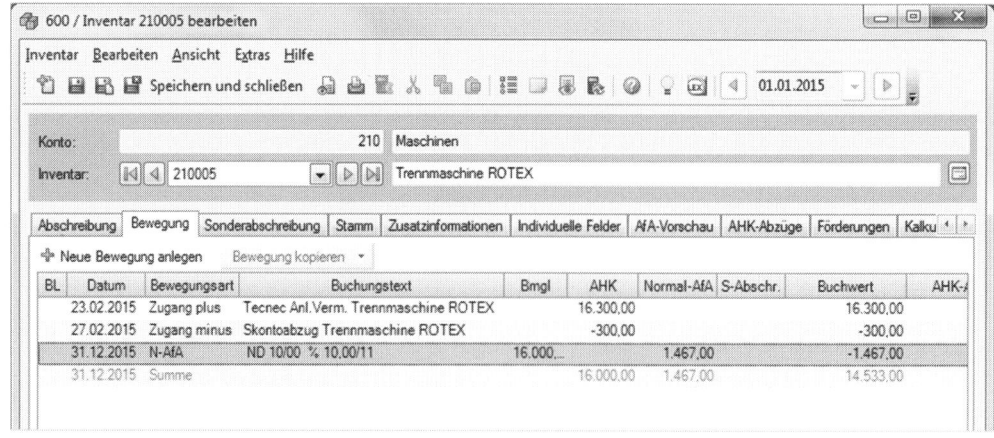

4   Klicken Sie auf das Register *AfA-Vorschau*, um den geänderten Abschreibungsplan einzusehen.

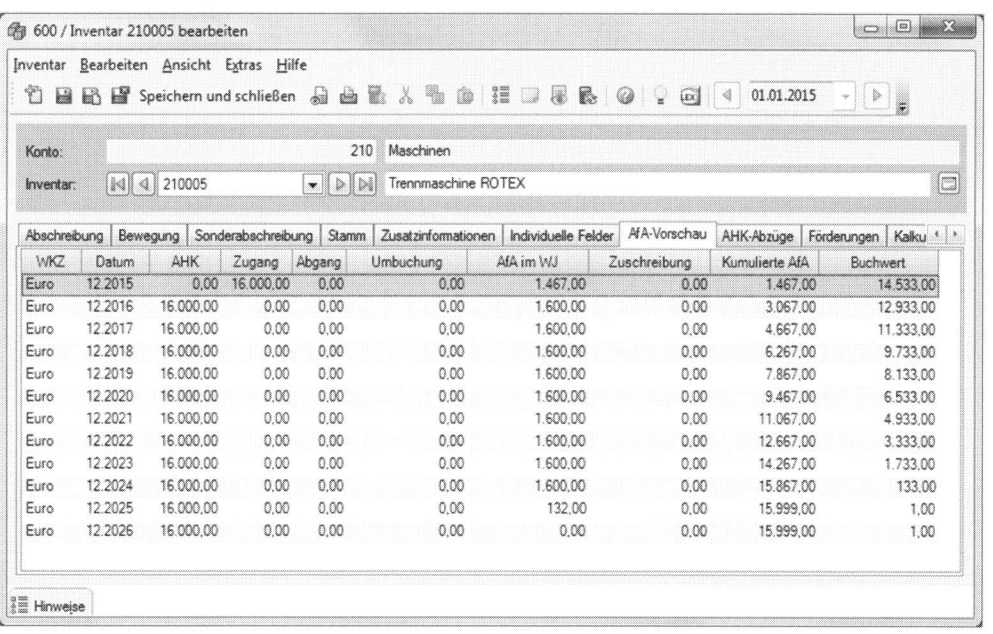

Bild 5.39 Abschreibungsplan

Wiederholungsübung

Aufgabe 1

✎ Schließen Sie alle Arbeitsblätter.

Aufgabe 2

✎ Sichern Sie den Mandanten Fielbauer und Partner GmbH.

Aufgabe 3

✎ Schreiben Sie alle bisherigen Buchungsstapel fest.

Aufgabe 4

✎ Legen Sie einen neuen Buchungsstapel 01.03.2015 bis 31.03.2015 mit der Bezeichnung *Buchungen März 2015* und Ihrem Diktatkürzel an.

Die Lösung zur Aufgabe 2 und 4 finden Sie im Lösungsteil.

Übung: Anschaffungspreisminderungen zu einem Anlagegut erfassen

Ihnen liegt am 13.03.2015 folgende Eingangsrechnung vor:

FIATRO Stapler	Tel.	030 - 85 52 20
Gabelstapler aller Art	Fax	030 - 85 56 22
Höhenweg 5	UStID	DE 811 366 041
10115 Berlin	Datum	13.03.2015
	Rechnung Nr.	ER63-2015
Firma	Ihre Kunden Nr.	12854
Fielbauer und Partner GmbH	AuftragsNr:	1252AS1
Herrn Fielbauer		
Waldrand 36		
53604 Bad Honnef		

Rechnung zu Gabelstapler FIATRO XLM

Wir liefern und berechnen Ihnen:

Gabelstapler FIATRO XLM	**Preis:**	**21.500,00 €**
zuzgl. Transportkosten		500,00 €
Nettobetrag		22.000,00 €
+ 19% Mehrwertsteuer		4.180,00 €
Bruttobetrag:		26.180,00 €

Zahlbar innerhalb von 7 Tagen unter Abzug von 3% Skonto, innerhalb 14 Tage netto

Die Rechnung beinhaltet nicht skontierfähige Transportkosten in Höhe von 500,00 EUR netto.

Bankverbindung:
Sparda-Bank Berlin BIC:GENODEF1S10 BLZ: 120 965 97
Konto: 1560930 IBAN: DE19 1209 6597 0001 5609 30

Aufgabe 1

✎ Legen Sie den Lieferanten FIATRO Stapler mit der Kreditorennummer 70001 neu an.

Aufgabe 2

✎ Buchen Sie die oben aufgeführte Eingangsrechnung. Der Stapler muss über das Anlagekonto *0380 sonstige Transportmittel* gebucht werden.

Abschreibungsart: linear
Nutzungsdauer: gem. AfA-Liste

✎ Kontrollieren Sie die Salden der folgenden FIBU-Konten über die Ansicht FIBU-Konto anzeigen.

Konto	Bezeichnung	Betrag	Soll / Haben
380	Sonstige Transportmittel	22.000,00 EUR	Soll
1576	Abziehbare Vorsteuer 19 %	11.837,00 EUR	Soll
70001	FIATRO Stapler	26.180,00 EUR	Haben

Aufgabe 3

✎ Prüfen Sie in der Anlagenbuchhaltung über die Anlagenspiegelwerte den Zugang des Gabelstaplers.

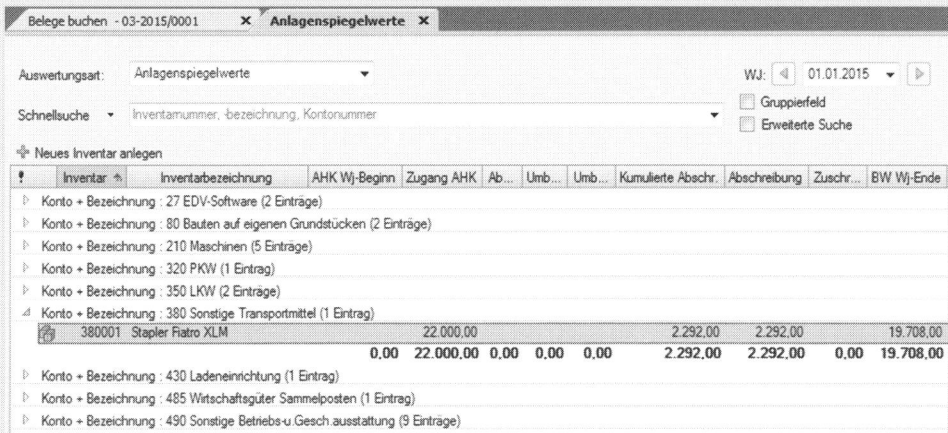

Bild 5.40 Zugang Stapler

Aufgabe 4

Am 17.03.2015 liegt Ihnen mit Bankauszug Nr. BA 112 der Zahlungsausgang für den Stapler vor.

✎ Ermitteln Sie anhand der Eingangsrechnung nur vom Warenwert des Staplers den Skontowert (Anschaffungspreisminderung) und den Zahlbetrag an den Lieferanten.

✎ Buchen Sie den Zahlungsausgang und in einer zweiten Buchung die Anschaffungspreisminderung.

✎ Ordnen Sie die Preisminderung dem Stapler zu.

✎ Kontrollieren Sie die Salden der folgenden FIBU-Konten über die Ansicht FIBU-Konto anzeigen (siehe Tabelle nächste Seite).

Konto	Bezeichnung	Betrag	Soll / Haben
380	Sonstige Transportmittel	21.355,00 EUR	Soll
1576	Abziehbare Vorsteuer 19 %	11.714,45 EUR	Soll
70001	FIATRO Stapler	0,00 EUR	
1200	Bank	71.317,55 EUR	Soll

Aufgabe 5

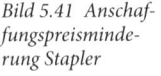 Prüfen Sie in der Anlagenbuchführung über die Anlagenspiegelwerte die veränderten Zugangswerte durch die Anschaffungspreisminderung des Staplers.

Bild 5.41 Anschaffungspreisminderung Stapler

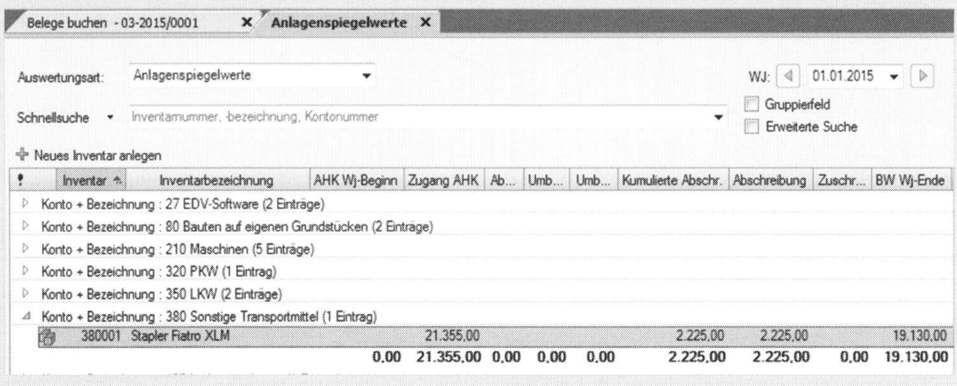

Belege buchen - 03-2015/0001 ✕	Anlagenspiegelwerte ✕

Auswertungsart: Anlagenspiegelwerte ▾   WJ: ◁ 01.01.2015 ▾ ▷

☐ Gruppierfeld

Schnellsuche ▾ Inventarnummer, -bezeichnung, Kontonummer ▾   ☐ Erweiterte Suche

✤ Neues Inventar anlegen

!	Inventar ⌃	Inventarbezeichnung	AHK Wj-Beginn	Zugang AHK	Ab...	Umb...	Umb...	Kumulierte Abschr.	Abschreibung	Zuschr...	BW Wj-Ende
▷	Konto + Bezeichnung : 27 EDV-Software (2 Einträge)										
▷	Konto + Bezeichnung : 80 Bauten auf eigenen Grundstücken (2 Einträge)										
▷	Konto + Bezeichnung : 210 Maschinen (5 Einträge)										
▷	Konto + Bezeichnung : 320 PKW (1 Eintrag)										
▷	Konto + Bezeichnung : 350 LKW (2 Einträge)										
◺	Konto + Bezeichnung : 380 Sonstige Transportmittel (1 Eintrag)										
🖻	380001	Stapler Fiatro XLM	21.355,00					2.225,00	2.225,00		19.130,00
			0,00	21.355,00	0,00	0,00	0,00	2.225,00	2.225,00	0,00	19.130,00

Der lineare Abschreibungswert für das Jahr 2015 errechnet sich nun wie folgt:

Anschaffungswert:	21.355,00 EUR
Nutzungsdauer:	geteilt durch / 8 Jahre
	= 2.670,00 EUR Abschreibungswert pro Jahr (aufgerundet)

Anteiliger Abschreibungswert für das Jahr 2015:

Anschaffungsdatum:	13 März 2015
Abschreibungsbetrag jährlich:	2.670,00 EUR
	geteilt durch / 12 Monate
mal anteilige Monate 2015:	* 10 Monate = 2.225,00 EUR (aufgerundet)
Buchwert zum 31.12.2015:	19.130,00 EUR

Aufgabe 5

✎ Kontrollieren Sie die Bewegungen auf dem Konto *0380 sonstige Transportmittel*.

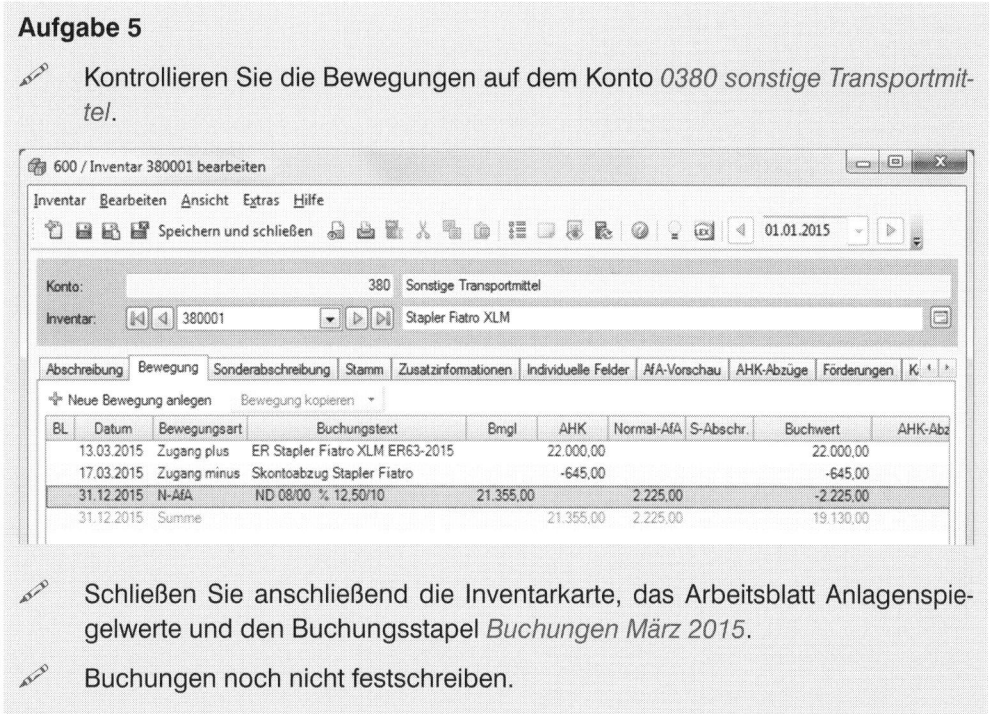

Bild 5.42 Bewegungen Konto 0380

✎ Schließen Sie anschließend die Inventarkarte, das Arbeitsblatt Anlagenspiegelwerte und den Buchungsstapel *Buchungen März 2015*.

✎ Buchungen noch nicht festschreiben.

5.6 Auswertungen zu neu erfassten Wirtschaftsgütern drucken

Die Anlagenbuchhaltung verfügt über die Möglichkeit, Neuzugänge von Anlagevermögensgegenständen in einer Auswertung auszudrucken. Dazu gehen Sie wie folgt vor:

1 Wählen Sie den Menüpunkt *Auswertungen* → *Anlagenbuchführung* → *Zugangsliste...*. Das Arbeitsblatt *Zugangsliste* mit der Seitenansicht auf die Zugangsliste wird auf dem Bildschirm angezeigt. Standardmäßig wird die Liste im Hochformat und als Gesamtliste dargestellt (Bild 5.43).

Mit Klick auf die Navigationsschaltflächen können Sie die weiteren Kontengruppen einsehen oder die Liste über das Symbol *PDF* 🗐 in eine PDF-Datei exportieren.

Bild 5.43 Seite 1

Weitere Seiten anzeigen —

Drucken —

Export PDF —

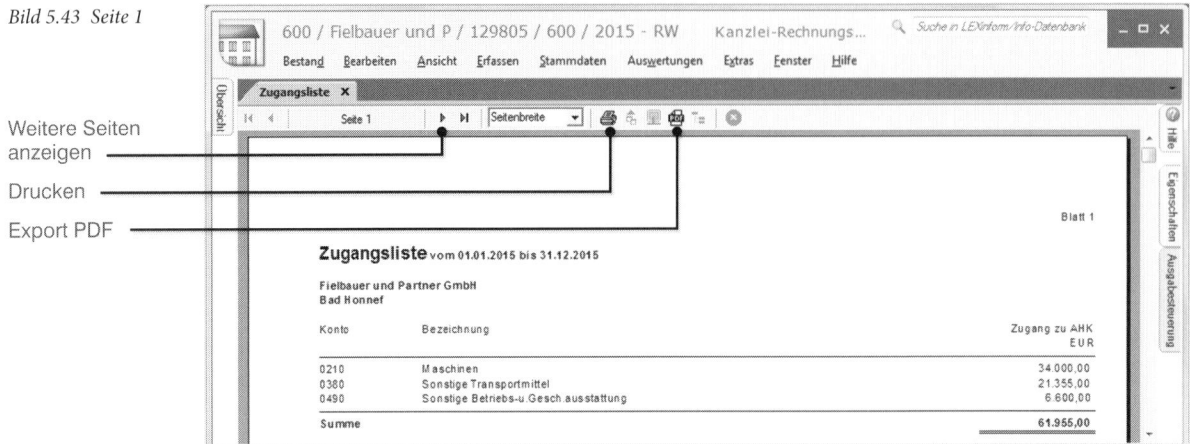

2 Klicken Sie auf das Symbol *Nächste Seite* ▶, um die folgenden Seiten anzuzeigen.

Bild 5.44 Seite 2, Kontengruppe 0210 Maschinen

Zugangsliste vom 01.01.2015 bis 31.12.2015

Fielbauer und Partner GmbH
Bad Honnef

Konto Inventar	Bezeichnung Inventarbezeichnung	AHK 01.01.2015 EUR	Zugang zu AHK EUR	Zugangs-Buchungstext datum Eingabebetrag (Kurs)	ND JJ/MM
0210	**Maschinen**				
210004	Eloxiermaschine HUFNER 5011		15.000,00	13.02.2015 Kauf Eloxiermaschine HUFNER 5011	13/00
			3.000,00	17.02.2015 Barzahlung Montagekosten Eloxiermaschine	
210005	Trennmaschine ROTEX		16.300,00	23.02.2015 Tecnec Anl.Verm. Trennmaschine ROTEX	10/00
			300,00-	27.02.2015 Skontoabzug Trennmaschine ROTEX	
Summe	**Maschinen**		**34.000,00**		

Bild 5.45 Kontengruppe 0380 sonstige Transportmittel

Zugangsliste vom 01.01.2015 bis 31.12.2015

Fielbauer und Partner GmbH
Bad Honnef

Konto Inventar	Bezeichnung Inventarbezeichnung	AHK 01.01.2015 EUR	Zugang zu AHK EUR	Zugangs-Buchungstext datum Eingabebetrag (Kurs)	ND JJ/MM
0380	**Sonstige Transportmittel**				
380001	Stapler Fiatro XLM		22.000,00	13.03.2015 ER Stapler Fiatro XLM ER63-2015	08/00
			645,00-	17.03.2015 Skontoabzug Stapler Fiatro	
Summe	**Sonstige Transportmittel**		**21.355,00**		

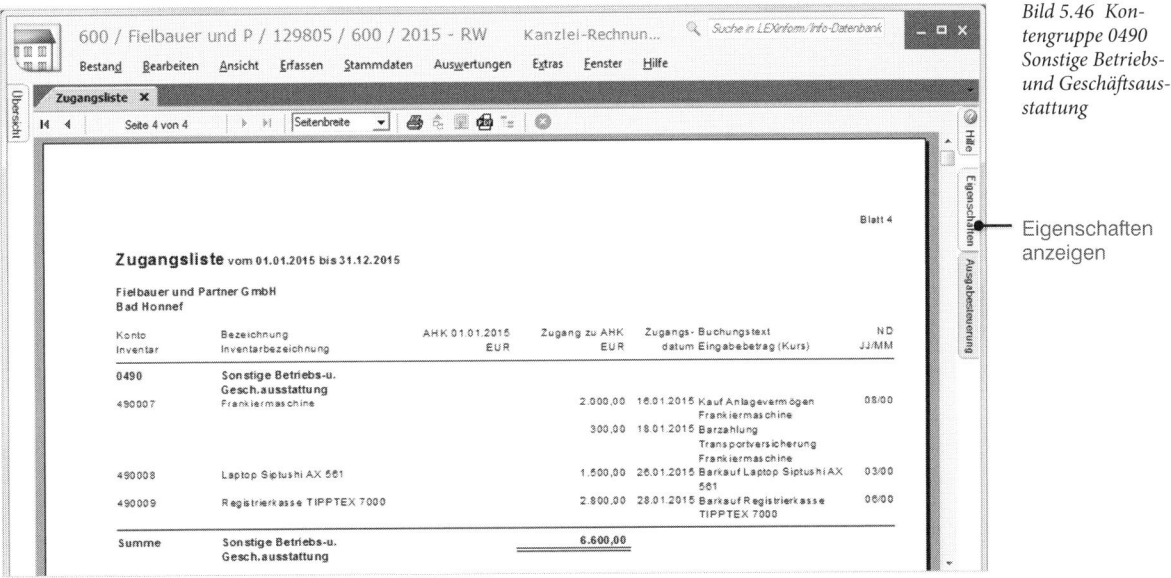

Eigenschaften anzeigen

Hinweis: Mit Klick auf die *Eigenschaften* im rechten Zusatzbereich kann die Zugangsliste individuell auf die Bedürfnisse angepasst werden.

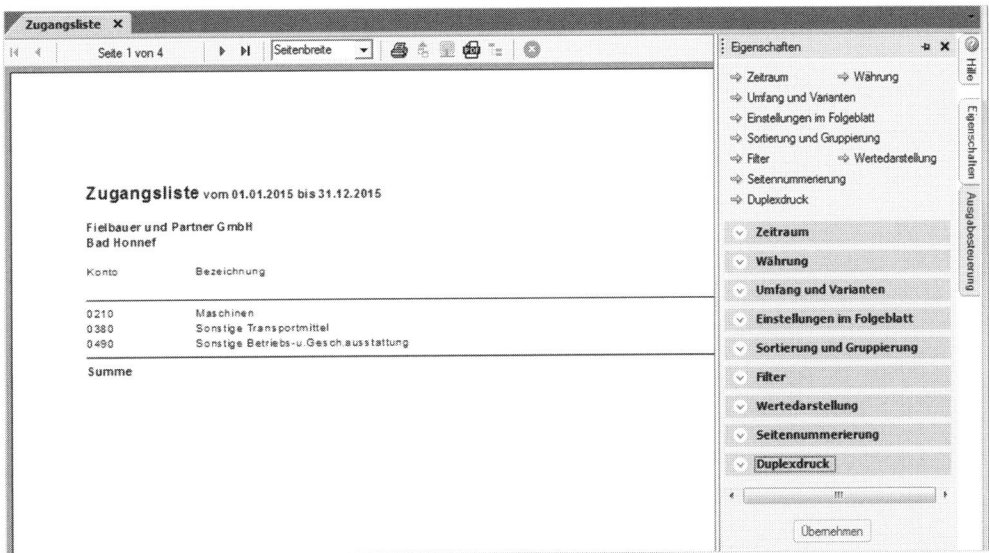

3   Um die Zugangsliste auszudrucken, klicken Sie auf das Symbol *Drucken* 🖨 .
    Im nachfolgenden Fenster können Sie den Druckumfang festlegen (Bild 5.48):
    Entweder *Alle Seiten* oder individuell über die Option *Bestimmte Seiten* und der
    Angabe *von* bzw. *bis*.

4 Wählen Sie auf die Option *Alle Seiten* und klicken Sie anschließend auf die Schaltfläche *OK*.

Bild 5.48 Druckumfang

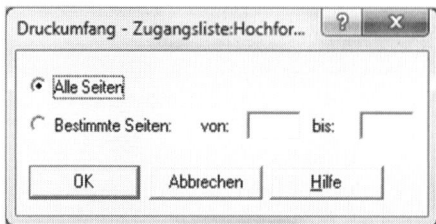

Übung: Zugangsliste ausdrucken

 Drucken Sie die Zugangsliste im Querformat aus, Umfang: Gesamtliste.

Im Gegensatz zur Zugangsliste im Hochformat werden Ihnen zusätzlich die Abschreibungsarten, die Nutzungsdauer, der Abschreibungsprozentsatz und die Zugangswerte zum 31.12.2015 der neu erfassten Anlagegüter angezeigt.

 Schließen Sie anschließend die Zugangsliste.

Download   Die Musterlösung zur Zugangsliste im Querformat ist als PDF-Datei zum Download verfügbar, Zugangsliste_Querformat_Kap05.pdf.

6 Neue GWG und neue GWG-Sammelposten erfassen

In diesem Kapitel erfahren Sie, wie ...

▪ neu erfasste Geringwertige Wirtschaftsgüter (GWG) bis 150,00 EUR in DATEV Kanzlei-Rechnungswesen gebucht werden,

▪ neue GWG-Sammelposten aus dem laufenden Geschäftsjahr an die Anlagenbuchhaltung übergeben werden,

▪ Sie neu erfasste GWG in der Anlagenbuchhaltung kontrollieren.

6.1   Neu erfasste GWG bis 150 EUR buchen

Ausgangssituation

Unserer Buchhaltung liegt die unten abgebildete Rechnung vor. Die Rechnung wird bar über die Kasse mit Kassenbeleg Nr. KA118 bezahlt. Datum der Rechnung: 21.04.2015.

Auszug aus dem Rechnungsinhalt:

Druckerpapier 150.000 Blatt A4	250,00 EUR
10 Pakete Folienstifte	15,30 EUR
Großer Bürolocher Klipptex	110,00 EUR
Farbpatronen HT IF2	32,30 EUR
Nettobetrag	407,60 EUR
+ 19% MwSt.	77,44 EUR
Bruttobetrag	**485,04 EUR**

Dieses Kapitel befasst sich mit dem Buchen der geringwertigen Wirtschaftsgüter (GWG). Der große Bürolocher Klipptex ist ein geringwertiges Wirtschaftsgut (GWG) und muss als solches gebucht werden. Die übrigen Rechnungspositionen sind Verbrauchsmaterialien des Bürobedarfs. So gehen Sie beim Buchen vor:

Wiederholungsübung

Legen Sie einen neuen Buchungsstapel für den Zeitraum vom 01.04.2015 bis 30.04.2015 mit der Bezeichnung Buchungen April 2015 und Ihrem Diktatkürzel an.

1   Öffnen Sie den Buchungsstapel *Buchungen April 2015*.

2   Buchen Sie zunächst den Bürobedarf mit der unten abgebildeten Buchung und klicken Sie dann auf *Buchung übernehmen* ☑.

Bild 6.1 Bürobedarf buchen

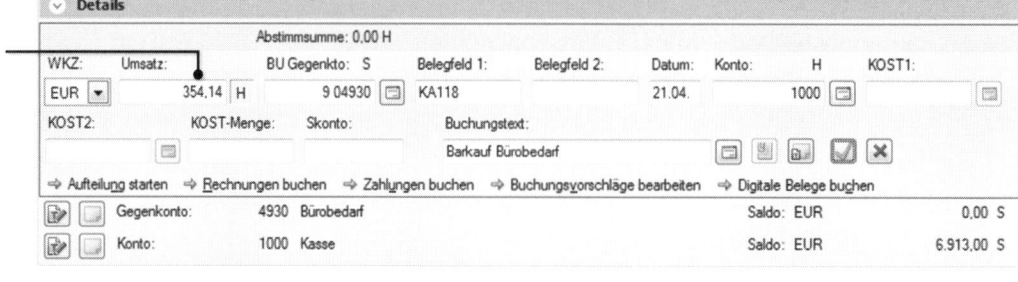

❶   Nettobetrag: 297,60 EUR
    zzgl. 19 % MwSt.   56,54 EUR
    Bruttobetrag: 354,14 EUR

3 Im nächsten Schritt muss jetzt das GWG - der große Bürolocher Klipptex - brutto gebucht werden. Der Bürolocher kann, da er den Wert von 150,00 EUR netto nicht übersteigt, gem. § 6 Absatz 2a Satz 4 EStG sofort als Betriebsausgabe oder als Sofortabschreibung gebucht werden. Er ist nicht aktivierungspflichtig. Buchungstexthinweis in beiden Fällen: *Barkauf großer Bürolocher Klipptex (GWG)*.

Buchung als Betriebsausgabe, Buchungssatz

Soll	Betrag	an	Haben	Betrag
4930 Bürobedarf	110,00 EUR	an	1000 Kasse	130,90 EUR
1576 Abziehbare Vorsteuer 19 %	20,90 EUR			

oder **Buchung als Sofortabschreibung GWG, Buchungssatz**

Soll	Betrag	an	Haben	Betrag
4855 Sofortabschreibung GWG	110,00 EUR	an	1000 Kasse	130,90 EUR
1576 Abziehbare Vorsteuer 19 %	20,90 EUR			

4 Geben Sie die folgende Buchung für den Bürolocher ein.

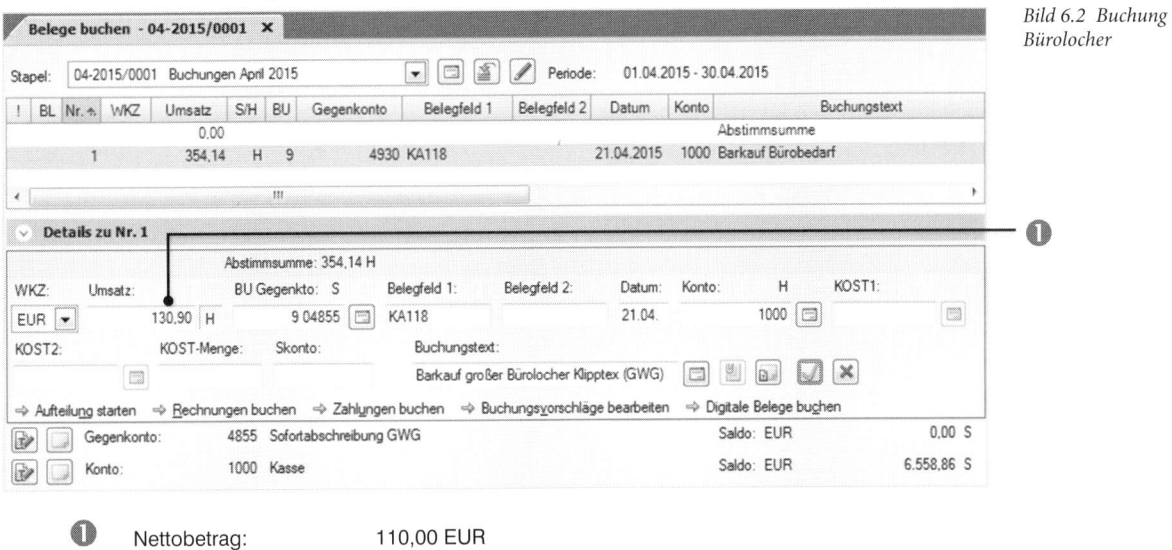

Bild 6.2 Buchung Bürolocher

❶ Nettobetrag: 110,00 EUR
  zzgl. 19 % MwSt. 20,90 EUR
  Bruttobetrag: 130,90 EUR

5 Klicken Sie abschließend auf das Symbol *Buchung übernehmen* ☑. Der große Bürolocher wurde als Sofortabschreibung GWG gebucht. Er ist, da er den Wert von 150,00 EUR netto nicht übersteigt, nicht aktivierungspflichtig.

Wiederholungsübung: Salden überprüfen

🖉 Kontrollieren Sie die Salden der folgenden FIBU-Konten über die Ansicht FIBU-Konto anzeigen.

Konto	Bezeichnung	Betrag	Soll / Haben
4855	GWG Sofortabschreibung	110,00 EUR	Soll
4930	Bürobedarf	297,60 EUR	Soll
1576	Abziehbare Vorsteuer 19 %	11.791,89 EUR	Soll
1000	Kasse	6.427,96 EUR	Soll

Übung: GWG buchen

Aufgabe 1

Die Lösung zu Aufgabe 1 finden Sie im Lösungsteil

Unserer Buchhaltung liegt folgende weitere Rechnung vor. Die Rechnung wird bar über die Kasse mit Kassenbeleg Nr. KA120 bezahlt. Datum der Rechnung: 24.04.2015, Auszug aus dem Rechnungsinhalt:

Telefon FOX 2	130,00 EUR
Aktenvernichter TULA 11	140,00 EUR
Nettobetrag	270,00 EUR
+ 19% MwSt.	51,30 EUR
Bruttobetrag	**321,30 EUR**

Beide Positionen sind Geringwertige Wirtschaftsgüter und können mittels GWG-Sofortabschreibung einzeln erfasst werden.

🖉 Buchen Sie die beiden GWG jeweils einzeln im Buchungsstapel *Buchungen April 2015*.

Aufgabe 2

Kontrollieren Sie anschließend die Salden der folgenden FIBU-Konten über die Ansicht FIBU-Konto anzeigen.

Konto	Bezeichnung	Betrag	Soll / Haben
4855	GWG Sofortabschreibung	380,00 EUR	Soll
1576	Abziehbare Vorsteuer 19 %	11.843,19 EUR	Soll
1000	Kasse	6.106,66 EUR	Soll

6.2 Neu erfasste GWG-Sammelposten buchen und übergeben

Ausgangssituation (Achtung: Bitte noch nicht buchen!)

Unserer Buchhaltung liegt folgende Rechnung vor:

Bild 6.3 Eingangs-rechnung

TECNEC GmbH		Tel.	0221 8520630
Industriemaschinen		FAX	0221 8520634
Golfplatz 30		Ansprechpartner	Herr Müller
50105 Köln		Internet	www.tecnec.com

Firma
Fielbauer und Partner GmbH
Waldrand 36
53604 Bad Honnef

Datum:	27.04.2015
Rech-Nr.:	1820-2015
Ihre KdNr.:	12560

Aufgrund Ihrer Bestellung vom 17.04.2015 liefern und berechnen wir Ihnen die folgenden Artikel:

Pos	Bezeichnung	Menge	Nettopreis	Gesamt
1	Industriestaubsauger Hoober F10	1	845,00 €	845,00 €
2	Abkantbank Fix & Fort 2015	1	915,00 €	915,00 €

Gesamtbetrag netto	1.760,00 €
zzgl. 19,00 % Mwst.	334,40 €
Gesamtbetrag brutto	2.094,40 €

Zahlbar innerhalb von 30 Tagen ohne Abzug von Skonto.

Amtsgericht Köln HRB 1256
USt-IDNR.: DE 207295940
Steuernummer: 215/5870/0529

Bankverbindung:
PSD Bank Köln eG BIC:GENODEF1P13
BLZ: 37060993 Kontonummer: 25236100 IBAN: DE17370609930025236100

Beide Positionen sind geringwertige Wirtschaftsgüter. Da der Einzelwert der GWG 150,00 EUR netto übersteigt und weniger als 1.000,00 EUR netto beträgt, müssen beide geringwertigen Wirtschaftsgüter auf das Konto *Wirtschaftsgüter Sammelposten*, Konto-Nr. *0485* gebucht werden.

Jedes geringwertige Wirtschaftsgut muss dabei einzeln gebucht werden.

Hier geht es jetzt um das Buchen des Geringwertigen Wirtschaftsguts als Sammelposten und die Soforterfassung Anlagenbuchführung während des Buchens. Der Industriestaubsauger Hoober F10 und die Abkantbank Fix & Fort 2015 sind GWG Sammelposten und müssen als solche gebucht werden.

1 Buchen Sie zunächst den Industriestaubsauger Hoober F10 mit folgender Buchung (Bild 6.4) und klicken Sie dann auf das Symbol *Buchung übernehmen* ☑.

Bild 6.4 Industriestaubsauger buchen

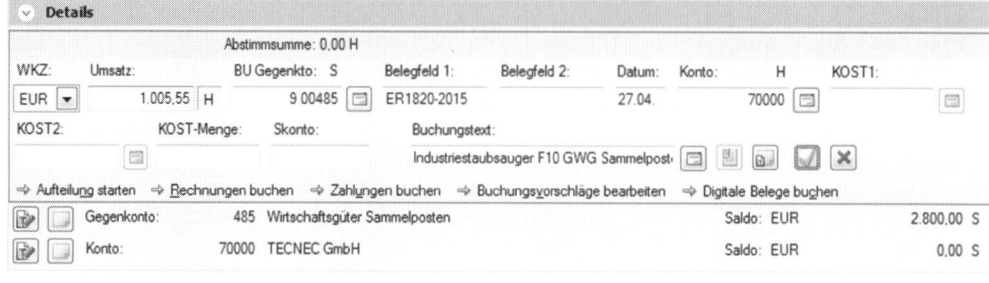

Nettobetrag: 845,00 EUR
zzgl. 19 % MwSt.   160,55 EUR
Bruttobetrag: 1005,55 EUR

Aufgrund der Sofortaktivierung kann der GWG Sammelposten nun im nächsten Schritt inventarisiert und die GWG-Poolabschreibung festgelegt werden.

Im oberen Teil des Zuordnungsfensters (Bild 6.5) werden das FIBU-Konto, die Inventar-Nummer, der Inventartext und die Bewegungsart *Zugang* angezeigt. Das AHK-Datum wird vom Buchungssatz übernommen.

2 Im nächsten Schritt muss jetzt die Abschreibungsart GWG-Poolabschreibung zugewiesen werden, standardmäßig ist die Abschreibungsart *1 Lineare Abschreibung* vorgegeben. Klicken Sie auf das Auswahlfeld *AfA-Art* und wählen Sie die Abschreibungsart *7 - GWG Poolabschreibung (07)* aus (Bild 6.5).

Bild 6.5 Buchungssatz zuordnen: Abschreibungsart auswählen

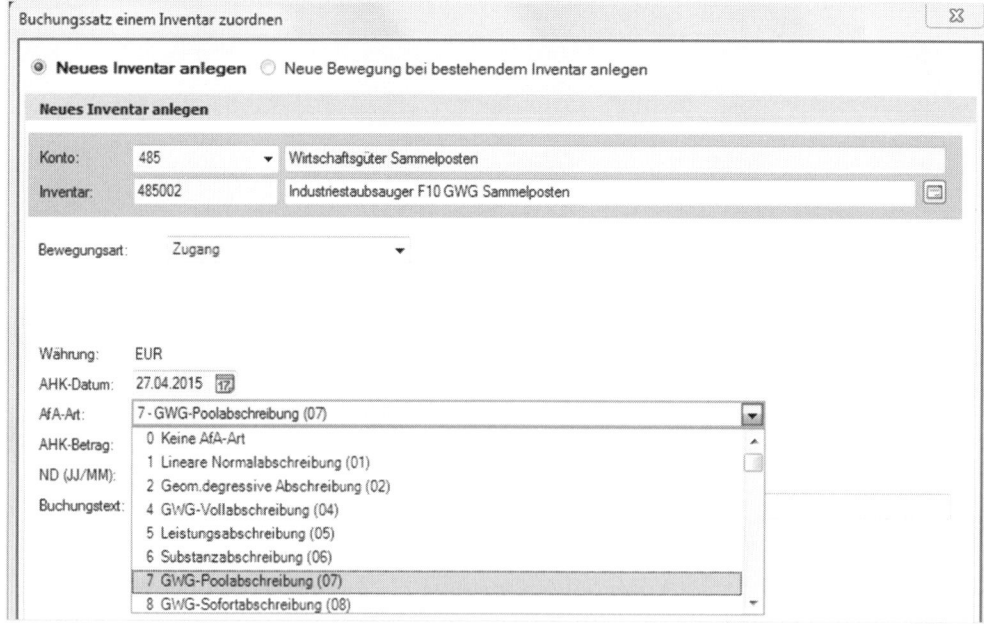

Nachdem Sie die GWG-Poolabschreibung ausgewählt und mit der Tabulator-Taste oder Enter-Taste das Auswahlfeld verlassen haben, wird im Feld *ND (JJ/MM):* automatisch die Nutzungsdauer von 5 Jahren eingetragen. Der Nettobuchwert des GWG wird im Feld *AHK-Betrag* angezeigt (Bild 6.6).

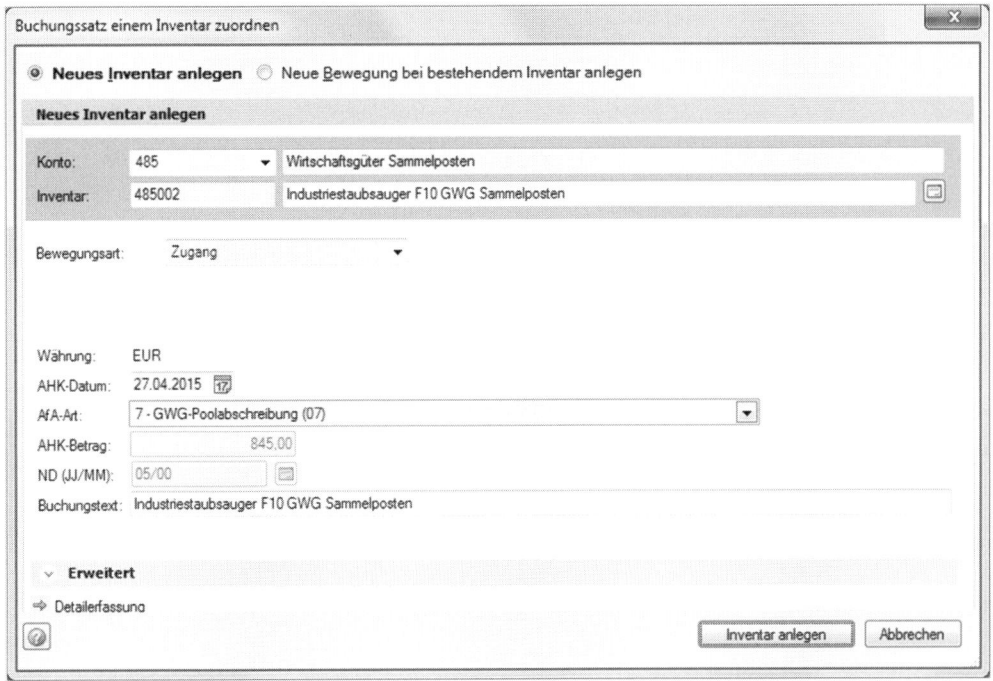

Bild 6.6 Nutzungsdauer und AHK-Betrag

3   Klicken Sie auf den Eintrag *Erweitert*. Hier wird der Lieferant des Staubsaugers, die Firma TECNEC GmbH, angezeigt (Bild 6.7), er wurde automatisch vom erfassten Buchungssatz übernommen.

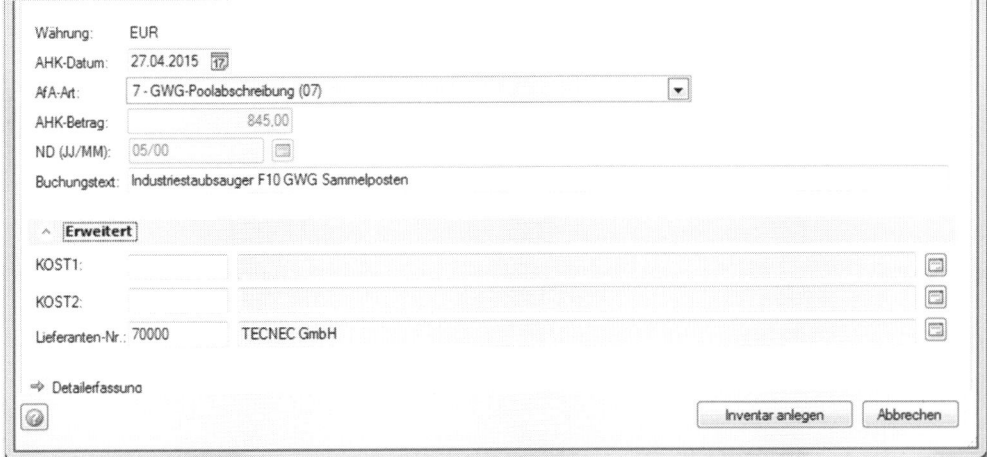

Bild 6.7 Lieferant anzeigen

4   Klicken Sie dann auf die Schaltfläche *Inventar anlegen*.

5 Im nächsten Schritt muss der GWG Sammelposten Abkantbank Fix & Fort 2015 gebucht werden. Geben Sie für die Abkantbank Fix & Fort 2015 folgende Buchung ein und klicken Sie dann auf das Symbol *Buchung übernehmen* ☑.

Bild 6.8 Buchung Abkantbank Fix & Fort 2015

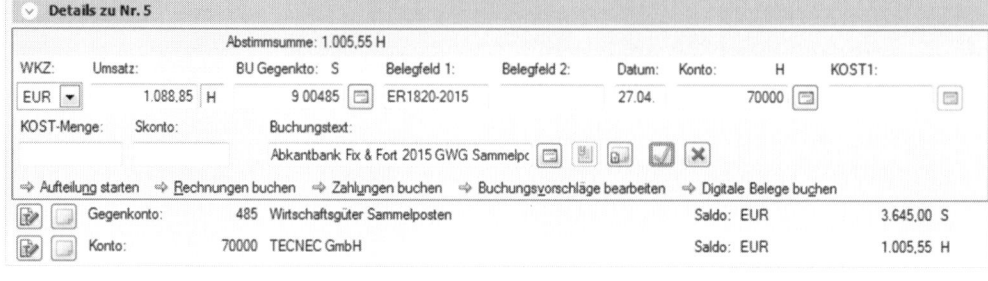

Nettobetrag: 915,00 EUR
zzgl. 19 % MwSt. 173,85 EUR
Bruttobetrag: 1.088,85 EUR

Aufgrund der Sofortaktivierung kann jetzt der zweite GWG Sammelposten inventarisiert und die GWG-Poolabschreibung festgelegt werden.

Bild 6.9 Buchungssatz zuordnen

Buchungssatz einem Inventar zuordnen	✕

◉ **Neues Inventar anlegen**   ○ Neue Bewegung bei bestehendem Inventar anlegen

Neues Inventar anlegen

Konto: 485 ▼ Wirtschaftsgüter Sammelposten
Inventar: 485003 Abkantbank Fix & Fort 2015 GWG Sammelposten

Bewegungsart: Zugang ▼

Währung: EUR
AHK-Datum: 27.04.2015 📅
AfA-Art: 1 - Lineare Normalabschreibung (01) ▼
AHK-Betrag: 915,00
ND (JJ/MM): ▢
Buchungstext: Abkantbank Fix & Fort 2015 GWG Sammelposten

⌃ **Erweitert**

KOST1:
KOST2:
Lieferanten-Nr.: 70000 TECNEC GmbH

⇒ Detailerfassung
?   Inventar anlegen   Abbrechen

Im oberen Teil des Zuordnungsfensters werden das FIBU-Konto *0485 GWG Sammelposten*, die vorgeschlagene Inventarnummer *485003*, der Inventartext und die Bewegungsart *Zugang* angezeigt (Bild 6.9).

Im unteren Teil werden vom erfassten Buchungssatz das AHK-Datum, der Nettowert des GWG, *915,00 EUR*, der Buchungstext und die Lieferantennummer *70000 TECNEC GmbH* übernommen.

6 Wählen Sie wieder im Auswahlfeld *AfA-Art* die Abschreibungsart *7 - GWG-Poolabschreibung (07)* aus und wechseln Sie durch Drücken der Tabulator-Taste zum nächsten Feld. Im Feld *ND (JJ/MM)* wird automatisch die Nutzungsdauer von 5 Jahren eingetragen.

7 Klicken Sie zum Schluss auf die Schaltfläche *Inventar anlegen*.

Die beiden Anlagegüter wurden als Wirtschaftsgüter Sammelposten gebucht und mit der Soforterfassung Anlagenbuchführung inventarisiert.

Für die Abschreibungsmethode wurde die GWG-Poolabschreibung festgelegt.

Wiederholungsübung: Salden überprüfen

✎ Kontrollieren Sie die Salden der folgenden FIBU-Konten über die Ansicht FIBU-Konto anzeigen.

Konto	Bezeichnung	Betrag	Soll / Haben
70000	TECNEC GmbH	2.094,40 EUR	Haben
485	Wirtschaftsgüter Sammelposten	4.560,00 EUR	Soll
1576	Abziehbare Vorsteuer 19 %	12.177,59 EUR	Soll
1600	Verbindlichkeiten aus Lieferungen und Leistungen	2.094,40 EUR	Haben

Übung: GWG und GWG Sammelposten buchen

Aufgabe 1
Am 29.04.2015 liegt Ihnen mit Bankauszug Nr. BA 130 der Zahlungsausgang für die Rechnung Nr. ER1820-2015 an TECNEC, Köln vor. Zahlbetrag: 2.094,40 EUR

Die Lösungen zu Aufgabe 1 und 2 finden Sie im Lösungsbuch.

✎ Buchen Sie im Buchungsstapel *Buchungen April 2015* den Zahlungsausgang.

Achtung: Falls bei einer Rechnung Skonto gezogen wurde, müssen natürlich der Zahlungsausgang und die Anschaffungsminderung gebucht werden.

Dabei darf auf keinen Fall der Skontobetrag im Feld *Skonto* erfasst werden, da hierbei automatisch das Skontokonto *Erhaltener Skonto 3736* beim Warenbezug gebucht wird und nicht das GWG-Konto.

Aufgabe 2

✎ Buchen Sie den folgenden Kassenbeleg, KA-Nr. KA148 vom 30.04.2015

Auszug aus dem Rechnungsinhalt:

Pos.1 Schraubenzieher Set 80-teilig	112,00 EUR
Pos.2 Werkstattwagen	598,00 EUR
Nettobetrag	710,00 EUR
+ 19% MwSt.	134,90 EUR
Bruttobetrag	844,90 EUR

- Pos 1 ist als GWG Sofortabschreibung zu erfassen.

- Pos 2 ist als GWG Sammelposten mit der Abschreibungsmethode GWG Poolabschreibung zu erfassen.

Aufgabe 3

✎ Kontrollieren Sie die Salden der folgenden FIBU-Konten über die Ansicht FI-BU-Konto anzeigen.

Konto	Bezeichnung	Betrag	Soll / Haben
70000	TECNEC GmbH	0,00 EUR	
1600	Verbindlichkeiten aus Lieferungen und Leistungen	0,00 EUR	
485	Wirtschaftsgüter Sammelposten	5.158,00 EUR	Soll
4855	GWG Sofortabschreibung	492,00 EUR	Soll
1000	Kasse	5.261,76 EUR	Soll
1200	Bank	69.223,15 EUR	Soll
1576	Abziehbare Vorsteuer 19 %	12.312,49 EUR	Soll

Aufgabe 4

✎ Sichern Sie den Mandanten Fielbauer und Partner GmbH und schreiben Sie anschließend die Buchungsstapel *Buchungen März 2015* und *Buchungen April 2015* fest.

Exkurs: GWG zwischen 150,00 und 410,00 EUR

Firma Fielbauer und Partner GmbH nutzt für das Jahr 2015 das GWG Wahlrecht nach Alternative 2, GWG von 150,00 EUR bis 1.000,00 EUR als GWG Wirtschaftsgüter Sammelposten zu buchen.

Natürlich kann eine Firma auch die Variante 1 anwenden: GWG mit einem Wert von 150,00 EUR bis 410,00 EUR netto als GWG zu buchen und diese zu aktivieren. Sie können anschließend beim Jahresabschluss über die Sofortabschreibung GWG komplett abgeschrieben werden.

Anhand eines Informationsbeispiels soll dies jetzt demonstriert werden: Barkauf Faxgerät netto, 400,00 EUR zzgl. MwSt. 76,00 EUR, brutto 476,00 EUR.

Bitte nicht buchen, da es sich hier nur um ein Demonstrationsbeispiel handelt!

Der Buchungssatz

Soll	Betrag	an	Haben	Betrag
480 Geringwertiges Wirtschaftsgut	400,00 EUR	an	1000 Kasse	476,00 EUR
1576 Abziehbare Vorsteuer 19 %	76,00 EUR			

Aufgrund der Sofortaktivierung kann das GWG über die Soforterfassung Anlagenbuchführung inventarisiert und die GWG-Sofortabschreibung festgelegt werden.

Beim Auswahlfeld *AfA-Art* muss die Abschreibungsart *8 GWG-Sofortabschreibung (08)* ausgewählt werden (Bild 6.10).

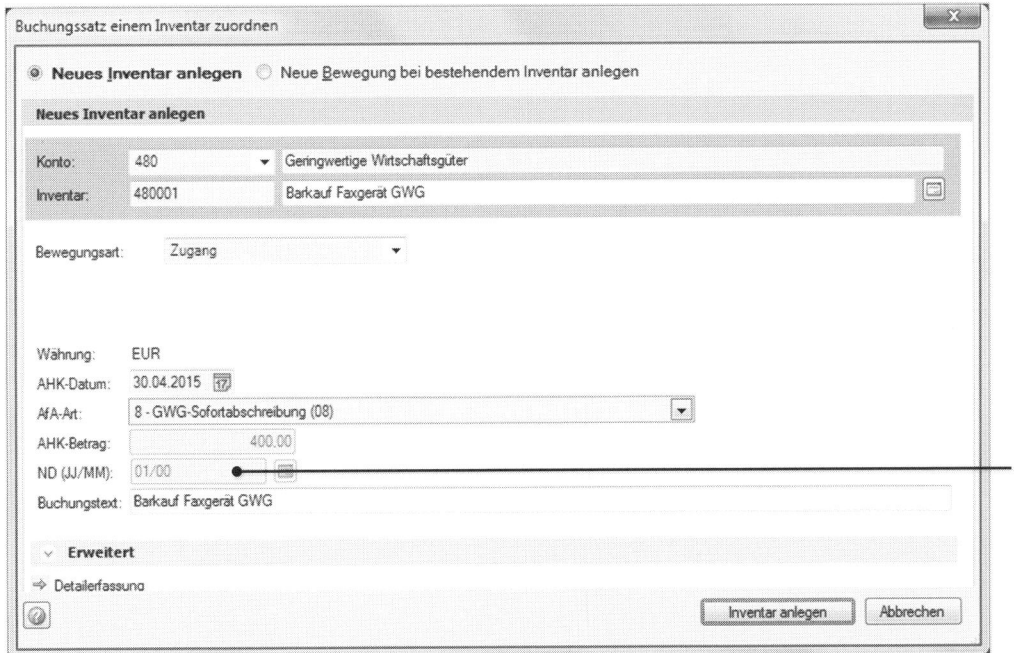

Bild 6.10 GWG Sofortabschreibung

Im Feld ND (JJ/MM) wird automatisch die Nutzungsdauer von 1 Jahr eingetragen.

6.3 GWG-Zugänge in der Anlagenbuchhaltung kontrollieren

Aufgrund der Soforterfassung Anlagenbuchführung in DATEV Kanzlei-Rechnungswesen pro werden die erfassten GWG-Buchungen in die Anlagenbuchhaltung übertragen und müssen selbstverständlich kontrolliert werden. Dies ist sehr wichtig, damit bei einer späteren Übergabe der Abschreibungswerte keine falschen Werte übertragen werden.

> **Ausgangssituation**
>
> Am 27.04.2015 wurde mit Eingangsrechnung Nr. ER1820-2015 ein Industriestaubsauger Hoober F10 mit einem Buchwert von 845,00 EUR gebucht. Der Industriestaubsauger wurde als geringwertiges Wirtschaftsgut Sammelposten (mehr als 150,00 EUR und nicht mehr als 1.000,00 EUR) mit der Abschreibungsmethode GWG Poolabschreibung erfasst. Der Abschreibungswert für das Jahr 2015 und die folgenden vier Jahr errechnet sich wie folgt:
>
> | | |
> |---|---|
> | Anschaffungswert: | 845,00 EUR |
> | Nutzungsdauer: | geteilt durch 5 Jahre |
> | | = 169,00 EUR pro Jahr (aufgerundet) |
> | Abschreibungsplan: | Jahr 2015   169,00 EUR |
> | | Jahr 2016:   169,00 EUR |
> | | Jahr 2017:   169,00 EUR |
> | | Jahr 2018:   169,00 EUR |
> | | Jahr 2019:   169,00 EUR |

Um den Zugang des Industriestaubsaugers Hoober F10 zu kontrollieren, gehen Sie wie folgt vor:

1   Wählen Sie den Menüpunkt *Stammdaten* → *Anlagenbuchführung* → *Inventarübersicht* oder klicken Sie über die Navigationsübersicht im geöffneten Ordner *Anlagenbuchführung* doppelt auf den Eintrag *Inventarübersicht*. Das Arbeitsblatt *Anlagenspiegelwerte* mit allen Anlagegütern wird geöffnet (Bild 6.11).

Bild 6.11 Anlagenspiegelwerte

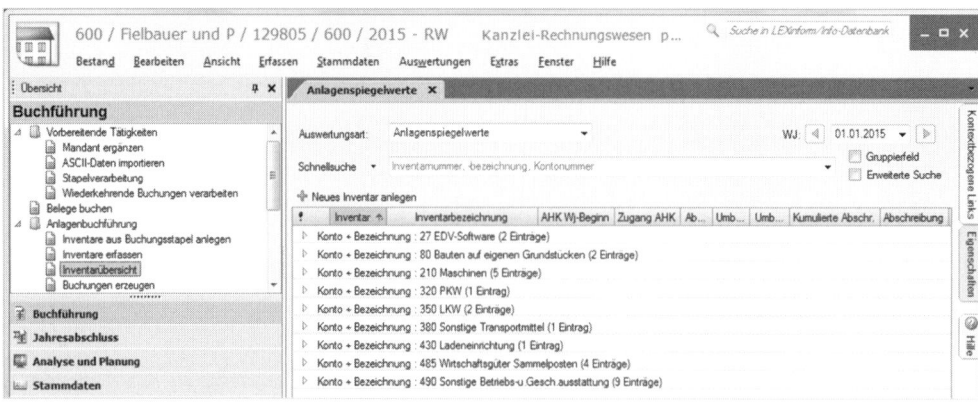

2 Klicken Sie auf dem Pfeil ▷ der Zeile *Konto + Bezeichnung: 485 Wirtschaftsgüter Sammelposten (4 Einträge)*, um die Einzelposten der FIBU-Gruppe anzeigen zu lassen. Hier finden Sie alle vorgetragenen und neu erfassten GWG Sammelposten (Bild 6.12).

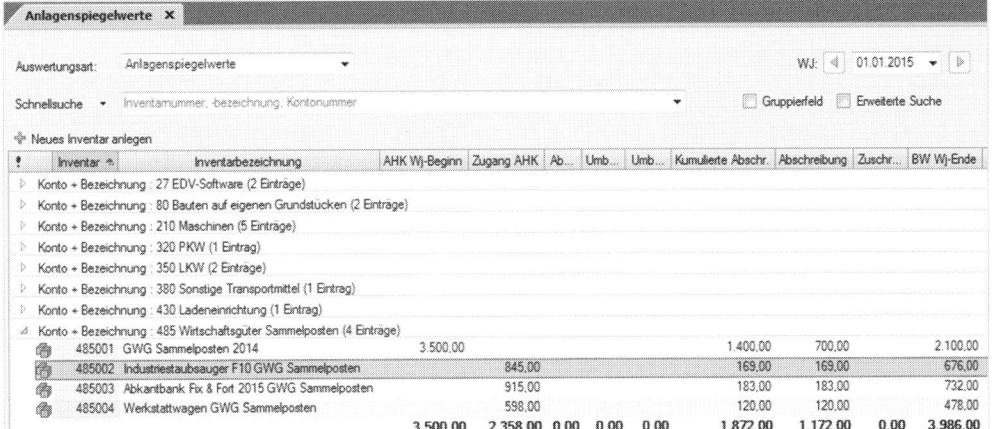

Bild 6.12 GWG Sammelposten

3 Der Industriestaubsauger Hoober F10 wird unter der Inventarnummer *485002* geführt. Klicken Sie doppelt auf diesen Eintrag.

Im Register *Bewegung* wird Ihnen die Bewegungsart *Zugang plus* mit dem Anschaffungsdatum 27.04.2015 und den Anschaffungskosten von 845,00 EUR angezeigt. Der Buchwert zum 31.12.2015 beträgt 676,00 EUR (Bild 6.13).

Bei der Abschreibungsart GWG-Poolabschreibung wird unabhängig vom Erwerb der Abschreibungsbetrag für das gesamte Jahr nach dem Vereinfachungsverfahren ermittelt.

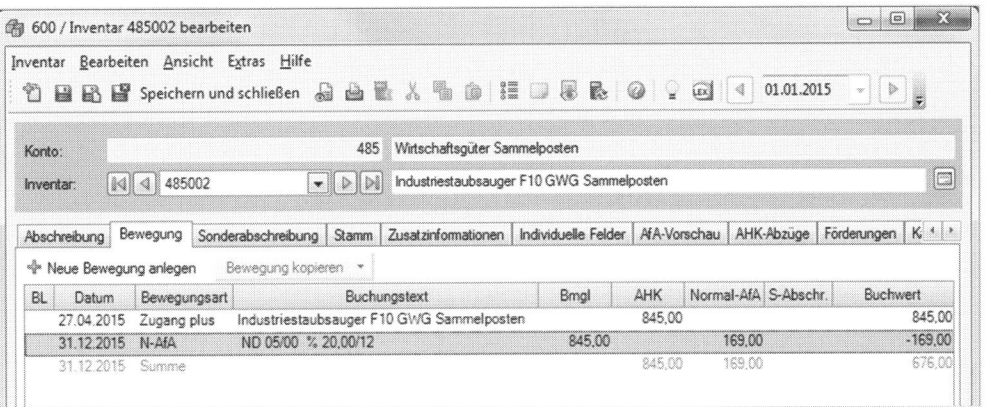

Bild 6.13 Register Bewegung

4 Klicken Sie auf das Register *AfA-Vorschau*. Der Abschreibungsplan zum GWG Sammelposten wird Ihnen angezeigt.

Bild 6.14 Abschrei-bungsplan

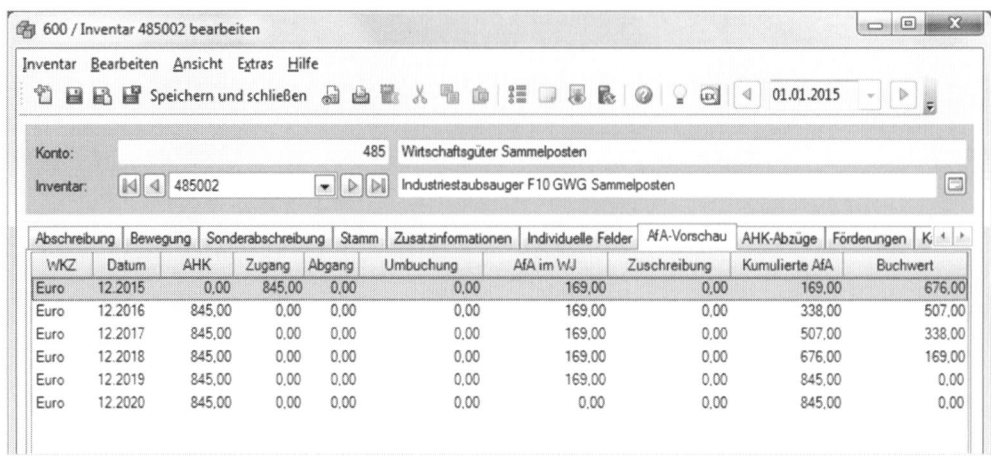

Tipp: Über das Register *Abschreibung* können die Abschreibungsart GWG Pool-abschreibung, das AHK-Datum und weitere Angaben zur Poolabschreibung eingesehen und ggfs. geändert werden.

5   Schließen Sie abschließend die Inventarkarte.

Übung: GWG Sammelposten kontrollieren

Aufgabe 1

✎   Prüfen Sie für folgende GWG Sammelposten die Zugänge und die Abschreibungswerte für das Jahr 2015:

Bezeichnung	Zugang	Abschreibung in 2015
Abkantbank Fix & Fort 2015	915,00 EUR	183,00 EUR
Werkstattwagen	598,00 EUR	120,00 EUR

Aufgabe 2

✎   Drucken Sie die Zugangsliste im Querformat als Gesamtliste aus.
Summe Wirtschaftsgüter Sammelposten: 2.358,00 EUR

✎   Schließen Sie abschließend alle geöffneten Arbeitsblätter.

Download   Die Musterlösung zur Zugangsliste im Querformat ist im PDF-Format zum Download verfügbar, Zugangsliste_Querformat_Gesamtliste_Kap06.pdf.

7 Verkauf von Anlagegütern

In diesem Kapitel erfahren Sie, wie ...

■ Sie den Verkauf von gebrauchten Anlagegütern erfassen,

■ Sie die Abgangsliste von Anlagegütern ausdrucken.

7.1   Verkauf von gebrauchten Anlagegütern

Ausgangssituation

Am 25. Juni 2015 wurde mit Kassenbeleg Nr. KA185 eine mobile Arbeitsbühne mit einem Verkaufserlös von netto 5.000,00 EUR zzgl. 19% MwSt. verkauft.

Für den Verkauf müssen in der Buchhaltung die folgenden Buchungen vorgenommen werden:

■   Die anteilmäßige Abschreibung bis zum Juni 2015 (Monat des Abgangs),

■   den Verkaufserlös des Anlagegutes und

■   das Verbuchen des Anlageabgangs (bei Buchgewinn/Buchverlust) = Wertberichtigung.

Da wir in unserem Übungsfall mit der Anlagenbuchhaltung arbeiten, können die anteilige Abschreibung bis zum Verkaufsdatum und der Anlagenabgang (Buchgewinn / Buchverlust) im Bereich der Anlagenbuchhaltung erfasst werden. Die dazugehörenden Buchungen ermittelt die Anlagenbuchhaltung eigenständig und kann bei der Übergabe der Abschreibungen an den Buchführungsbereich von DATEV Kanzlei-Rechnungswesen pro übertragen werden.

Den Buchungssatz für den Verkauf des Anlagegutes muss der Buchhalter in einem Buchungsstapel im Buchführungssektor von DATEV Kanzlei-Rechnungswesen pro verbuchen. Dies kann allerdings erst dann vorgenommen werden, wenn in der Anlagenbuchhaltung festgestellt wurde, ob das Anlagegut mit Buchgewinn oder Buchverlust verkauft wurde.

Anlagenabgang erfassen

Um den Anlagenabgang der mobilen Arbeitsbühne in der Anlagenbuchhaltung vorzunehmen, gehen Sie wie folgt vor:

1   Klicken Sie in der Übersicht doppelt auf den Eintrag *Inventarübersicht*. Alle vorgetragenen und neu erfassten Anlagegüter werden gruppiert nach FIBU- Konten aufgelistet.

Bild 7.1 Inventar-übersicht

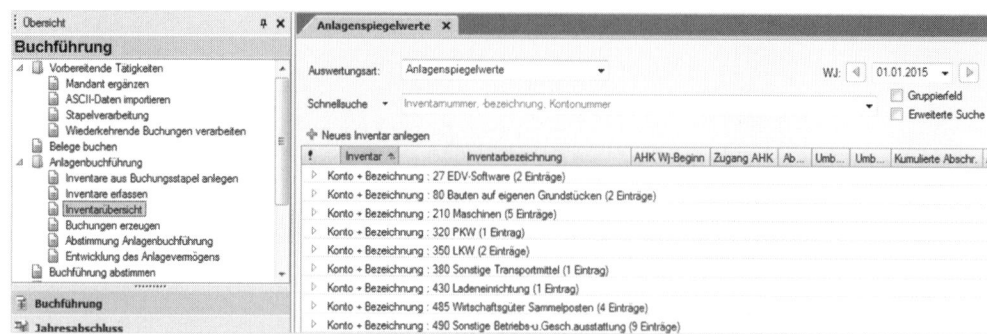

2   Klicken Sie auf *Konto + Bezeichnung: 490 Sonstige Betriebs-u. Gesch.ausstattung Sammelposten (9 Einträge)*, um die Details dieser FIBU-Gruppe anzeigen zu lassen (Bild 7.2).

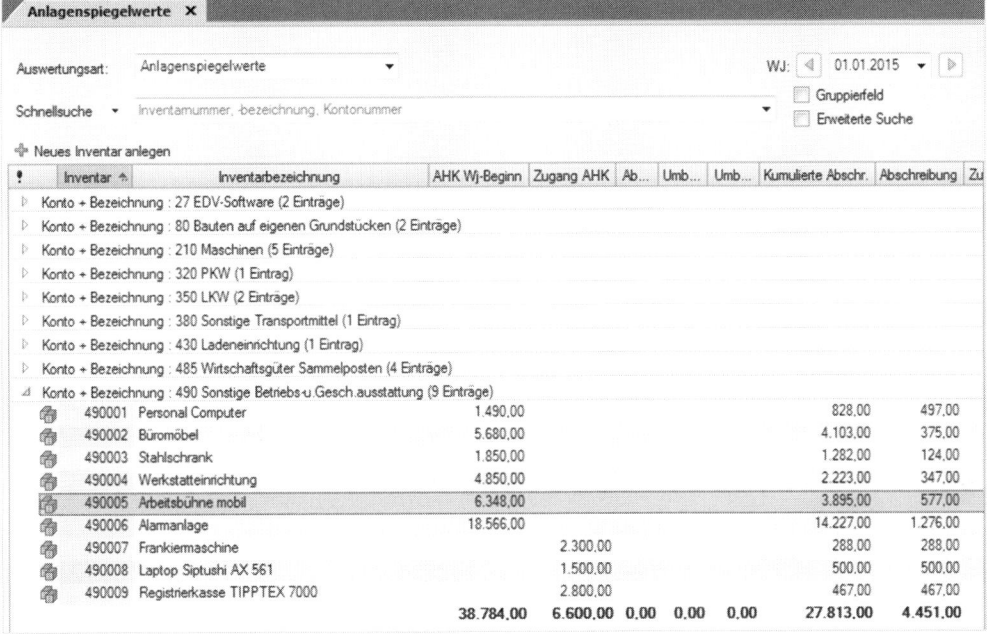

Bild 7.2 Konto 490

3   Im nächsten Schritt klicken Sie doppelt auf den Eintrag *490005 Arbeitsbühne mobil*.

Die Inventarkarte zur Arbeitsbühne mobil wird geöffnet. Im Register *Bewegung* werden Ihnen der Buchwert von 3.030,00 EUR am 01.01.2015, der jährliche Abschreibungsbetrag von 577,00 EUR und der Buchwert zum 31.12.2015 von 2.453,00 EUR angezeigt (Bild 7.3).

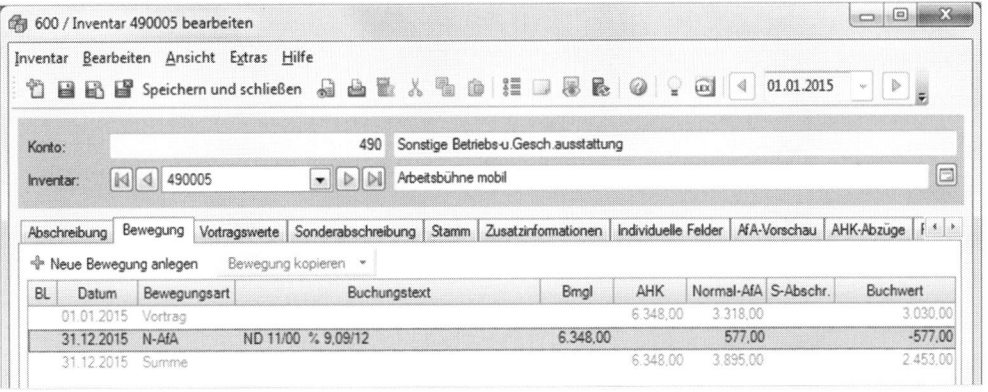

Bild 7.3 Inventarkarte: Register Bewegung

4   Klicken Sie auf das Register *Abschreibung*, um die weiteren Einstellungen zum Anlagegut mobile Arbeitsbühne anzeigen zu lassen. Sie wurde am 05.04.2009 mit einem Anschaffungswert von 6.348,00 EUR erfasst und wird linear über einen Zeitraum von 11 Jahren abgeschrieben. Da die Arbeitsbühne zum 25.06.2015 verkauft wird, darf jedoch lediglich die anteilige Abschreibung für das Jahr 2015 bis zum Verkaufsdatum vorgenommen werden.

Die Berechnung:

Abschreibungsbetrag jährlich: 577,00 EUR

geteilt durch 12 Monate

mal anteilige Monate 2014: * 6 Monate = 289,00 EUR (aufgerundet)

Die anteilige Abschreibung ermittelt die Anlagenbuchhaltung beim Anlagenabgang eigenständig.

Bild 7.4 Register Abschreibung

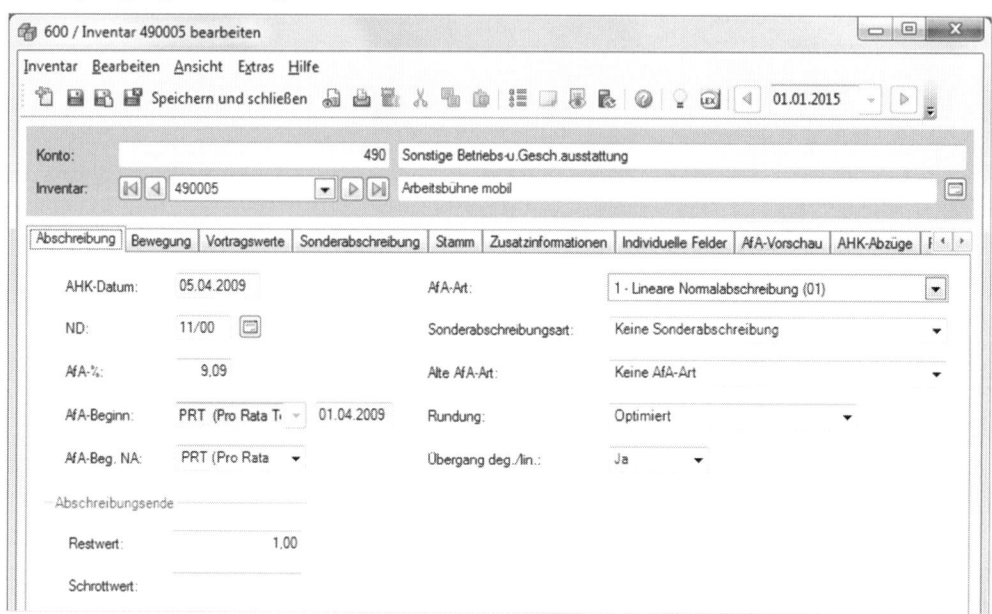

5 Um den Anlagenabgang zu erfassen, klicken Sie auf das Register *Bewegung* und hier auf *Neue Bewegung anlegen* (Bild 7.5).

Bild 7.5 Neue Bewegung anlegen

Neue Bewegung

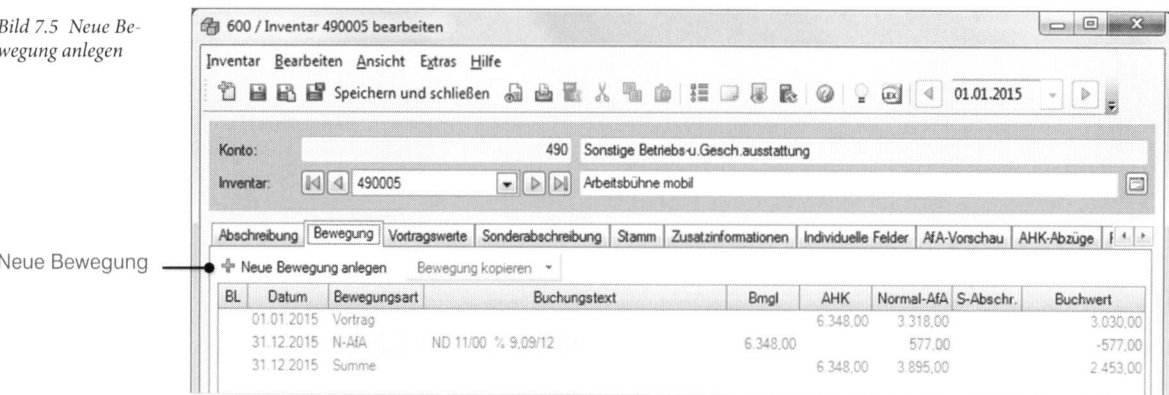

6 Das Dialogfenster *Bewegungen anlegen* wird geöffnet, klicken Sie in der Liste der möglichen Bewegungen auf den Eintrag *Vollabgang* und erfassen Sie die dazugehörigen Daten (Bild 7.6).

7 Geben Sie im Feld *Datum* das Buchungsdatum des Verkaufs, den 25.06.2015, ein.

Hinweis: Anhand des Verkaufsdatums wird die anteilmäßige Abschreibung monatsgenau für die Arbeitsbühne ermittelt.

8 Im Feld *Verkaufserlös (netto)* geben Sie den Nettoverkaufspreis der mobilen Arbeitsbühne von 5.000,00 EUR ein.

9 Im Auswahlfeld *Abschreibung ansetzen* kann der Standardeintrag *Monatsgenau* übernommen werden.

10 Geben Sie im Feld *Buchungstext* Verkauf mobile Arbeitsbühne ein.

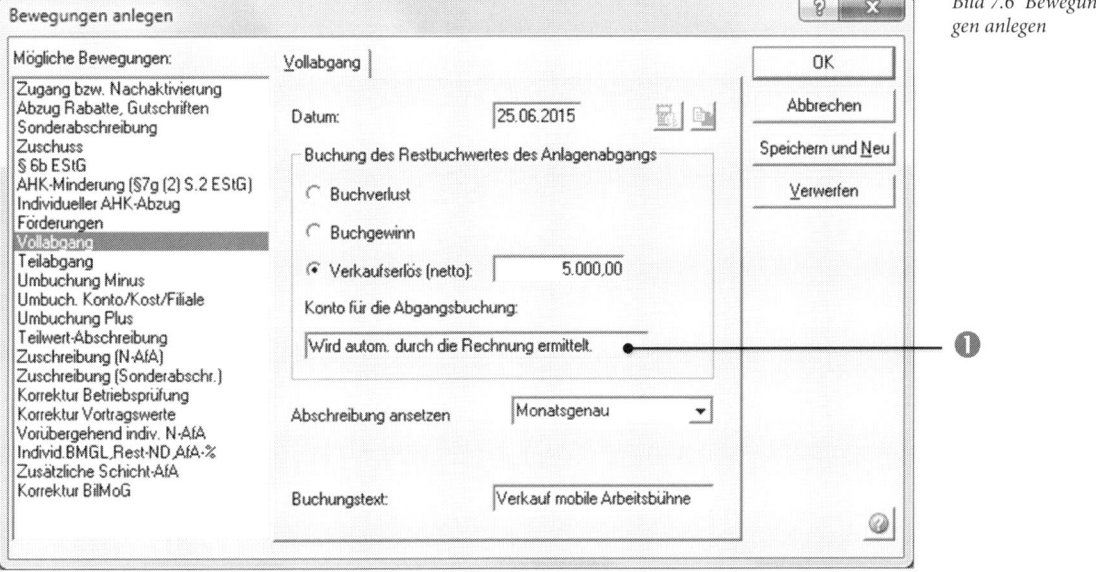

Bild 7.6 Bewegungen anlegen

❶ Die Konten für den Anlagenabgang bei Buchgewinn (SKR03 Konto 2315) und Buchverlust (SKR03 Konto 2310) ermittelt das Programm eigenständig.

11 Klicken Sie zuletzt auf die Schaltfläche *OK*. Das Programm ermittelt aus den Angaben die anteilige Abschreibung. Darüber hinaus stellt es fest, ob die Arbeitsbühne mit Buchgewinn oder Buchverlust verkauft wurde.

*Bild 7.7 Die antei-
lige Abschreibung*

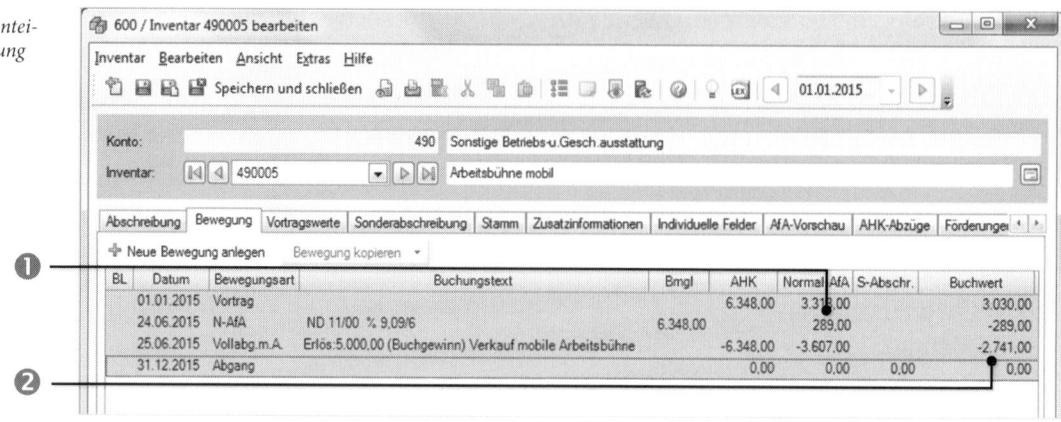

① Anteilige Abschreibung für 6 Monate: 289,00 EUR.

② Buchwert zum 25.06.2015: 2.741,00 EUR
Buchgewinn: 5.000,00 EUR - 2.741,00 EUR = 2.259,00 EUR

12 Klicken Sie anschließend auf das Symbol *Speichern und Schließen* 📱.

In der Auswertungsart Anlagenspiegelwerte wird Ihnen der Vollabgang der mobilen Arbeitsbühne wie in Bild 7.8 aufgeführt.

*Bild 7.8 Anlagen-
spiegelwerte*

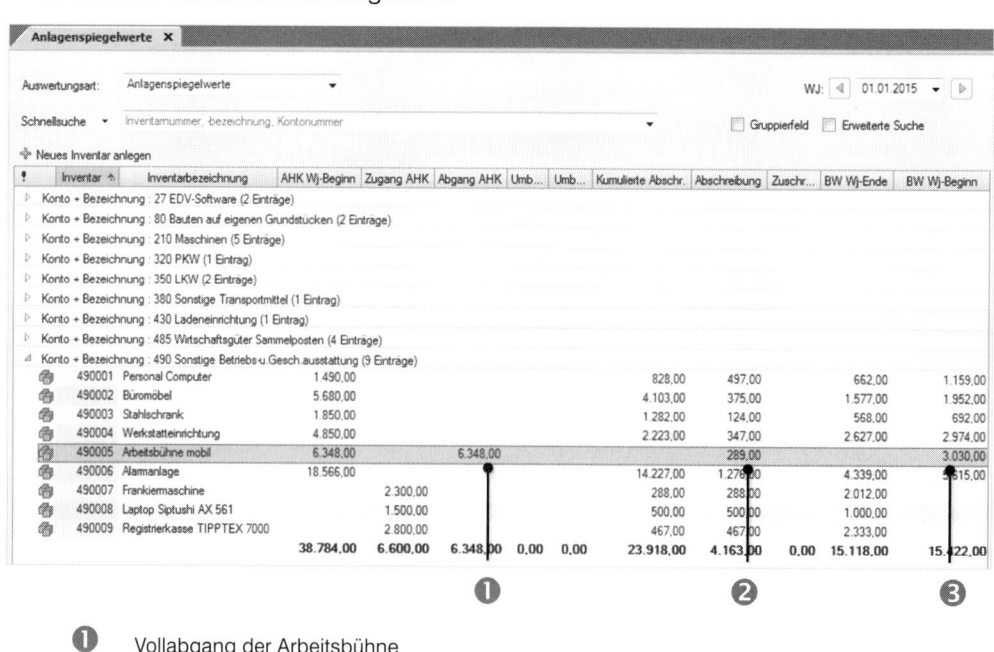

① Vollabgang der Arbeitsbühne

② Anteilige Abschreibung in 2015: 289,00 EUR

③ Buchwert 01.01.2015: 3.030,00 EUR
Buchwert 31.12.2015: 0,00 EUR

Abschreibung und Anlagenabgang buchen

Die Buchungssätze für die Abschreibung und den Anlagenabgang bildet die Anlagenbuchhaltung eigenständig. Sie können bei der Übergabe der Abschreibungsbuchungen an die Finanzbuchhaltung übertragen werden.

Folgende Buchungssätze werden von der Anlagenbuchhaltung an die Finanzbuchhaltung in Bezug auf den Vollabgang der mobilen Arbeitsbühne übergeben:

A. Anteilige Abschreibung

Soll	Betrag	an	Haben	Betrag
4830 Abschreibungen auf Sachanlagen	289,00 EUR	an	490 Sonstige Betriebs- und Geschäftsausstattung	289,00 EUR

B. Anlagenabgang

Soll	Betrag	an	Haben	Betrag
2315 Anlagenabgänge Sachanlagen / Restbuchwert bei BG(Buchgewinn)	2.741,00 EUR	an	490 Sonstige Betriebs- und Geschäftsausstattung	2.741,00 EUR

Der Verkauf des Anlageguts muss in einem Buchungsstapel der Finanzbuchhaltung verbucht werden. Um den Verkauf der mobilen Arbeitsbühne zu buchen, gehen Sie wie folgt vor:

1 Legen Sie einen neuen Buchungsstapel 01.06.2015 bis 30.06.2015 mit der Bezeichnung Buchungen Juni 2015 und Ihrem Diktatkürzel an.

2 Geben Sie den Buchungssatz für den Barverkauf der mobilen Arbeitsbühne mit Buchgewinn ein (Bild 7.9).

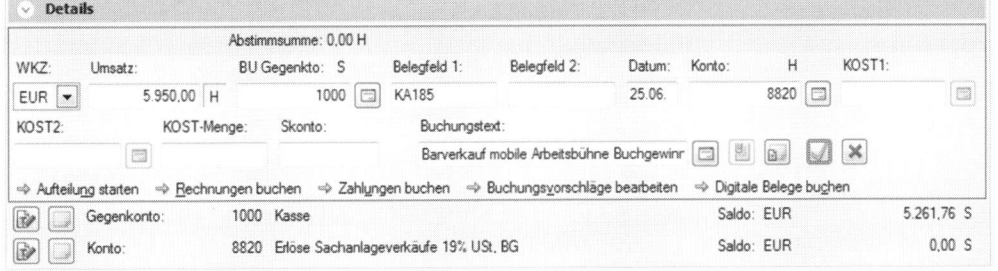

Bild 7.9 Buchung Barverkauf mobile Arbeitsbühne

Hinweis: Bei dem angegebenen Konto *8820 Erlöse Sachanlagenverkäufe 19% USt., BG (Buchgewinn)* handelt es sich um ein Automatikkonto. Der Umsatzsteuerbetrag wird automatisch gebildet und gebucht.

Wenn ein Anlagegut mit Buchverlust verkauft wurde, ist dies mit einem Konto, z. B. *Erlöse Sachanlagenverkäufe 19% USt., BV (Buchverlust) Automatikkonto*, zu buchen.

*Bild 7.10 Die
erfasste Buchung*

3 Klicken Sie anschließend auf das Symbol *Buchung übernehmen* ☑.

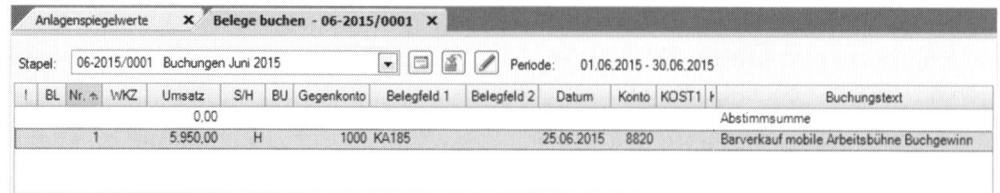

	BL	Nr. ⋏	WKZ	Umsatz	S/H	BU	Gegenkonto	Belegfeld 1	Belegfeld 2	Datum	Konto	KOST1	H	Buchungstext
				0,00										Abstimmsumme
		1		5.950,00	H		1000	KA185		25.06.2015	8820			Barverkauf mobile Arbeitsbühne Buchgewinn

Wiederholungsübung: Salden überprüfen

✎ Prüfen Sie über die Ansicht FIBU-Konto anzeigen die folgenden Salden:

Konto	Bezeichnung	Betrag	Soll / Haben
1000	Kasse	11.211,76 EUR	Soll
8820	Erlöse Sachanlagenverkäufe 19 % USt., BG	5.000,00 EUR	Haben
1776	Umsatzsteuer 19 %	950,00 EUR	Haben

Übung: Verkauf von Anlagegütern

Am 30. Juni 2015 wurde mit Kassenbeleg Nr. KA191 ein PC mit einem Verkaufserlös von netto 650,00 EUR zzgl. 19% MwSt. 123,50 EUR, brutto 773,50 EUR bar verkauft.

*Die Lösungen
finden Sie im
Lösungsteil*

Aufgabe 1

✎ Erfassen Sie den Anlagenabgang des PCs in der Anlagenbuchhaltung. Nach der Erfassung ergeben sich folgende Werte:

Abschreibungsbetrag anteilmäßig:		248,00 EUR
Buchverlust:	Erlös:	650,00 EUR
	Buchwert 30.06.2015:	911,00 EUR
	Buchverlust:	261,00 EUR

Aufgabe 2

✎ Buchen Sie in der Finanzbuchhaltung im Buchungsstapel *Buchungen Juni 2015* den Barverkauf des PCs.

✎ Kontrollieren Sie anschließend die Salden der folgenden FIBU-Konten über die Ansicht FIBU-Konto anzeigen.

Konto	Bezeichnung	Betrag	Soll / Haben
1000	Kasse	11.985,26 EUR	Soll
8801	Erlöse Sachanlagenverkäufe 19% USt., BV (Buchverlust)	650,00 EUR	Haben
1776	Umsatzsteuer 19 %	1.073,50 EUR	Haben

✎ Schließen Sie anschließend den Buchungsstapel.

✎ Den Buchungsstapel bitte noch nicht festschreiben.

Aufgabe 3

✎ Sichern Sie den Mandanten Fielbauer und Partner GmbH.

7.2 Abgangsliste drucken

Natürlich verfügt das Programm auch bei den Anlagenabgängen über diverse Auswertungsmöglichkeiten. Hierzu steht Ihnen die Abgangsliste zur Verfügung, bei der Sie die Anlagenabgänge und den Buchgewinn bzw. Buchverlust mit ausdrucken können.

Um die Abgangsliste auszudrucken, gehen Sie - wie nachfolgend dargestellt - vor:

1 Wählen Sie den Menüpunkt *Auswertungen → Anlagenbuchführung → Abgangsliste....* Das Arbeitsblatt mit der Seitenansicht auf die Abgangsliste wird am Bildschirm angezeigt. Standardmäßig wird die Liste im Querformat und als Gesamtliste dargestellt. Seite 1 zeigt die Summen der Abgänge mit Anschaffungskosten, Verkaufserlösen, Buchgewinn/-verlusten und Buchwert bei Anlagenabgang (Bild 7.11).

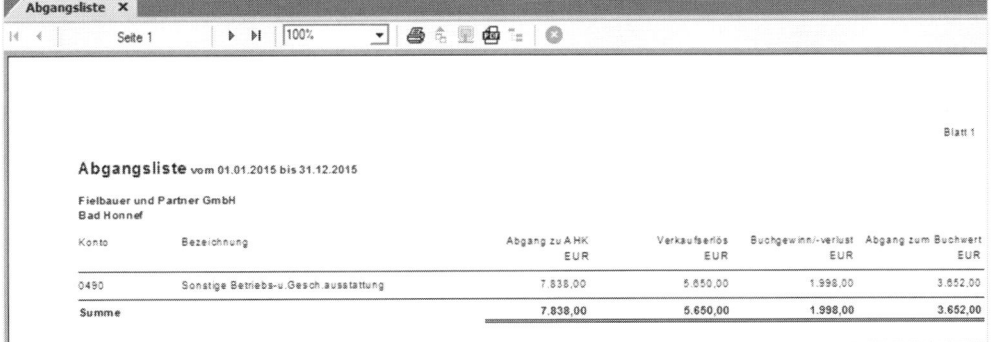

Bild 7.11 Abgangsliste

2   Um zusätzliche Details zur Abgangsliste anzeigen zu lassen, klicken Sie im rechten Zusatzbereich über das Register *Eigenschaften* auf den Eintrag *Umfang und Varianten*.

Hier können Sie z. B. über das Auswahlfeld *Listbildauswahl: Hochformat* auswählen (Bild 7.12). Die Abgangsliste kann über die Eigenschaften natürlich noch weiter individuell angepasst werden. Zum Übernehmen der Änderungen klicken Sie auf die Schaltfläche *Übernehmen*.

Bild 7.12 Abgangsliste: Eigenschaften

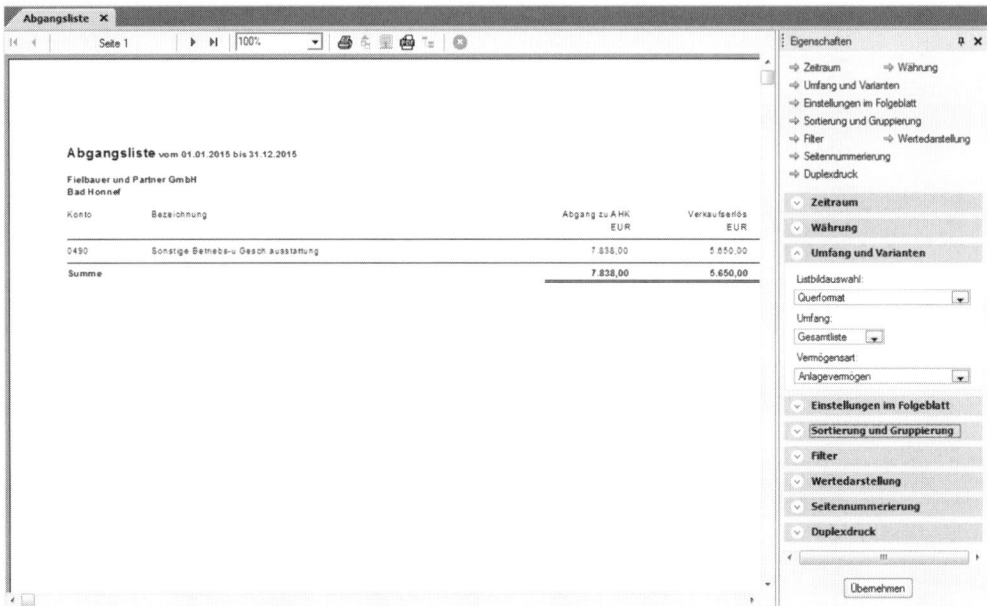

Die Abgangsliste wird nun mit den Detailinformationen auf den Folgeseiten angezeigt. Auf Seite 1 erhalten Sie Gesamtinformationen zu den Abgängen:

Verkaufserlöse:	5.650,00 EUR
abzgl. Abgang Buchwerte	3.652,00 EUR
Gleich Buchgewinn gesamt von:	1.998,00 EUR

Bild 7.13 Seite 1

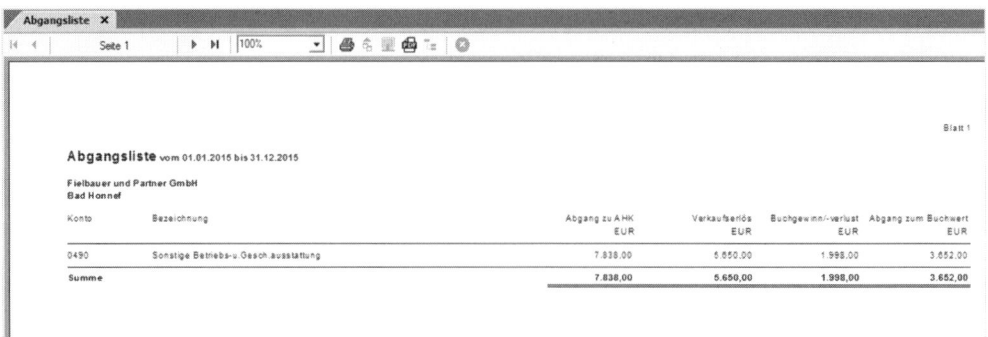

3 Klicken Sie die Navigationspfeile, um zur nächsten Seite zu blättern.

Seite 2, Detailinformationen zu den Abgängen: Darstellung der Abgänge Kontengruppe 0490, Sonstige Betriebs- und Geschäftsausstattung

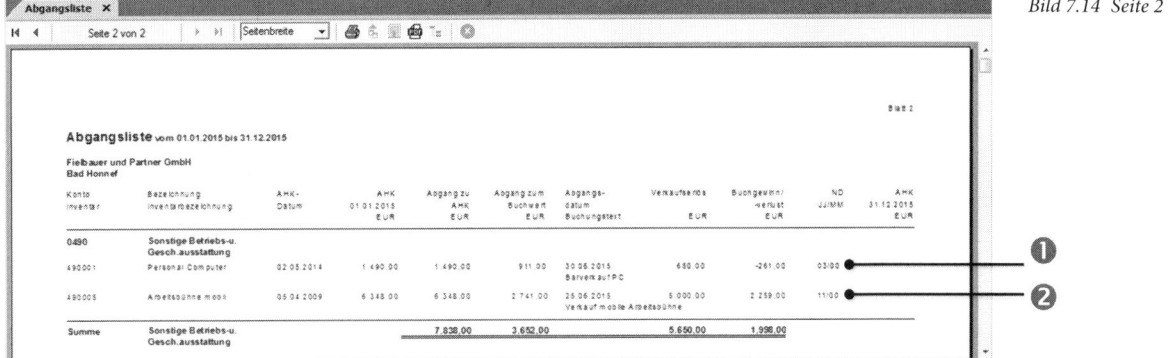

Bild 7.14 Seite 2

❶ Personal Computer
  Verkaufserlös: 650,00 EUR
  abzgl. Abgang Buchwert: 911,00 EUR
  = Buchverlust von: 261,00 EUR

❷ Arbeitsbühne mobil
  Verkaufserlös: 5.000,00 EUR
  abzgl. Abgang Buchwert: 2.741,00 EUR
  = Buchgewinn von: 2.259,00 EUR

4 Um die Abgangsliste auszudrucken, klicken Sie auf das Symbol *Drucken*. Im
nachfolgenden Dialogfenster legen Sie den Druckumfang fest: *Alle Seiten* oder
individuell mit der Option *bestimmte Seiten* und Angabe der Seitenzahl.

5 Klicken Sie auf die Option *Alle Seiten* und anschließend auf die Schaltfläche *OK*.

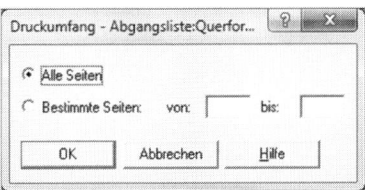

*Bild 7.15 Druck-
umfang festlegen*

6 Die Abgangsliste wird nun ausgedruckt. Schließen Sie zuletzt das Arbeitsblatt
Abgangsliste.

Notizen

8 Übergabe der Buchungen

In diesem Kapitel erfahren Sie, wie ...

■ Sie automatischen Buchungen aus der Anlagenbuchführung kontrollieren,

■ Abschreibungsbuchungssätze an die Finanzbuchführung übertragen werden.

8.1 Automatische Buchungen in der Anlagenbuchhaltung kontrollieren

Durch das Erfassen von Wirtschaftsgütern des Anlagevermögens in der Anlagenbuchhaltung und Übergabe von anlagerelevanten Buchungen aus der Finanzbuchhaltung von DATEV Kanzlei-Rechnungswesen pro werden vor allem Abschreibungsbuchungen erzeugt. Diese Abschreibungsbuchungen können von der Anlagenbuchhaltung an die Finanzbuchhaltung übertragen werden.

Bei Anlagenabgängen ermittelt das Programm den Buchungssatz für die Ausbuchung des Anlagegutes aus dem Betriebsvermögen.

Bevor die Buchungen übertragen werden, ist es natürlich notwendig, die Buchungen zu kontrollieren. Die Anlagenbuchhaltung stellt für diese Kontrolle die bereits bekannten Inventarübersichten mit den Abschreibungsbeträgen sowie eine Buchungsliste mit den Buchungssätzen zur Verfügung.

In unserem Übungsfall werden die Abschreibungsbuchungen und die Anlagenabgänge übungstechnisch einmalig am Ende des Geschäftsjahres übertragen. In der Praxis werden bei vielen Firmen allerdings die Abschreibungswerte oftmals monatlich übertragen. Die Abschreibungen werden in der betriebswirtschaftlichen Auswertung für den laufenden Monat benötigt, um eine genaue BWA oder auch kalkulatorische Abschreibungen zu erhalten.

Um die Buchungen in der Anlagenbuchhaltung zu kontrollieren, gehen Sie wie folgt vor.

1 Wählen Sie den Menüpunkt *Auswertungen* → *Anlagenbuchführung* → *Buchungsliste....* Das Arbeitsblatt mit der Seitenansicht auf die Buchungsliste wird am Bildschirm angezeigt. Standardmäßig erhalten Sie die Liste im Hochformat und mit den monatlichen Abschreibungswerten für den Monat Januar 2015 (Bild 8.1).

2 Klicken Sie im rechten Zusatzbereich auf das Register *Eigenschaften*, um Aussehen und Umfang der Buchungsliste festzulegen.

Bild 8.1 Buchungsliste

3 Klicken Sie zunächst auf den Eintrag *Zeitraum*. Damit die Buchungssätze für das gesamte Wirtschaftsjahr 2015 angezeigt werden, wählen Sie die Option *Gesamtes Wirtschaftsjahr* (Bild 8.2).

4 Um möglichst viele Informationen zu erhalten, klicken Sie außerdem in den Eigenschaften auf *Umfang und Varianten*. Wählen Sie im Feld *Listbildauswahl* die Einstellung *Hochformat* und als Umfang *Gesamtliste* aus. Im Abschnitt *Einstellungen im Folgeblatt* aktivieren Sie noch *Gesamtsumme ausgeben* (Bild 8.2).

5 Klicken Sie dann auf die Schaltfläche *Übernehmen*.

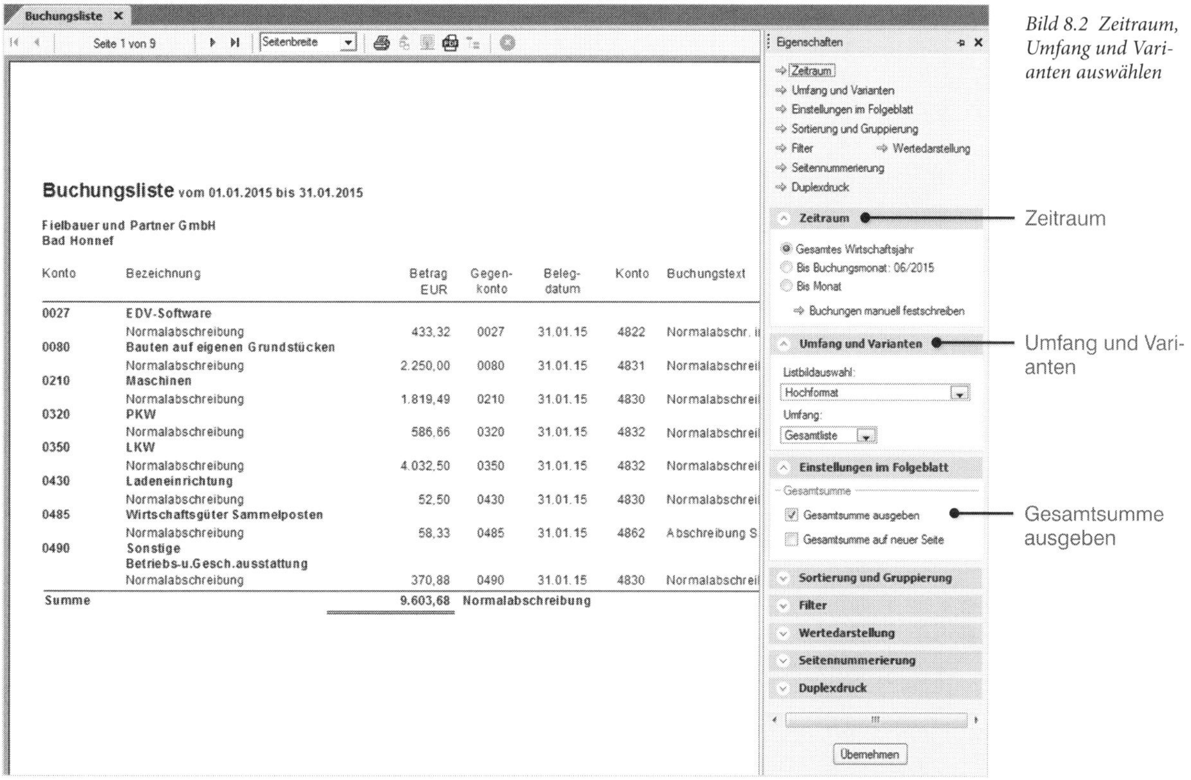

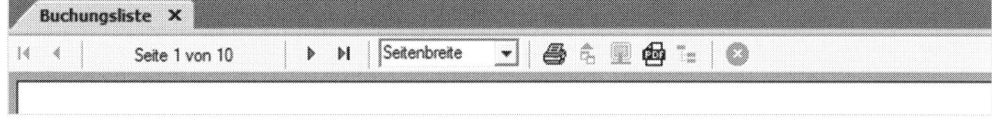

Bild 8.2 Zeitraum, Umfang und Varianten auswählen

6 Es werden nun alle Abschreibungsbuchungssätze für das Geschäftsjahr 2015 mit den jeweiligen Summen und die Anlagenabgänge angezeigt (Bild 8.4). Die Beträge im Feld *Konto* werden im Soll und im Feld *Gegenkonto* im Haben gebucht.

7 Benutzen Sie jeweils die Navigationsschaltfläche *Nächste Seite*, um die weiteren Seiten anzuzeigen, mit der Schaltfläche *Zurück* blättern Sie wieder zurück.

Bild 8.3 Navigation in der Seitenansicht

Bild 8.4 Seite 1

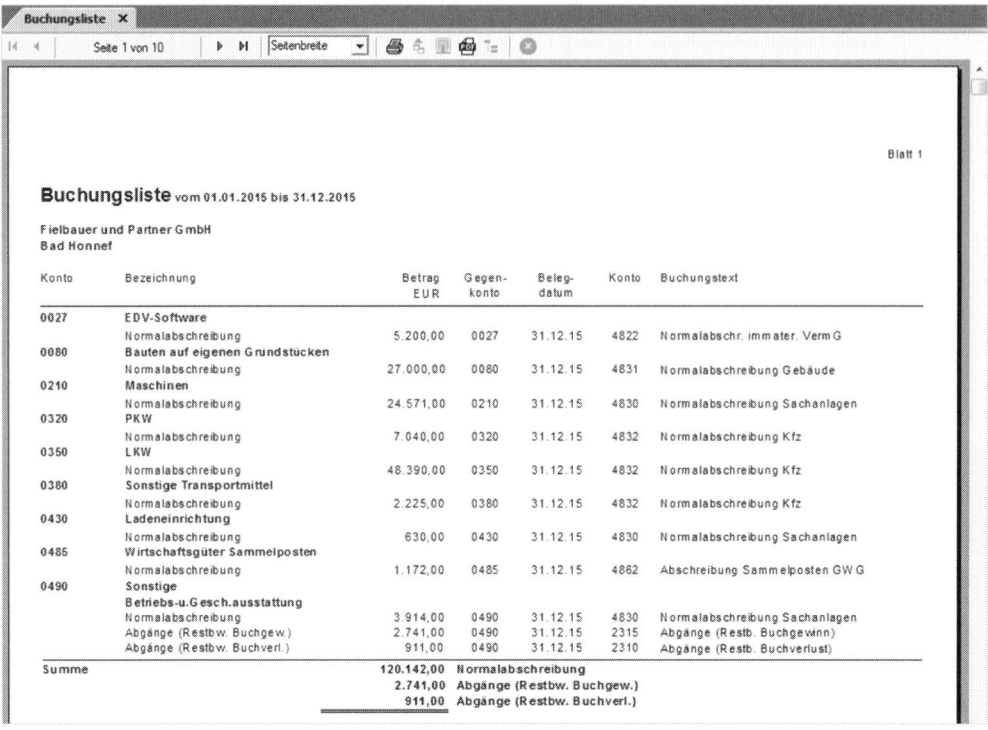

Auf Seite 2 werden die Abschreibungsbuchungen der Kontengruppe *0027, EDV-Software* dargestellt.

Bild 8.5 Seite 2

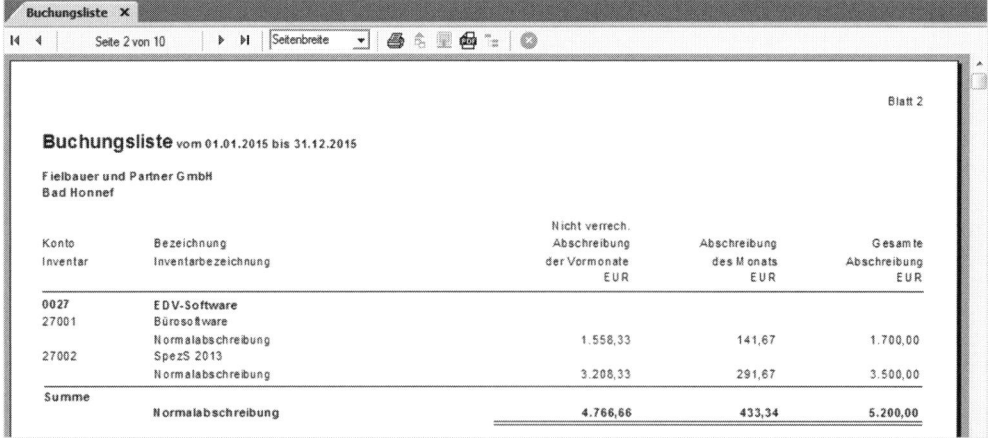

Die Jahresabschreibungswerte:

Bürosoftware   1.700,00 EUR

SpezS 2013   3.500,00 EUR

Die nicht verrechneten Abschreibungswerte der Vormonate und die monatliche Abschreibung werden Ihnen zusätzlich angezeigt.

Seite 3: Abschreibungsbuchungen Kontengruppe *0080, Bauten auf eigenen Grundstücken*.

Buchungsliste ×
Seite 3 von 10
Seitenbreite

Buchungsliste vom 01.01.2015 bis 31.12.2015

Fielbauer und Partner GmbH
Bad Honnef

Konto Inventar	Bezeichnung Inventarbezeichnung	Nicht verrech. Abschreibung der Vormonate EUR	Abschreibung des Monats EUR	Gesamte Abschreibung EUR
0080	**Bauten auf eigenen Grundstücken**			
80001	Geschäftsgebäude			
	Normalabschreibung	14.300,00	1.300,00	15.600,00
80002	Produktionshalle			
	Normalabschreibung	10.450,00	950,00	11.400,00
Summe				
	Normalabschreibung	**24.750,00**	**2.250,00**	**27.000,00**

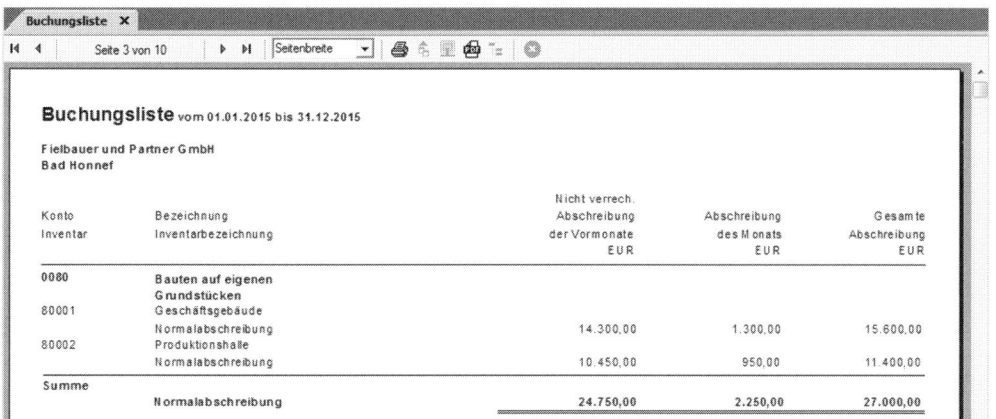

Bild 8.6 *Seite 3, Kontengruppe 0080*

Seite 4: Abschreibungsbuchungen Kontengruppe 0210 Maschinen

Buchungsliste ×
Seite 4 von 10
Seitenbreite

Buchungsliste vom 01.01.2015 bis 31.12.2015

Fielbauer und Partner GmbH
Bad Honnef

Konto Inventar	Bezeichnung Inventarbezeichnung	Nicht verrech. Abschreibung der Vormonate EUR	Abschreibung des Monats EUR	Gesamte Abschreibung EUR
0210	**Maschinen**			
210001	Druckkessel IFX 2007			
	Normalabschreibung	5.843,75	531,25	6.375,00
210002	Verpackungsmasch. MS5			
	Normalabschreibung	6.700,83	609,17	7.310,00
210003	Produktionsmasch. FS80			
	Normalabschreibung	7.469,91	679,09	8.149,00
210004	Eloxiermaschine HUFNER 5011			
	Normalabschreibung	1.154,54	115,46	1.270,00
210005	Trennmaschine ROTEX			
	Normalabschreibung	1.333,63	133,37	1.467,00
Summe				
	Normalabschreibung	**22.502,66**	**2.068,34**	**24.571,00**

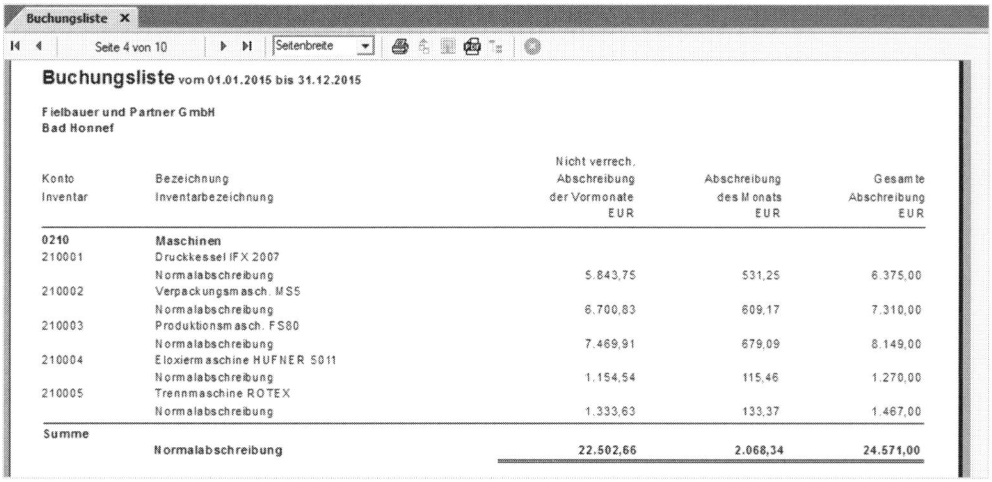

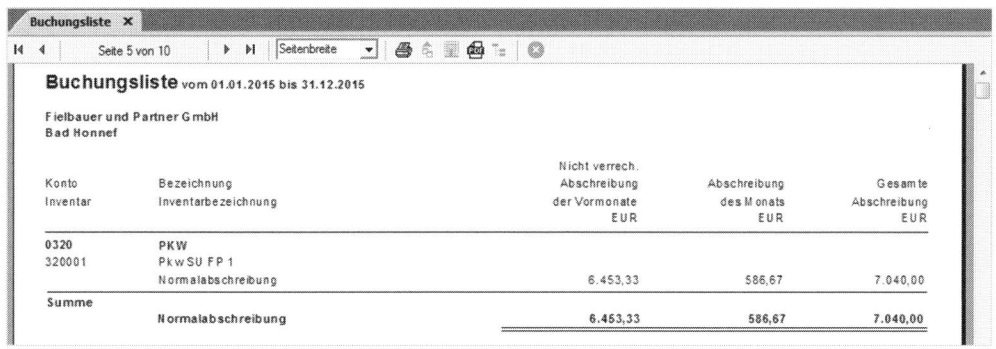

Bild 8.7 *Seite 4, Kontengruppe 0210*

Seite 5: Abschreibungsbuchungen Kontengruppe 0320 PKW

Buchungsliste ×
Seite 5 von 10
Seitenbreite

Buchungsliste vom 01.01.2015 bis 31.12.2015

Fielbauer und Partner GmbH
Bad Honnef

Konto Inventar	Bezeichnung Inventarbezeichnung	Nicht verrech. Abschreibung der Vormonate EUR	Abschreibung des Monats EUR	Gesamte Abschreibung EUR
0320	**PKW**			
320001	Pkw SU FP 1			
	Normalabschreibung	6.453,33	586,67	7.040,00
Summe				
	Normalabschreibung	**6.453,33**	**586,67**	**7.040,00**

Bild 8.8 *Seite 5, Kontengruppe 0320*

Der ermittelte Wert erfolgte über die Leistungsabschreibung: Gefahrene km im Jahr 2015: 32.000 km

Seite 6: Abschreibungsbuchungen Kontengruppe 0350 LKW

Bild 8.9 Seite 6, Kontengruppe 0350

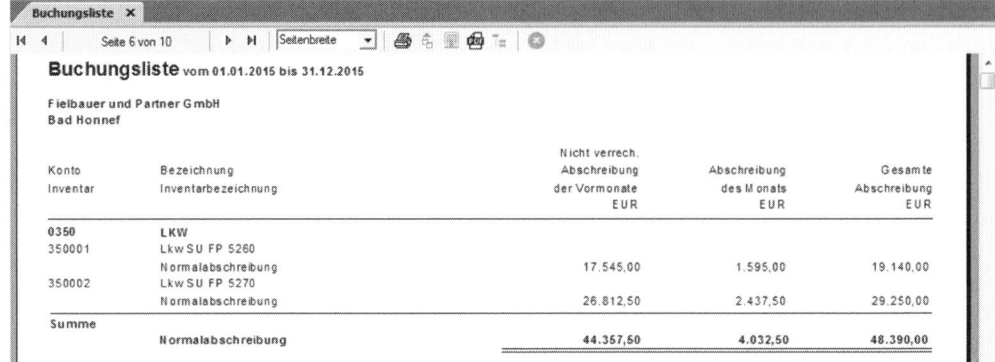

Die ermittelten Werte erfolgten über die Leistungsabschreibung.
Gefahrene km im Jahr 2015: 58.000 km   LKW SU FP 5260
Gefahrene km im Jahr 2015: 75.000 km   LKW SU FP 5270

Seite 7: Abschreibungsbuchungen Kontengruppe 0380 sonstige Transportmittel

Bild 8.10 Seite 7, Kontengruppe 0380

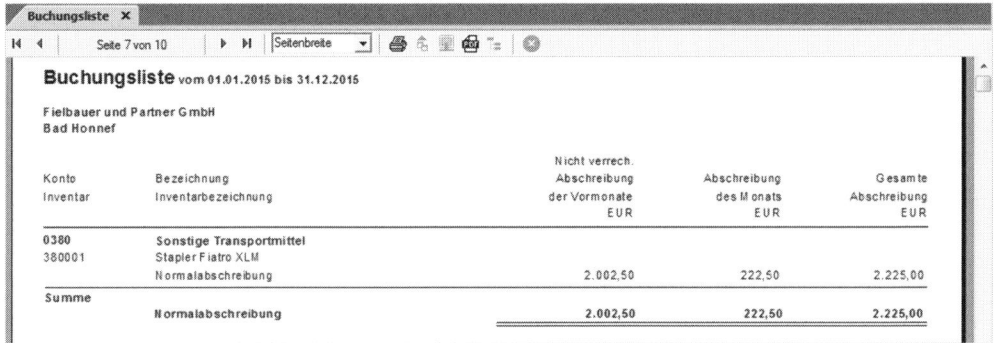

Seite 8: Abschreibungsbuchungen Kontengruppe 0430 Ladeneinrichtung

Bild 8.11 Seite 8, Kontengruppe 0430

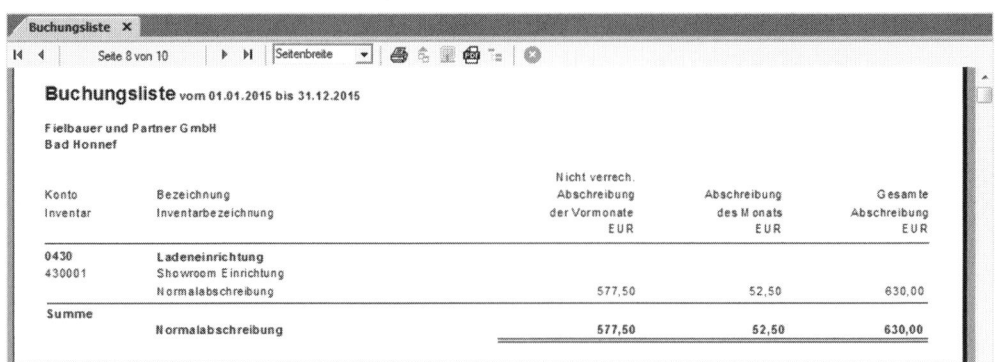

Abschreibungsbuchungen Kontengruppe 0485 Wirtschaftsgüter Sammelposten

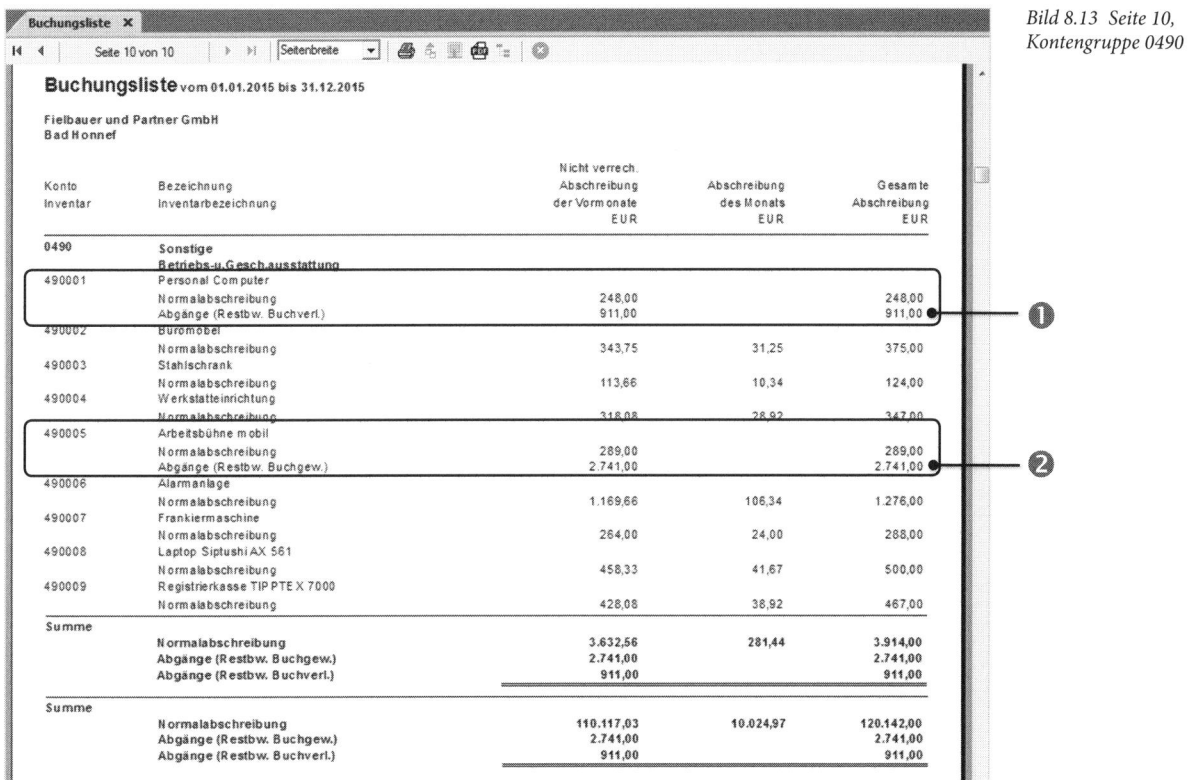

Bild 8.12 Seite 9, Kontengruppe 0485

Seite 10: Abschreibungsbuchungen und Anlagenabgänge Kontengruppe 0490 Sonstige Betriebs- und Geschäftsausstattung

Bild 8.13 Seite 10, Kontengruppe 0490

❶ Abgang Personal Computer Restbuchwert mit Buchverlust: 911,00 EUR

❷ Abgang Arbeitsbühne mobil Restbuchwert mit Buchgewinn: 2.741,00 EUR

Die Gesamtsummen für das Jahr 2015 werden am Ende der letzten Seite wie in Bild 8.14 aufgelistet.

Bild 8.14 Seite 10 mit Gesamtsummen

Buchungsliste ×

I◀ ◀   Seite 10 von 10   ▶ ▶I   Seitenbreite ▾

Buchungsliste vom 01.01.2015 bis 31.12.2015

Fielbauer und Partner GmbH
Bad Honnef

Konto Inventar	Bezeichnung Inventarbezeichnung	Nicht verrech. Abschreibung der Vormonate EUR	Abschreibung des Monats EUR	Gesamte Abschreibung EUR
0490	Sonstige Betriebs-u.Gesch.ausstattung			
490001	Personal Computer			
	Normalabschreibung	248,00		248,00
	Abgänge (Restbw. Buchverl.)	911,00		911,00
490002	Büromöbel			
	Normalabschreibung	343,75	31,25	375,00
490003	Stahlschrank			
	Normalabschreibung	113,66	10,34	124,00
490004	Werkstatteinrichtung			
	Normalabschreibung	318,08	28,92	347,00
490005	Arbeitsbühne mobil			
	Normalabschreibung	289,00		289,00
	Abgänge (Restbw. Buchgew.)	2.741,00		2.741,00
490006	Alarmanlage			
	Normalabschreibung	1.169,66	106,34	1.276,00
490007	Frankiermaschine			
	Normalabschreibung	264,00	24,00	288,00
490008	Laptop Siptushi AX 561			
	Normalabschreibung	458,33	41,67	500,00
490009	Registrierkasse TIPPTEX 7000			
	Normalabschreibung	428,08	38,92	467,00
Summe				
	Normalabschreibung	3.632,56	281,44	3.914,00
	Abgänge (Restbw. Buchgew.)	2.741,00		2.741,00
	Abgänge (Restbw. Buchverl.)	911,00		911,00
Summe				
	Normalabschreibung	110.117,03	10.024,97	120.142,00
	Abgänge (Restbw. Buchgew.)	2.741,00		2.741,00
	Abgänge (Restbw. Buchverl.)	911,00		911,00

Gesamtsummen 2015

8 Um die Buchungsliste auszudrucken, klicken Sie auf das Symbol *Drucken*. Im nachfolgenden Dialogfenster legen Sie den Druckumfang fest: *Alle Seiten* oder individuell mit der Option *bestimmte Seiten* und Angabe der Seitenzahl.

Tipp: Mit Klick auf das Symbol *PDF* 📄 können Sie die Buchungsliste auch in eine PDF-Datei exportieren.

9 Klicken Sie auf die Option *Alle Seiten* und anschließend auf die Schaltfläche *OK*.

Bild 8.15 Druck-umfang festlegen

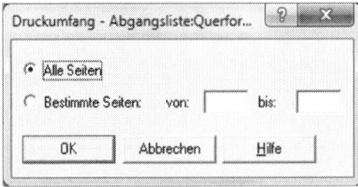

Druckumfang - Abgangsliste:Querfor...   ? ✕

  ● Alle Seiten

  ○ Bestimmte Seiten: von: ☐   bis: ☐

  [OK]   [Abbrechen]   [Hilfe]

10 Schließen Sie zuletzt das Arbeitsblatt *Buchungsliste*.

8.2 Buchungssätze an die Finanzbuchführung übertragen

Buchungssätze übertragen

Nachdem alle Buchungssätze über die Buchungsliste kontrolliert wurden, können diese im letzten Schritt an die Finanzbuchhaltung von DATEV Kanzlei-Rechnungswesen pro übergeben werden. Dabei gehen Sie - wie nachfolgend dargestellt - vor.

1   Wählen Sie den Menüpunkt *Erfassen* → *Anlagenbuchführung* → *Buchungen Erzeugen* → *Buchführung* oder klicken Sie in der Navigationsübersicht im geöffneten Ordner *Anlagenbuchführung* doppelt auf den Eintrag *Buchungen erzeugen*.

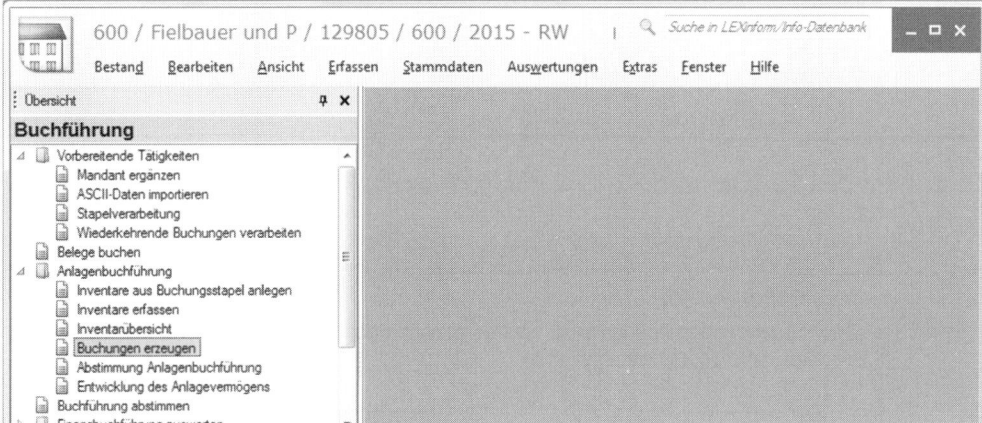

Bild 8.16 Buchungen erzeugen

Das Fenster *Buchungen erzeugen* (Bild 8.17) öffnet sich. Im ersten Schritt werden die Einstellungen für die zu übergebenden Buchungssätze festgelegt.

2   Da wir die Buchungssätze für das gesamte Geschäftsjahr 2015 an die Finanzbuchhaltung übertragen möchten, geben Sie im Feld *Buchungsdatum* den 31.12.2015 ein.

Standardmäßig wird als Buchungsdatum der 31.01.2015 für monatliche Abschreibungsbuchungen angezeigt.

3   Geben Sie im Feld *Belegnummer* die Belegnummer für die Abschreibungsbuchungen AfA2015 ein.

Bild 8.17 Buchungen erzeugen

4   Für den Übungsfall sollen ansonsten die Standardeinstellungen für die Buchungssätze übernommen werden (Bild 8.18).

Bild 8.18 Buchungen Standardein-stellungen

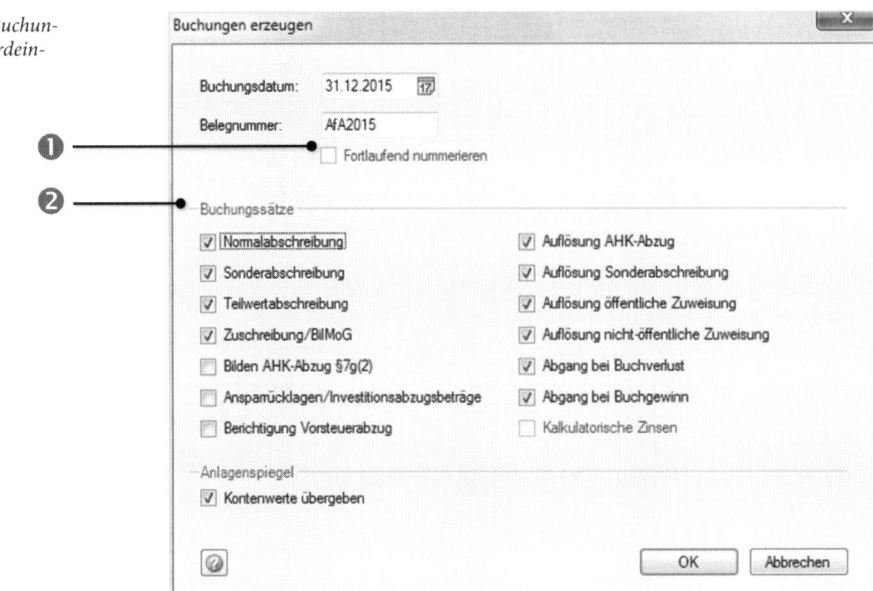

❶ Wird keine Belegnummer eingegeben, kann mit Klick auf das Kontrollkästchen *Fortlaufend nummerieren* eine automatisch erzeugte fortlaufende Belegnummer für die Abschreibungsbuchungssätze aktiviert werden.

❷ Die weiterzugebenden Buchungssätze können individuell über die einzelnen Kontrollkästchen eingeschränkt oder erweitert werden.

5 Klicken Sie auf die Schaltfläche *OK*. Sie erhalten zunächst den Hinweis, dass die Anlagenspiegelkontrollwerte aus der Anlagenbuchhaltung übernommen werden. Bestätigen Sie den Hinweis mit Klick auf die Schaltfläche *OK*.

Bild 8.19 Meldung

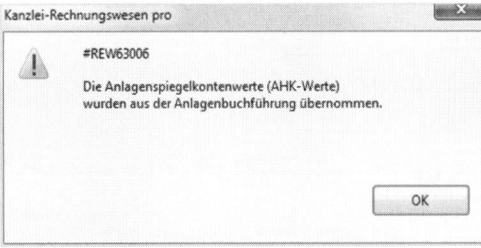

6 In einem Dialogfenster werden nun alle zu übergebenden Abschreibungsbuchungssätze angezeigt.

Beispiel: Zur Abschreibung der immateriellen Wirtschaftsgüter zur EDV-Software, FIBU-Konto Nr. 27, wird folgender Buchungssatz gebildet und übertragen.

Soll	an	Haben	Betrag
4822 Abschreibungen immaterielle VermG	an	27 EDV-Software	5.200,00 EUR

Abschreibungsdatum: 31.12.2015
Belegnummer: AfA2015
Buchungstext: Normalabschr. Immater. VermG

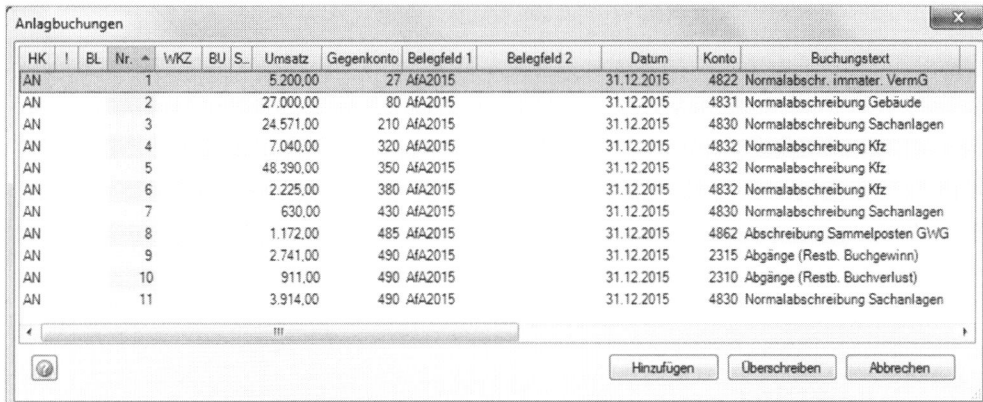

Bild 8.20 Zu über-gebende Anlage-buchungen

7   Klicken Sie auf die Schaltfläche *Hinzufügen* (siehe Bild 8.20). Hinweis: Die Schalt-fläche *Überschreiben* wird lediglich bei Korrekturen benötigt.

Achtung: DATEV Kanzlei-Rechnungswesen pro wechselt an dieser Stelle auto-matisch von der Anlagenbuchhaltung zur Finanzbuchhaltung.

8   Im nächsten Schritt legen Sie den Buchungsstapel für die Buchungen mit Ihrem Diktatkürzel an und klicken anschließend auf die Schaltfläche *OK*.

Hinweis: Da wir in unserem Übungsfall im Jahr 2015 arbeiten, erhalten Sie ggfs. eine Meldung, dass das Feld *Datum bis* des Buchungsstapels das Tagesdatum um mehr als drei Monate überschreitet. Bestätigen Sie die Meldung mit *Ja*.

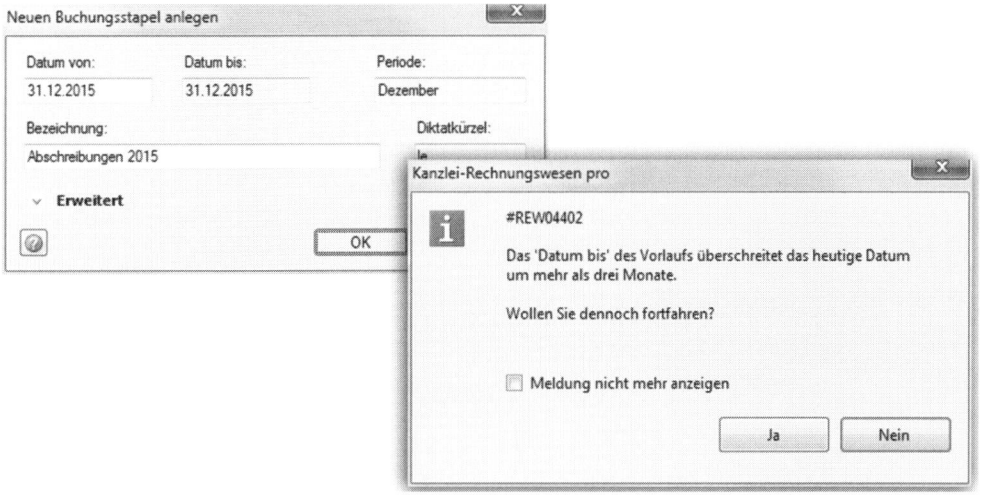

Bild 8.21 Bu-chungsstapel anlegen

9   Sie erhalten anschließend die Meldung, dass der Stapel korrekt verarbeitet wur-de (Bild 8.22). Klicken Sie erneut auf die Schaltfläche *OK*.

10 Sie erhalten eine weitere Meldung, die Sie darauf hinweist, dass zwischen den Beständen der Finanzbuchführung und der Anlagenbuchführung Differenzen vorliegen (Bild 8.22). Im Kapitel Anlagenbuchführung abstimmen wird dies kontrolliert. Bestätigen Sie ebenfalls mit der Schaltfläche *OK*.

Bild 8.22 Meldungen

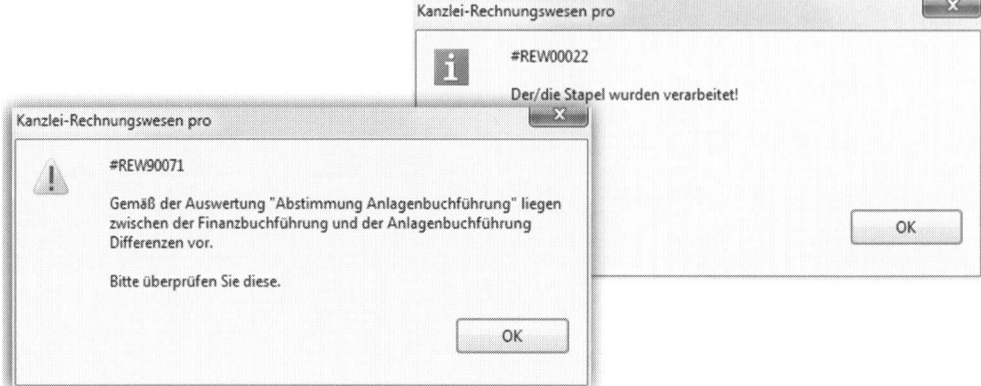

11 Zuletzt erhalten Sie einen wichtigen Hinweis, den Sie mit Klick auf die Schaltfläche *Ja* bestätigen.

Bild 8.23 Hinweis

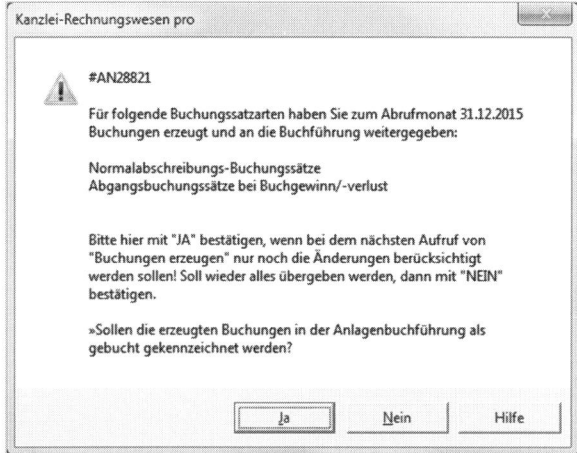

Die Buchungen werden nun übertragen und verarbeitet.

Buchungssätze kontrollieren

1   Um die Buchungssätze einzusehen, klicken Sie in der Navigationsübersicht doppelt auf den Eintrag *Belege buchen* (Bild 8.24) und öffnen anschließend den Buchungsstapel *Abschreibungen 2015*.

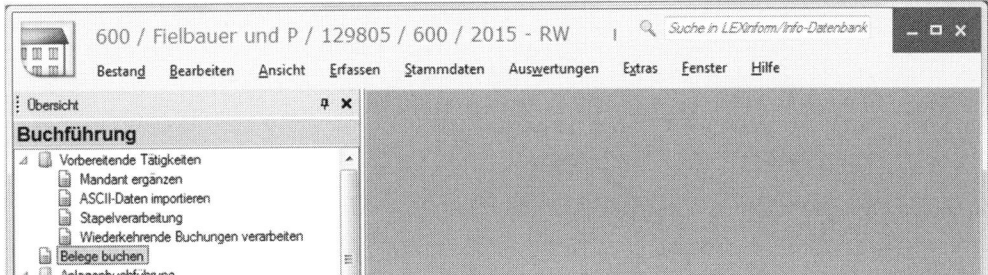

Bild 8.24 Belege buchen

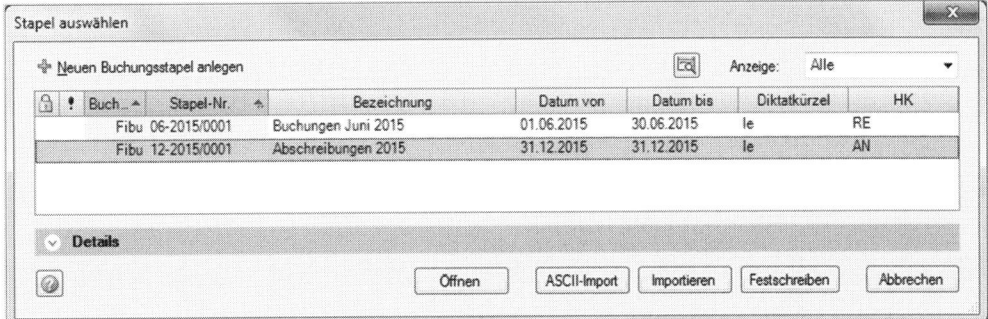

Bild 8.25 Buchungsstapel auswählen

2   Es werden nun alle Abschreibungsbuchungssätze und die Buchungssätze für die Anlagenabgänge im Buchungsstapel angezeigt.

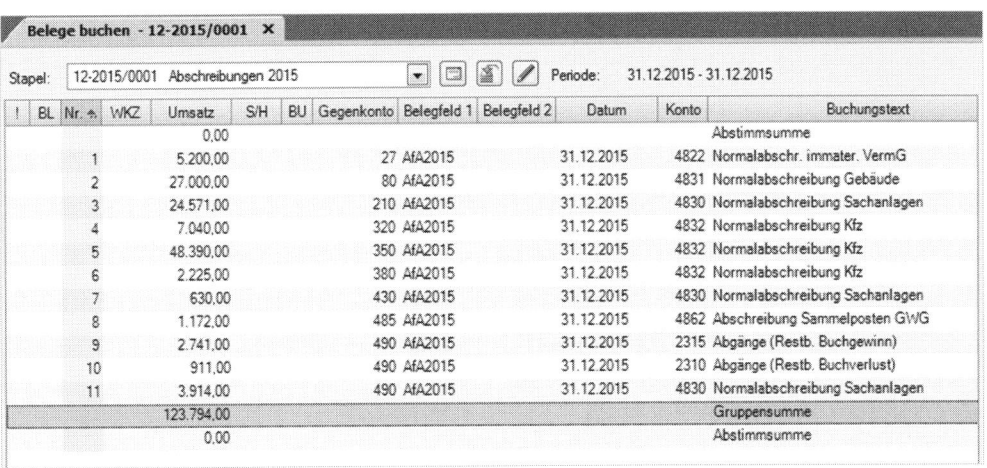

Bild 8.26 Alle Buchungssätze des Buchungsstapels

3   Um die Werte zu kontrollieren, klicken Sie auf die Ansicht *FIBU-Konto* und geben das Konto *27, EDV-Software* an (Bild 8.27).

Der Abschreibungsbetrag aus der Anlagenbuchhaltung von 5.200,00 EUR für das Geschäftsjahr 2015 wurde verbucht. Der neue Buchwert von Konto *27, EDV-Software* zum 01.01.2016 beträgt *3.451,00 EUR*.

Bild 8.27 FI-BU-Konto 27

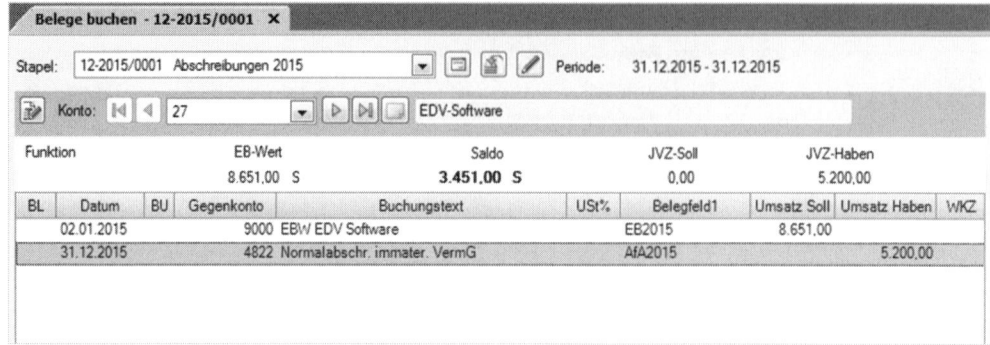

4 Geben Sie als zweites Beispiel das FIBU-Konto *490 Sonstige Betriebs- und Geschäftsausstattung* an.

Neben den Abschreibungsbeträgen für das Jahr 2015 von 3.914,00 EUR werden Ihnen die Buchungssätze der Wertabgänge der beiden Anlagegüter angezeigt.

Neuer Buchwert von Konto *490, Sonstige Betriebs- und Geschäftsausstattung* zum 01.01.2016: 14.456,00 EUR.

Bild 8.28 FIBU Konto 490

Buchwert
01.01.2016

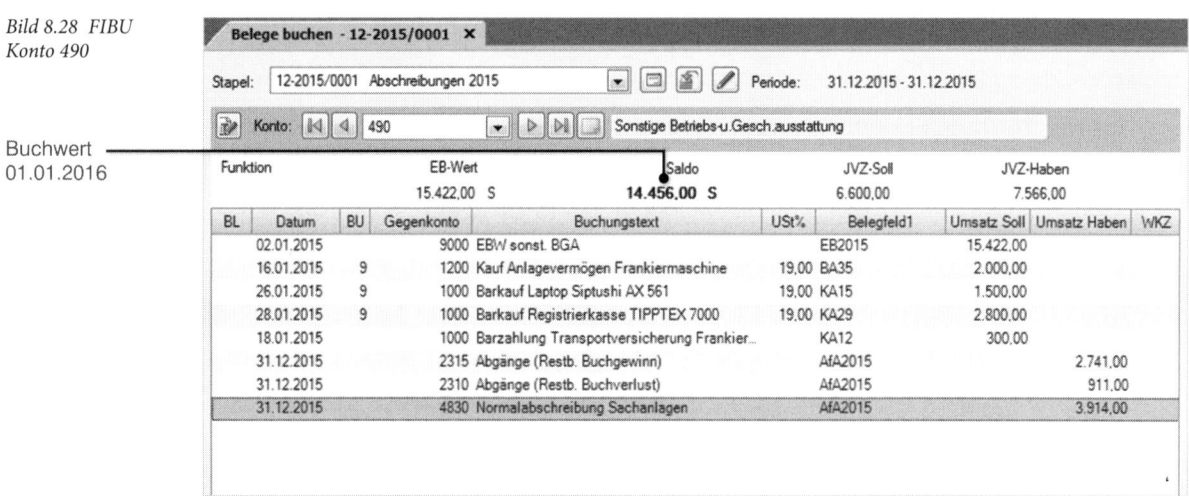

Übung: Abschreibungsbeträge prüfen

Wichtiger Hinweis zur Übung

Es ist unbedingt zu empfehlen, vor der Übergabe der Buchungen eine Sicherung durchzuführen, damit im Falle eines Fehlers oder eines Programmabsturzes während der Übergabe die Daten rückgesichert werden können.

Übungstechnisch wurde dies in diesem Lernbuch durch Ihre Sicherung im Rahmen der Übung zu Kap. 7, auf Seite 159 sichergestellt.

Aufgabe 1

✎ Prüfen Sie die Abschreibungsbeträge und die neuen Buchwerte der folgenden Konten:

Die Lösungen zu den Aufgaben 1 und 2 finden Sie im Lösungsbuch.

Konto	Bezeichnung	Abschreibung	Buchwert 01.01.2015
80	Bauten auf eigenen Grundstücken	27.000,00 EUR	638.550,00 EUR
210	Maschinen	24.571,00 EUR	123.851,00 EUR
320	PKW	7.040,00 EUR	24.779,00 EUR
350	LKW	48.390,00 EUR	308.616,00 EUR
380	Sonstige Transportmittel	2.225,00 EUR	19.130,00 EUR
430	Ladeneinrichtung	630,00 EUR	1.891,00 EUR
485	Wirtschaftsgüter Sammelposten	1.172,00 EUR	3.986,00 EUR

Aufgabe 2

✎ Prüfen Sie über die Ansicht FIBU-Konto anzeigen die folgenden Salden:

Konto	Bezeichnung	Betrag	Soll / Haben
2315	Abgänge Sachanlagen Restbuchwert bei BG (Buchgewinn)	2.741,00 EUR	Soll
2310	Abgänge Sachanlagen Restbuchwert bei BV (Buchverlust)	911,00 EUR	Soll
4822	Abschreibungen immaterielle VermG	5.200,00 EUR	Soll
4830	Abschreibungen auf Sachanlagen	29.115,00 EUR	Soll

Konto	Bezeichnung	Betrag	Soll / Haben
4831	Abschreibungen auf Gebäude	27.000,00 EUR	Soll
4832	Abschreibungen auf Kfz	57.655,00 EUR	Soll
4855	Sofortabschreibung GWG	492,00 EUR	Soll
4862	Abschreibungen auf WG Sammelposten	1.172,00 EUR	Soll

✎ Schließen Sie abschließend den Buchungsstapel.

✎ Den Buchungsstapel noch nicht festschreiben.

8.3 Anlagenbuchhaltung abstimmen

Bei der Übergabe der Abschreibungsbuchungen von der Anlagenbuchhaltung zur Finanzbuchhaltung wurden Sie durch einen Hinweis darauf aufmerksam gemacht, dass zwischen der Anlagenbuchhaltung und der Finanzbuchhaltung Differenzen vorliegen. Die Ursache sollte selbstverständlich geprüft werden. Die Anlagenbuchhaltung bietet für diese Zwecke die Möglichkeit, die Anlagenbuchhaltung mit der Finanzbuchhaltung abzustimmen. Hierbei gehen Sie wie folgt vor:

1 Wählen Sie den Menüpunkt *Auswertungen* → *Anlagekonten-Auswertungen* → *Abstimmung Anlagenbuchführung* oder klicken Sie in der Navigationsübersicht im geöffneten Ordner *Anlagenbuchführung* doppelt auf den Eintrag *Abstimmung Anlagenbuchführung*.

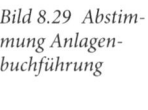

Bild 8.29 Abstimmung Anlagenbuchführung

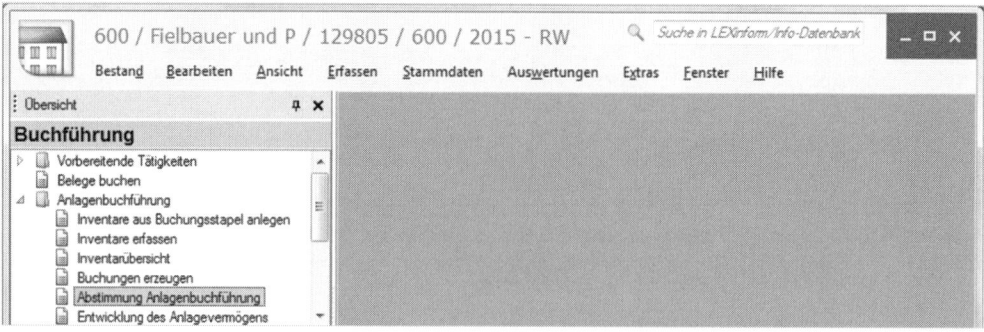

2 Sie erhalten den, in Bild 8.3 abgebildeten Hinweis, den Sie mit *OK* bestätigen.

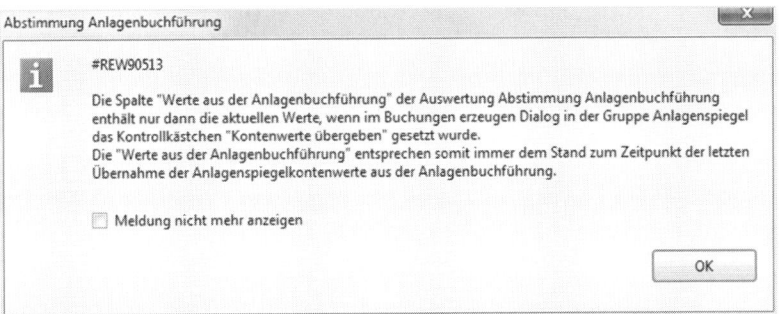

In der Folge werden die Werte aus der Finanzbuchführung den Werten aus der Anlagenbuchführung gegenübergestellt und deren Abweichungen ermittelt. Eine Differenz bedeutet, dass die Hauptbuchhaltung noch nicht mit der Nebenbuchhaltung abgestimmt wurde.

Standardmäßig werden zunächst die Konten angezeigt, bei denen eine Abweichung vorliegt. In unserem Übungsfall sind dies die Konten *210 Maschinen*, *380 sonst. Transportmittel* und das Konto *550 Darlehen*.

Für das erste Konto *210 Maschinen* werden Abweichungen bei den Zu- und Abgängen angezeigt (Bild 8.31). Alle anderen Werte sind identisch und ergeben keine Abweichung.

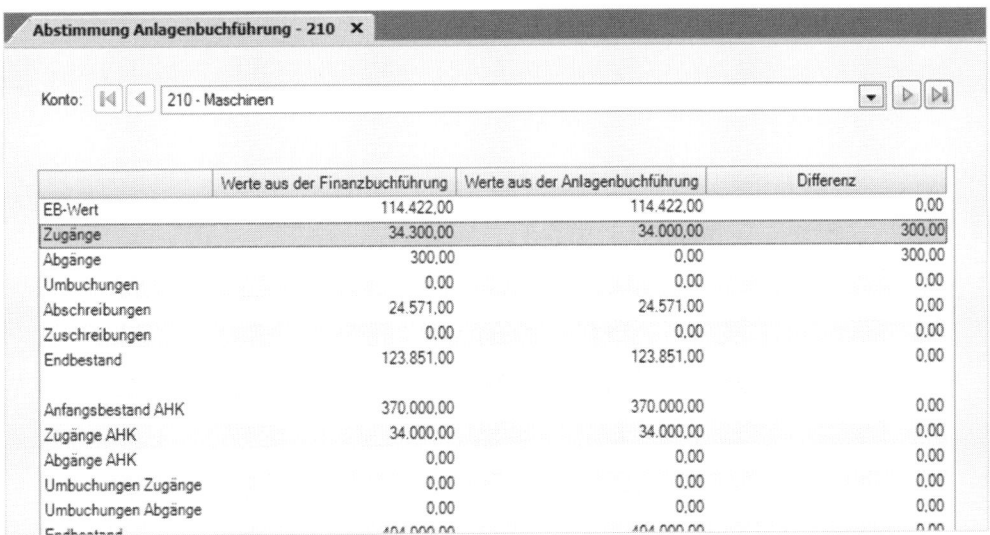

Der Grund hierfür ist das Verbuchen von Anschaffungsminderungen in Form von Skonto. In der Schulbuchführung darf eine Anschaffungsminderung in Form von Skonto nicht auf das Konto *Skonto* gebucht werden, sondern muss auf das Anlagekonto als Anschaffungsminderung gebucht werden. Dadurch ergibt sich eine Differenz in Höhe von 300,00 EUR.

In unserem Übungsbeispiel wird das Verbuchen von Skonto bei Anlagengütern als Abgang (Anschaffungsminderung) gebucht. In der Anlagenbuchhaltung wird der Abgang automatisch dem Anlagengut zugeordnet. Dadurch ergibt sich die Differenz von 300,00 EUR.

Zieht man in der Finanzbuchhaltung von den Zugängen von 34.300,00 EUR die Abgänge von 300,00 EUR ab, ergibt dies den gleichen Wert wie in der Anlagenbuchhaltung. Es ergeben sich dann keine Differenzen.

Tipp: In der Praxis wird aus diesem Grund häufig der Skontoabzug bei der Buchung des Anlagegutes direkt gebucht und nicht erst bei der Zahlung.

3   Klicken Sie auf das Pfeilsymbol ▷, um zum nächsten Konto mit Differenzen zu wechseln. Es wird das Konto *380 sonstige Transportmittel* angezeigt.

Auch in diesem Fall liegt der Grund der Abweichung im Verbuchen von Anschaffungsminderungen in Form von Skonto. In unserem Übungsbeispiel wird das Verbuchen von Skonto bei Anlagengütern als Abgang (Anschaffungsminderung) gebucht. In der Anlagenbuchhaltung wird der Abgang automatisch dem Anlagengut zugeordnet. Dadurch ergibt sich die Differenz von 645,00 EUR (Bild 8.32).

Bild 8.32 Konto 380, sonstige Transportmittel

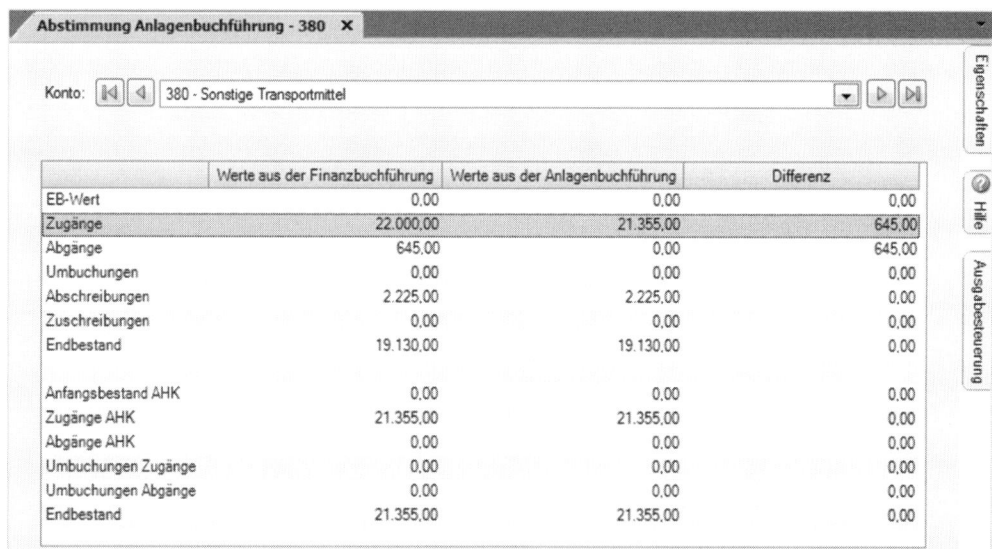

Zieht man in der Finanzbuchhaltung von den Zugängen von 22.000,00 EUR die Abgänge von 645,00 EUR ab, ergibt dies denselben Wert wie in der Anlagenbuchhaltung. Es ergeben sich dann keine Differenzen.

4   Klicken Sie erneut auf das Pfeilsymbol, um zum letzten Konto mit Differenzen zu wechseln. Es wird das Konto *550 Darlehen* angezeigt (Bild 8.33).

Das Konto *550 Darlehen* wird nur in der Finanzbuchführung mit einem Saldo geführt. Es wird in unserem Übungsfall konventionell über die laufende Finanzbuchführung geführt und getilgt. Die Anlagenbuchführung bietet zur Finanzierung von Anlagengütern zusätzlich die Kreditbearbeitung über Darlehen an.

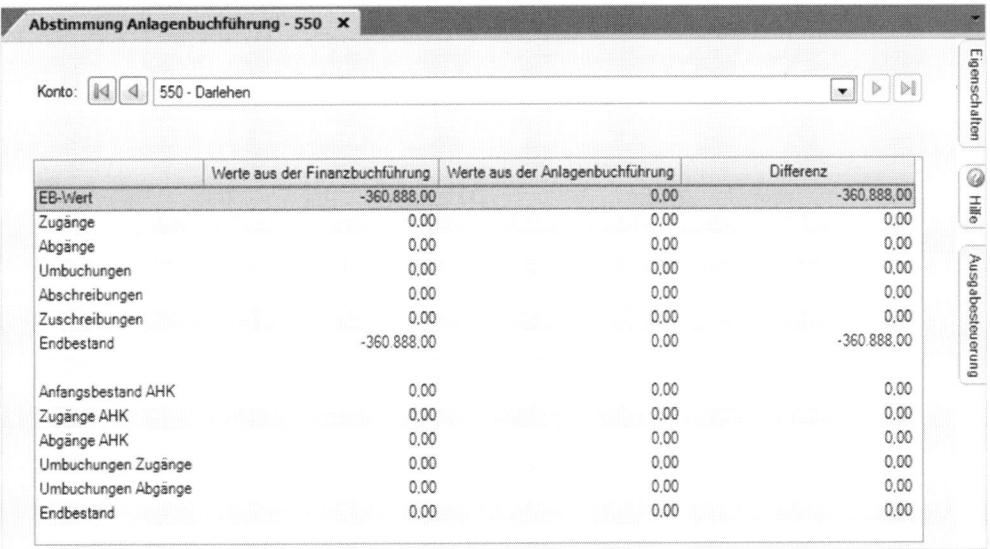

Bild 8.33 Konto 550, Darlehen

Natürlich können auch die weiteren Anlagekonten, bei denen keine Abweichung vorliegt, eingesehen werden. Klicken Sie im rechten Zusatzbereich auf das Register *Eigenschaften*. Im Bereich *Umfang und Varianten* können Sie unter der Rubrik *Weitere Kontenkriterien* zwischen den Anzeigearten *Konten ohne Differenzen*, *Konten mit Differenzen* und *alle Konten* wählen (Bild 8.34).

5   Klicken Sie auf die Option *Konten ohne Differenzen*. Es wird Ihnen das erste Anlagekonto *27 EDV-Software* angezeigt (Bild 8.34).

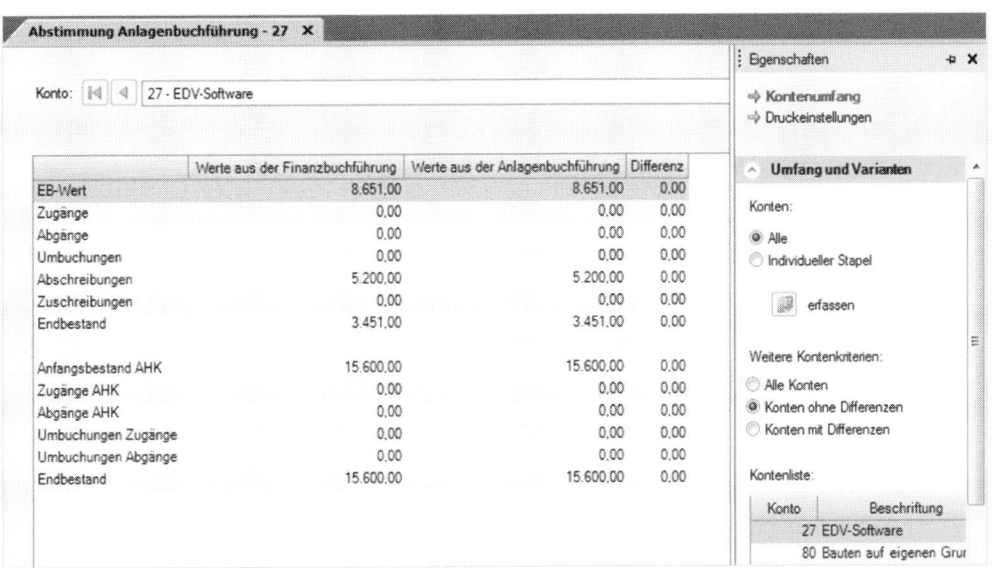

Bild 8.34 Eigenschaften

6 Schließen Sie abschließend das Arbeitsblatt *Abstimmung Anlagenbuchführung*.

Natürlich können zum Jahresende in der Anlagebuchhaltung noch weitere Auswertungen zum Anlagevermögen ausgedruckt werden.

Schlussbemerkung

Das Lernbuch endet mit der Übergabe der Abschreibungsbuchungssätze an die Finanzbuchhaltung.

In diesem Lernbuch wurden gezielt die typischsten anlagenrelevanten Buchungen aus der laufenden Buchhaltung dargestellt. Besonderheiten, wie z. B. Sonderabschreibungen, Ansparabschreibungen, Kreditbearbeitung und andere, in der Anlagenbuchhaltung vorzunehmende anlagenbezogene Möglichkeiten, sind hier nicht enthalten. Dies würde den Rahmen des Lernbuchs sprengen.

Index